航空機の
飛行力学と制御

片柳 亮二 著　RYOJI KATAYANAGI

Stability and Control of Airplanes

森北出版株式会社

●本書のサポート情報を当社 Web サイトに掲載する場合があります.
下記の URL にアクセスし，サポートの案内をご覧ください.

http://www.morikita.co.jp/support/

●本書の内容に関するご質問は，森北出版 出版部「(書名を明記)」係宛
に書面にて，もしくは下記の e-mail アドレスまでお願いします. なお，
電話でのご質問には応じかねますので，あらかじめご了承ください.

editor@morikita.co.jp

●本書により得られた情報の使用から生じるいかなる損害についても，
当社および本書の著者は責任を負わないものとします.

■本書に記載している製品名，商標および登録商標は，各権利者に帰属
します.

■本書を無断で複写複製（電子化を含む）することは，著作権法上での
例外を除き，禁じられています. 複写される場合は，そのつど事前に
(社)出版者著作権管理機構（電話 03-3513-6969, FAX 03-3513-6979,
e-mail：info@jcopy.or.jp）の許諾を得てください. また本書を代行業者
等の第三者に依頼してスキャンやデジタル化することは，たとえ個人や
家庭内での利用であっても一切認められておりません.

はじめに

　航空機はどのような原理で空中を安定に飛ぶことができるのであろうか．非常に複雑にみえる航空機の飛行も，我々が力学で習ったニュートンの運動方程式を用いて表すことができる．本書で述べる飛行力学解析手法を用いると，3次元空間において微妙な釣り合い状態の航空機の飛行を，驚くほど精度良く計算することができる．しかも解析に用いられる計算式は意外と簡単である．

　もちろん，機体に働く空気力の細部は複雑な物理現象の結果である．ところが幸いなことに，機体の形はスマートな流線形を基本に作られており，空気は滑らかに流れ去る．航空機が通常の飛行状態であるかぎり，空気の流れは理論解析や模型を用いた風洞試験により，空気力を精度良く推定できる．こうして得られたデータを用いると，本書の方法によりコンピュータ内で航空機を自由に飛ばすことができる．

　著者は以前，実際の航空機の飛行試験に立ち会い，最も危険の伴う最終試験項目であるスピン試験のシミュレーション計算を担当したことがある．飛行前に，安全であるかどうかをシミュレーションで確かめるわけである．もちろんまだ実際には飛行していない領域であるので，推定でしかないが，これまで飛行したデータを用いて計算との違いを修正しながら，次の飛行状態を推定するのである．結果的に飛行試験は無事に終了し，パイロットからも感謝された．このときの経験から航空機の飛行状態は，シミュレーション計算によって十分解析可能であることを実感できた．

　本書の特徴は，基礎となる運動方程式や解析式の導出過程を，省略しないで記述したことである．入門者にとって，複雑な式を自分で解き明かすのは大変な苦労を伴う．本書を用いて解析式の導き方を確認することにより，より深く理解することができると考えている．これから航空機の運動について学ぼうと考えている人は，本書の解析手法を用いて，あらゆる航空機を自由に飛ばす妙味を味わって頂きたい．

　最後に，本書の執筆に際しまして，特段のご尽力をいただいた森北出版株式会社吉松啓視氏ならびに編集を担当された森崎満氏にお礼申し上げます．

2007 年 9 月

片柳亮二

目　　次

第 0 章　航空機の飛行運動	1

第 1 章　航空機運動の基礎式	4
1.1　回転座標系について	4
1.2　航空機の運動方程式の導出	6
1.3　航空機に働く外力およびモーメント	14
1.4　6 自由度運動方程式のまとめ	16
1.5　機体姿勢と地球座標上の軌跡	17
1.6　機体姿勢角速度と機体軸まわりの角速度	19
1.7　迎角，横滑り角，荷重倍数およびセンサー位置補正	20
1.8　空力係数	22
1.9　舵角の定義	25
1.10　本章のまとめ	26
演習問題 1	27

第 2 章　縦系の機体運動	28
2.1　縦系の機体運動の基礎式	28
2.2　縦系の微小擾乱運動方程式	30
2.3　縦系の運動モード特性の近似式	38
2.4　エレベータ操舵応答の近似式	44
2.5　長周期運動特性	54
2.6　短周期運動特性	63
2.7　エンジン推力変化に対する応答式	72
2.8　縦系の外乱に対する応答式	75
2.9　縦系の釣り合い式	76
2.10　本章のまとめ	89
演習問題 2	89

目　次　iii

第3章　横・方向系の機体運動　91

3.1　横・方向系の機体運動基礎式 91

3.2　横・方向系の微小擾乱運動方程式 93

3.3　横・方向系の運動モード特性の近似式 100

3.4　エルロン操舵応答の近似式 106

3.5　ラダー操舵応答の近似式 117

3.6　エルロン操舵時のダッチロールモード運動 128

3.7　エルロン操舵時のロール角速度応答 131

3.8　エルロン操舵によるロール角制御 140

3.9　エルロン操舵時の横滑り角応答 143

3.10　高迎角時の横・方向特性 148

3.11　定常横滑り飛行 151

3.12　横・方向系の外乱に対する応答式 151

3.13　本章のまとめ 152

演習問題3 152

第4章　縦系の飛行制御の基礎　154

4.1　状態変数フィードバックによる根軌跡 154

4.2　縦系の飛行制御則設計の基礎 158

4.3　本章のまとめ 165

演習問題4 165

第5章　横・方向系の飛行制御の基礎　167

5.1　状態変数フィードバックによる根軌跡 167

5.2　横・方向系の飛行制御則設計の基礎 172

5.3　本章のまとめ 177

演習問題5 178

第6章　ダイナミックインバージョン法　180

6.1　縦系のダイナミックインバージョン制御則 180

6.2　横・方向系のダイナミックインバージョン制御則 190

6.3　非線形運動式に対するダイナミックインバージョン . . . 201

6.4　本章のまとめ 205

演習問題6 205

iv　目　次

第 7 章　縦と横・方向の連成運動　　206

7.1　連成運動の安定解析 206

7.2　連成運動のシミュレーション例 208

7.3　本章のまとめ 210

演習問題 7 210

付録　制御系解析の方法　　211

A.1　ラプラス変換と伝達関数 211

A.2　極と零点 213

A.3　極・零点と応答特性との関係 214

A.4　周波数特性 215

A.5　フィードバック制御 218

A.6　根軌跡 221

A.7　ゲインが負の場合の根軌跡 227

A.8　ナイキストの安定判別法 229

A.9　ボード線図による安定判別 232

A.10　ステップ応答の初期値と最終値 233

参考文献　　234

演習問題解答　　236

索　引　　240

おもな記号表

記号	単位	記号の意味
a_e	[1/deg]	エレベータの揚力傾斜，deg：度
a_t	[1/deg]	尾翼の揚力傾斜
a_{wb}	[1/deg]	主翼胴体の揚力傾斜
$A = b^2/S$	[–]	翼の縦横比 (アスペクト比)
b	[m]	翼幅 (スパン)
c	[m]	翼弦長
$\overline{c} = \dfrac{2}{3} c_r \left(\lambda + \dfrac{1}{1+\lambda} \right)$	[m]	平均空力翼弦 (MAC)
c_r	[m]	翼根弦長
c_t	[m]	翼端弦長
C_D	[–]	抗力係数
C_{D_0}	[–]	有害抗力係数
C_l, C_m, C_n	[–]	x 軸，y 軸および z 軸まわりのローリング，ピッチングおよびヨーイングのモーメント空力係数
$C_{l\beta trim}$	[1/deg]	定常横滑り時の上反角効果の指標
C_L	[–]	全機の揚力係数
$C_{L\alpha}$	[1/deg]	全機の揚力傾斜
$C_{n\beta dyn}$	[1/deg]	高迎角時のヨーディパーチャ指標
C_x, C_y, C_z	[–]	x 軸，y 軸，z 軸方向の力の空力係数
D	[kgf]	抗力
e	[–]	飛行機効率
f	[Hz]	振動数
F	[lb]	パイロットの操舵力 1[lb](ポンド) ≒ 0.4365 [kgf]
F/n	[lb/G]	操舵力の勾配
$g = 9.8$	[m/s²]	重力加速度，1 [G] (加速度単位) ≒ 9.8 [m/s²]
h	[m,ft]	高度
h	[–]	重心位置 ($\overline{c}$ 前縁からの後方距離を $h \cdot \overline{c}$ で表す)
h_m	[–]	操縦中正点位置 ($h_m \cdot \overline{c}$)
h_n	[–]	縦安定中正点位置 ($h_n \cdot \overline{c}$)
i_T	[deg]	エンジン取り付け角 (吹き出し口が下が正)

vi おもな記号表

I_R	[kgf·m·s²]	エンジンのジャイロ慣性モーメント
I_x, I_y, I_z	[kgf·m·s²]	x 軸, y 軸, z 軸まわりの慣性モーメント
		$1[\text{kgf·m·s}^2] = 9.8\,[\text{kg·m}^2]$ である.
I_{xy}, I_{xz}, I_{yz}	[kgf·m·s²]	慣性乗積
$k = \dfrac{(\phi_t)_{\text{command}}}{(\phi_t)_{\text{reqirement}}}$	[–]	ロール性能要求値に対する実際のロールの比
l_{sen}	[m]	センサーの重心より前方距離
l_t	[m]	重心から尾翼空力中心までの距離
l'_t	[m]	主翼胴体と尾翼の空力中心間距離
l_{tn}	[m]	縦安定中性点から尾翼空力中心までの距離
L	[kgf]	揚力
L_{wb}	[kgf]	主翼と胴体の揚力
L_t	[kgf]	尾翼の揚力
m	[kgf·s²/m]	機体質量 $(= W/g)$, $1\,[\text{kgf·s}^2/\text{m}] = 9.8[\text{kg}]$
M	[–]	マッハ数
n_x, n_y, n_z	[–]	x 軸, y 軸, $-z$ 軸方向の荷重倍数
Δn_z	[–]	微小擾乱式での $-z$ 軸方向の荷重倍数
n/α	[G/rad]	加速感度
p, q, r	[deg/s]	x 軸, y 軸, z 軸まわりの角速度で, それぞれロール角速度 (ロールレート), ピッチ角速度 (ピッチレート), ヨー角速度 (ヨーレート)
p_{osc}/p_{av}	[–]	ロール角速度 p の平均値に対する振動成分の比
p_s	[deg/s]	安定軸ロール角速度
$P = 2\pi/\omega$	[s]	振動の周期
$\overline{q} = (1/2)\rho V^2$	[kgf/m²]	動圧, $1\,[\text{kgf/m}^2] = 9.8\,[\text{Pa}]\,[\text{kg/(m·s}^2)]$
$\overline{q}_t$	[kgf/m²]	尾翼位置の動圧
$s = \sigma \pm j\omega$	[–]	ラプラスの変数
$S = (b/2)c_r(1+\lambda)$	[m²]	主翼面積
S_t	[m²]	尾翼面積
t	[s]	時間
T	[kgf]	エンジン推力 (スラスト)
T_2	[s]	振動発散時の振幅倍増時間
T_d	[s]	ダッチロールの減衰周期
$1/T_h$	[1/s]	バックサイドパラメータ
u, v, w	[m/s]	x 軸, y 軸, z 軸方向の速度
u_g, v_g, w_g	[m/s]	x 軸, y 軸, z 軸の負の方向のガスト速度成分
V	[m/s]	機体速度 $(= \sqrt{u^2+v^2+w^2})$

$V_H = S_t l_t / (S\bar{c})$	[–]	水平尾翼容積比 (重心と尾翼空力中心)
$V_H' = S_t l_t' / (S\bar{c})$	[–]	水平尾翼容積比 (主翼胴体と尾翼の空力中心間)
$V_{Hn} = S_t l_{tn} / (S\bar{c})$	[–]	水平尾翼容積比 (縦安定中性点と尾翼空力中心)
$V_{\min}$	[kt]	最小実用速度 ($1.1V_s$, $V_s + 10\,\mathrm{kt}$ の大きい方)
$V_{\max}$	[kt]	最大実用速度 (急降下回復を含む最大速度)
$V_{0\min}$	[kt]	最小運用速度 (飛行カテゴリにより $1.2V_s \sim 1.4V_s$)
$V_{0\max}$	[kt]	最大運用速度 (最大スラストでの水平最大速度)
V_s	[kt]	失速速度
W	[kgf]	機体重量, $1\,[\mathrm{kgf}] = 9.8\,[\mathrm{N}]$
α	[deg]	迎角
α_0	[deg]	零揚力角
$\dot{\alpha}$	[deg/s]	迎角の時間変化
β	[deg]	横滑り角
γ	[deg]	飛行経路角 ($= \theta - \alpha$)
Γ	[deg]	上反角
δe	[deg]	エレベータ (昇降舵) 舵角
δa	[deg]	エルロン (補助翼) 舵角
δr	[deg]	ラダー (方向舵) 舵角
δf	[deg]	フラップ舵角
$\partial \delta e / \partial F$	[deg/lb]	操縦系統ギアリング (操舵力〜舵角作動量)
ε	[deg]	吹下ろし角
ζ_p	[–]	長周期モード減衰比
ζ_{sp}	[–]	短周期モード減衰比
η_t	[–]	水平尾翼効率
$\lambda = c_t / c_r$	[–]	翼の先細比 (テーパ比)
$\Lambda_{c/4}$	[deg]	$c/4$ 線の後退角
Λ_{LE}	[deg]	前縁の後退角
ρ	[kgf$\cdot$s^2/m^4]	空気密度, $1\,[\mathrm{kgf \cdot s^2/m^4}] = 9.8\,[\mathrm{kg/m^3}]$
ψ, θ, ϕ	[deg]	それぞれヨー角, ピッチ角, ロール角 (バンク角ともいう). これらはオイラー角と言われ, $\psi \to \theta \to \phi$ の順番に回転させて空間上の姿勢を表す.
$\lvert \phi/\beta \rvert_d$	[–]	ダッチロールの振幅比
$\omega_{dp} = \omega_p \sqrt{1 - \zeta_p^2}$	[rad/s]	長周期モードの減衰固有角振動数
ω_p	[rad/s]	長周期モードの固有角振動数
ω_R	[rad/s]	エンジンの回転角速度
ω_{sp}	[rad/s]	短周期モードの固有角振動数

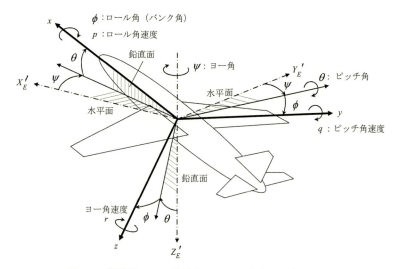

図 (a) 座標軸 xyz, 角速度 p,q,r, オイラー角 ψ,θ,ϕ

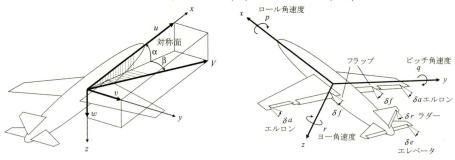

図 (b) 速度 V,u,v,w, 迎角 α, 横滑り角 β 図 (c) 角速度 p,q,r, 舵角 $\delta e, \delta a, \delta r, \delta f$

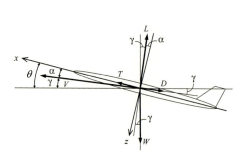

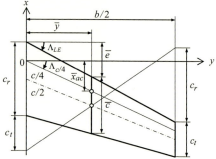

図 (d) 揚力 L, 抗力 D, 迎角 α, 横滑り角 β, 飛行経路角 γ

図 (e) 3次元翼の平面形
($\bar{y}$ 位置での翼弦長が $\bar{c}$)
($\bar{x}_{ac}$ 位置, $\bar{c}/4$ が空力中心)

第0章

航空機の飛行運動

はじめに航空機を空中において安定に飛行させる要件を考えてみよう．

まずパイロットが操縦桿を操作して舵面を作動させる．これによって機体の重心まわりに回転モーメントを生じて機体は回転を始める．所望の姿勢になったところでパイロットは回転をとめる操作を行いその姿勢を保つ．その結果，機体の速度方向と機体姿勢との間に角度が生じ，機体に発生する空気力(揚力および抗力)の大きさが決まる．その結果として，重心の並進運動が生じて機体は安定な飛行状態に移行する．以上をまとめると，図 0.2 のような手順となる．

このとき，揚力が機体重量と釣り合うときには直線運動となる．すなわち，重心の並進運動がどのように運動するかは，機体が重心まわりに回転して姿勢を確立した後の結果によるわけであり，安定飛行の基本は姿勢(回転)の釣り合いであることに注意する必要がある．

本書で扱う航空機の運動は，機体を1つの剛体と仮定する．これは航空機の開発設計において一般的に用いられるものであり，この仮定に基づいた運動解析の結果は，実機の飛行データと十分な精度で一致することが確かめられている．機体を剛体と仮定すると，空中における運動は重心の並進運動と重心まわりの回転運動で表される．まさに

図 0.1 着陸する旅客機

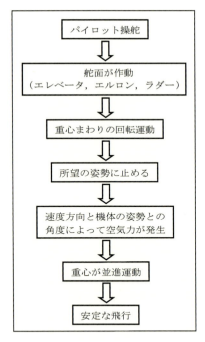

図 0.2 安定飛行に至る流れ

ニュートンの運動方程式，すなわち，

質量 × 加速度 = 力 ， 慣性モーメント × 角加速度 = 力のモーメント

の公式がきれいに適用できる．ただし，第1章で述べるように，機体に固定された座標系で運動方程式を記述するために，座標が回転することによって生じる影響が運動方程式に追加されることに注意する必要がある．

一般的に空中における運動は，3軸方向の運動と3軸まわりの回転運動の6自由度運動(6個の状態変数)と，空間上の姿勢を決める3個の関係式の合計9個の微分方程式で表される．

ところが幸いなことに，通常の航空機は左右対称な形状であることから，機体の運動特性を解析する場合，運動が微小に変化したときに安定に元に戻るかどうか，すなわち安定であるかどうかを解析する場合には，縦と横・方向の運動を分けて扱うことができる．

具体的には，縦運動の解析は，横・方向の運動は一定であると仮定し，縦の3個の状態変数と1個の姿勢角の合計4個の微分方程式を解くことで得られる．また，横・方向運動の解析は，縦の運動は一定であると仮定し，横・方向の3個の状態変数と1個の姿

勢角の合計4個の微分方程式を解くことで得られる．なお，残りの1個の姿勢角はヨー角であるが，微小な運動においては通常使用しない．

　航空機の運動は，一般的には縦と横・方向の運動が互いに連成した非線形の連立微分方程式となり，大きな運動についてはシミュレーションによって解を求めることになる．本書の中でも，9個の非線形微分方程式を数値的に解いたシミュレーション結果を多く載せているが，これによって実際に機体がどのように運動するのかを確認することは重要である．しかし，シミュレーション結果からは，運動の様子はわかるもののなぜそのような運動となるのか，運動特性を改善するためにはどうしたら良いか等の，方策のヒントを得ることは難しい．そこで，運動が小さいと仮定すると，連成している非線形な項を省略できるため縦と横・方向を分離でき，それぞれ4個の線形微分方程式で表すことができる．次元が4であるので解析的な近似解を得ることが可能となる．これらをまとめたものを図0.3に示す．

　まず，第1章で導出される運動方程式は直接シミュレーション解析を行う基礎式となるが，一方，第2章，第4章，第6章において縦運動(前後運動，上下運動，機首を上下に振る回転運動)の詳細な解析式へと展開され，また第3章，第5章，第6章において横運動(横滑り運動，横転運動)および方向運動(機首を左右に振る回転運動)の詳細な解析式へと展開される．

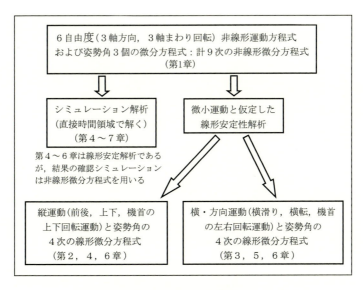

図 0.3　本書の全体構成

第1章

航空機運動の基礎式

本章では，航空機を1つの剛体と考えて，航空機の飛行運動を解析するための基礎方程式を導く．ここで導出される運動方程式は，直接シミュレーション解析を行う基礎式となり，縦運動や横運動および方向運動の詳細な解析式へと展開される．

1.1 ■ 回転座標系について

ニュートンの運動方程式を用いて航空機の運動を解析しようとする場合は，機体に働く力やモーメントを地球に固定した座標系で表すことが必要である．しかし，航空機に働く力やモーメントは機体に固定した座標系で表すのが便利であるため，この機体に固定した回転座標系 xyz における関係式を，地球に固定した座標系 (地球座標系という) に変換した後にニュートンの運動方程式を適用する．航空機の機体に固定した回転座標は図 1.1 に示すように，機首前方を x 軸，右翼方向を y 軸，下側を z 軸とする．航空機

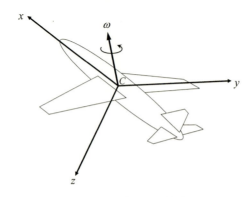

図 1.1　機体に固定した回転座標系 (C：機体重心，ω：回転ベクトル)

の運動方程式を回転座標系 xyz で表す準備として，回転座標系における時間微分がどのように表されるかを検討する．

(1) 回転座標系における点 P の移動

図 1.2 は，最初地球座標系 OX_EY_E と一致していた xy 軸が z 軸まわりに回転した場合を示す．地球座標系 OX_EY_E からみた時間 t_1 のときの点 P の位置ベクトルを $\boldsymbol{A}$ とする．この点は Δt 時間後に点 P' に移動したとし，この点の位置ベクトルを $\boldsymbol{A}+\Delta\boldsymbol{A}$ とする．したがって，点 P は OX_EY_E から見ると Δt 時間の間に $\Delta\boldsymbol{A}$ だけ移動したことになる．

次に回転座標系 Oxy から見た点 P の動きを考える．この回転座標系は，原点を中心に Δt 時間の間に $\omega\Delta t$ だけ回転する．点 P は座標系 Oxy から見ると Δt 時間の間に $\omega\Delta t$ だけ回転した点 P_1 から点 P' まで移動したように見える．すなわち Δt 時間の間に $\Delta\boldsymbol{A}'$ だけ移動したように見える．

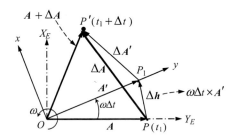

図 1.2　z 軸まわりに回転する座標系

(2) 回転座標系における時間微分

図 1.2 のベクトル $\Delta\boldsymbol{h}$ は微小時間 Δt の間に座標系 Oxy が回転する角度 $\omega\Delta t$ とベクトル $\boldsymbol{A}'$ の長さとの積であるが，この量は 3 次元では $\omega\Delta t\times\boldsymbol{A}'$ と表される．このとき，図 1.2 から

$$\Delta\boldsymbol{A}=\Delta\boldsymbol{A}'+\omega\Delta t\times\boldsymbol{A}' \tag{1.1-1}$$

が得られる．この式の両辺を Δt で割って $\Delta t\to 0$ の極限値を求めると

$$\boxed{\frac{d\boldsymbol{A}}{dt}=\frac{d\boldsymbol{A}'}{dt}+\boldsymbol{\omega}\times\boldsymbol{A}'} \quad \text{[回転座標系における時間微分]} \tag{1.1-2}$$

の関係式が得られる．この式の左辺は慣性系 (ニュートンの運動方程式が成り立つ座標系) におけるベクトル $\boldsymbol{A}$ の時間微分を表す．右辺の第 1 項は回転座標系から見たときのベクトル $\boldsymbol{A}'$ (回転座標系 Oxy の成分で表したベクトル) の時間微分である．すなわち，

回転座標系から見たベクトルを時間微分する場合には，そのベクトルと回転ベクトルとの外積の項が追加されることに注意する必要がある．

1.2 航空機の運動方程式の導出

航空機の運動を図 1.3 のような機体に固定した座標系 xyz を用いて記述することを考えよう．機体は重心 C において回転ベクトル $\boldsymbol{\omega}$ で回転しているものとする．重心 C から機体の微小質量 Δm までの位置ベクトルを $\boldsymbol{r}$ とする．一方，座標系 $OX_E Y_E Z_E$ は地球に固定した座標系であり，この地球座標系からみた機体重心 C の位置ベクトルを $\boldsymbol{r}_c$，また機体微小質量 Δm の位置ベクトルを $\boldsymbol{r}_m$ とする．

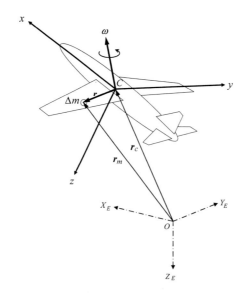

図 1.3　航空機の座標系

(1) 速度および加速度

このとき，

$$\boldsymbol{r}_m = \boldsymbol{r}_c + \boldsymbol{r} \tag{1.2-1}$$

であるから，微小質量 Δm における速度は (1.2-1) 式を時間微分して

$$\frac{d\boldsymbol{r}_m}{dt} = \frac{d\boldsymbol{r}_c}{dt} + \frac{d\boldsymbol{r}}{dt} + \boldsymbol{\omega} \times \boldsymbol{r} \tag{1.2-2}$$

となる．ここで，右辺第1項 dr_c/dt は機体重心の速度を機体座標系の成分 (u, v, w) で表し

$$\frac{dr_c}{dt} = v_c = (u,\ v,\ w) \tag{1.2-3}$$

とする．また，(1.2-2) 式右辺第2項 dr/dt は機体の微小質量の位置ベクトルの時間微分であるから 0 である．なお，右辺第3項 $\omega \times r$ は回転座標系での時間微分によって生じる項である．結局，微小質量 Δm における速度は

$$\boxed{\frac{dr_m}{dt} = v_c + \omega \times r} \quad \text{[速度の式]} \tag{1.2-4}$$

と表せる．この式をさらに時間微分すると，右辺は回転座標系で表されたベクトルであるから (1.1-2) 式の関係式を考慮すると

$$\begin{aligned}
\frac{d^2 r_m}{dt^2} &= \frac{dv_c}{dt} + \omega \times v_c + \frac{d}{dt}(\omega \times r) + \omega \times (\omega \times r) \\
&= \frac{dv_c}{dt} + \omega \times v_c + \frac{d\omega}{dt} \times r + \omega \times \frac{dr}{dt} + \omega \times (\omega \times r)
\end{aligned} \tag{1.2-5}$$

となるが，この式の右辺第4項は ω と機体の微小質量の位置ベクトルの時間微分 dr/dt との積で 0 であるから

$$\boxed{\frac{d^2 r_m}{dt^2} = \frac{dv_c}{dt} + \omega \times v_c + \frac{d\omega}{dt} \times r + \omega \times (\omega \times r)} \quad \text{[加速度の式]} \tag{1.2-6}$$

を得る．この式は微小質量 Δm の慣性系における加速度を表す．

(2) 並進運動方程式

微小質量に働く外力を ΔF とすると，(1.2-6) 式の加速度を用いるとニュートンの第2法則より

$$\begin{aligned}
\Delta F &= \Delta m \frac{d^2 r_m}{dt^2} \\
&= \Delta m \left(\frac{dv_c}{dt} + \omega \times v_c \right) + \frac{d\omega}{dt} \times r \cdot \Delta m + \omega \times (\omega \times r \cdot \Delta m)
\end{aligned} \tag{1.2-7}$$

が成り立つ．これを機体全体で質量に関して積分すると

$$F = \left[\int dm \right] \cdot \left(\frac{dv_c}{dt} + \omega \times v_c \right) + \frac{d\omega}{dt} \times \left[\int r\, dm \right] + \omega \times \left(\omega \times \left[\int r\, dm \right] \right) \tag{1.2-8}$$

と書ける．ここで，F は機体全体に働く外力である．また，ベクトル r の原点は機体の重心であるから

$$\int r\, dm = 0 \tag{1.2-9}$$

また，$\int dm = m$(機体質量) とおけば (1.2-8) 式から，航空機の力による並進運動方程式が次のように得られる．

8　第 1 章 ▓ 航空機運動の基礎式

$$m\left(\frac{d\boldsymbol{v}_c}{dt} + \boldsymbol{\omega} \times \boldsymbol{v}_c\right) = \boldsymbol{F} \qquad [並進運動方程式] \tag{1.2-10}$$

ここで，回転角速度ベクトル $\boldsymbol{\omega}$ を機体座標の成分で

$$\boldsymbol{\omega} = (p, q, r) \tag{1.2-11}$$

と表し，またベクトル $\boldsymbol{v}_c$ も (1.2-3) 式で定義した成分表示 (u, v, w) を用いると，(1.2-10) 式から機体座標系での並進運動方程式が次式で与えられる．

$$\begin{cases} m\left(\dot{u} + qw - rv\right) = F_x \\ m\left(\dot{v} + ru - pw\right) = F_y \\ m\left(\dot{w} + pv - qu\right) = F_z \end{cases} \qquad [並進運動方程式 (成分表示)] \tag{1.2-12}$$

ただし，

$$du/dt,\ dv/dt,\ dw/dt \quad \Rightarrow \quad \dot{u}, \dot{v}, \dot{w} \tag{1.2-13}$$

と略記している．

(3) 回転運動方程式

次に，微小質量 Δm に働くトルク (力のモーメント) について考える．微小質量の運動方程式 (1.2-7) の両辺に重心からの位置ベクトル $\boldsymbol{r}$ を掛けると

$$\boldsymbol{r} \times \Delta \boldsymbol{F} = \Delta m \cdot \boldsymbol{r} \times \left\{\frac{d\boldsymbol{v}_c}{dt} + (\boldsymbol{\omega} \times \boldsymbol{v}_c)\right\} + \Delta m \cdot \boldsymbol{r} \times \left(\frac{d\boldsymbol{\omega}}{dt} \times \boldsymbol{r}\right) + \Delta m \cdot \boldsymbol{r} \times \{\boldsymbol{\omega} \times (\boldsymbol{\omega} \times \boldsymbol{r})\} \tag{1.2-14}$$

となる．ここで，ベクトルの演算公式

$$\boldsymbol{A} \times (\boldsymbol{B} \times \boldsymbol{C}) = (\boldsymbol{A} \cdot \boldsymbol{C})\boldsymbol{B} - (\boldsymbol{A} \cdot \boldsymbol{B})\boldsymbol{C} \tag{1.2-15}$$

を (1.2-14) 式右辺の第 2 項および第 3 項に適用する．

$$第 2 項：\quad \Delta m \cdot \boldsymbol{r} \times \left(\frac{d\boldsymbol{\omega}}{dt} \times \boldsymbol{r}\right) = \Delta m \cdot (\boldsymbol{r} \cdot \boldsymbol{r}) \frac{d\boldsymbol{\omega}}{dt} - \Delta m \cdot \left(\boldsymbol{r} \cdot \frac{d\boldsymbol{\omega}}{dt}\right)\boldsymbol{r} \tag{1.2-16}$$

$$\begin{aligned} 第 3 項：\quad \Delta m \cdot \boldsymbol{r} \times \{\boldsymbol{\omega} \times (\boldsymbol{\omega} \times \boldsymbol{r})\} &= \Delta m \cdot \boldsymbol{r} \times (\boldsymbol{\omega} \cdot \boldsymbol{r})\boldsymbol{\omega} - \Delta m \cdot \boldsymbol{r} \times (\boldsymbol{\omega} \cdot \boldsymbol{\omega})\boldsymbol{r} \\ &= \Delta m \cdot \boldsymbol{r} \times (\boldsymbol{\omega} \cdot \boldsymbol{r})\boldsymbol{\omega} \end{aligned} \tag{1.2-17}$$

ここで，(1.2-17) 式の関係式には

$$\boldsymbol{A} \times \boldsymbol{A} = 0 \tag{1.2-18}$$

の公式を用いている．

したがって，(1.2-16) 式および (1.2-17) 式を (1.2-14) 式に代入すると

$$\begin{aligned} \boldsymbol{r} \times \Delta \boldsymbol{F} = {}&\Delta m \cdot \boldsymbol{r} \times \left\{\frac{d\boldsymbol{v}_c}{dt} + (\boldsymbol{\omega} \times \boldsymbol{v}_c)\right\} + (\boldsymbol{r} \cdot \boldsymbol{r})\Delta m \cdot \frac{d\boldsymbol{\omega}}{dt} \\ &- \left(\boldsymbol{r} \cdot \frac{d\boldsymbol{\omega}}{dt}\right)\boldsymbol{r} \cdot \Delta m + \boldsymbol{r} \times (\boldsymbol{\omega} \cdot \boldsymbol{r})\boldsymbol{\omega} \cdot \Delta m \end{aligned} \tag{1.2-19}$$

となる．(1.2-19) 式を質量に関して機体全体で積分すると，右辺第 1 項は (1.2-9) 式を適用すると 0 になるから，結局，微小質量 Δm に働くトルク (力のモーメント) の式は次式で与えられる．

$$\int (\boldsymbol{r} \times d\boldsymbol{F}) = \left[\int (\boldsymbol{r} \cdot \boldsymbol{r})\, dm\right] \frac{d\boldsymbol{\omega}}{dt} - \int \left(\boldsymbol{r} \cdot \frac{d\boldsymbol{\omega}}{dt}\right) \boldsymbol{r}\, dm + \int \boldsymbol{r} \times (\boldsymbol{\omega} \cdot \boldsymbol{r})\, \boldsymbol{\omega}\, dm \tag{1.2-20}$$

この式の右辺の各項のベクトル式を機体座標系の成分で書くと次のようになる．

$$\begin{cases} \left[\int (\boldsymbol{r} \cdot \boldsymbol{r})\, dm\right] \dfrac{d\boldsymbol{\omega}}{dt} = \left[\int (x^2 + y^2 + z^2)\, dm\right] \cdot (\dot{p}, \dot{q}, \dot{r}) \\[2mm] -\int \left(\boldsymbol{r} \cdot \dfrac{d\boldsymbol{\omega}}{dt}\right) \boldsymbol{r}\, dm = -\int (x\dot{p} + y\dot{q} + z\dot{r})\,(x, y, z)\, dm \\[2mm] \int \boldsymbol{r} \times (\boldsymbol{\omega} \cdot \boldsymbol{r})\, \boldsymbol{\omega}\, dm = \int (px + qy + rz)\,\{(x, y, z) \times (p, q, r)\}\, dm \\[2mm] \qquad\qquad\qquad\qquad = \int (px + qy + rz)\,(yr - zq, zp - xr, xq - yp)\, dm \end{cases} \tag{1.2-21}$$

一方，(1.2-20) 式の左辺は微小質量 Δm に作用する外力のモーメントを機体全体で積分したものであるから，機体座標系の成分で

$$\int (\boldsymbol{r} \times d\boldsymbol{F}) = (\overline{L}, \overline{M}, \overline{N}) \tag{1.2-22}$$

と表すと，(1.2-20) 式〜(1.2-22) 式から機体全体に働く外力のモーメント式が各成分として次のように得られる．

$$\begin{aligned} \overline{L} &= \left[\int (x^2 + y^2 + z^2)\, dm\right] \dot{p} - \int (x\dot{p} + y\dot{q} + z\dot{r}) x\, dm + \int (px + qy + rz)(yr - zq)\, dm \\ &= \left[\int (y^2 + z^2)\, dm\right] \dot{p} - \left[\int xy\, dm\right] \dot{q} - \left[\int xz\, dm\right] \dot{r} + \int (px + qy + rz)(yr - zq)\, dm \\ &= \left[\int (y^2 + z^2)\, dm\right] \dot{p} - \left[\int xy\, dm\right] \dot{q} - \left[\int xz\, dm\right] \dot{r} \\ &\quad - \left[\int xz\, dm\right] pq + \left[\int (y^2 - z^2)\, dm\right] qr + \left[\int xy\, dm\right] rp - \left[\int yz\, dm\right] (q^2 - r^2) \end{aligned}$$

$$\tag{1.2-23}$$

$$\begin{aligned} \overline{M} &= \left[\int (x^2 + y^2 + z^2)\, dm\right] \dot{q} - \int (x\dot{p} + y\dot{q} + z\dot{r}) y\, dm + \int (px + qy + rz)(zp - xr)\, dm \\ &= \left[\int (x^2 + z^2)\, dm\right] \dot{q} - \left[\int xy\, dm\right] \dot{p} - \left[\int yz\, dm\right] \dot{r} \\ &\quad + \left[\int yz\, dm\right] pq - \left[\int xy\, dm\right] qr + \left[\int (z^2 - x^2)\, dm\right] rp - \left[\int xz\, dm\right] (r^2 - p^2) \end{aligned}$$

$$\tag{1.2-24}$$

$$\overline{N} = \left[\int (x^2+y^2+z^2)\,dm\right]\dot{r} - \int (x\dot{p}+y\dot{q}+z\dot{r})z\,dm + \int (px+qy+rz)(xq-yp)\,dm$$

$$= \left[\int (x^2+y^2)\,dm\right]\dot{r} - \left[\int xz\,dm\right]\dot{p} - \left[\int yz\,dm\right]\dot{q}$$

$$+ \left[\int (x^2-y^2)\,dm\right]pq + \left[\int xz\,dm\right]qr - \left[\int yz\,dm\right]rp - \left[\int xy\,dm\right](p^2-q^2) \tag{1.2-25}$$

いま,

$$\begin{cases} I_x = \int (y^2+z^2)\,dm, & I_y = \int (z^2+x^2)\,dm, & I_z = \int (x^2+y^2)\,dm, \\ I_{xy} = \int xy\,dm, & I_{xz} = \int xz\,dm, & I_{yz} = \int yz\,dm \end{cases} \tag{1.2-26}$$

と書くと,(1.2-23)式~(1.2-25)式から,航空機に働くトルクによる回転運動方程式が次のように得られる.

[回転運動方程式]

$$\begin{cases} I_x\dot{p} + (I_z-I_y)qr - I_{yz}(q^2-r^2) - I_{xy}(\dot{q}-rp) - I_{xz}(\dot{r}+pq) = \overline{L} \\ I_y\dot{q} + (I_x-I_z)rp - I_{xz}(r^2-p^2) - I_{xy}(\dot{p}+qr) - I_{yz}(\dot{r}-pq) = \overline{M} \\ I_z\dot{r} + (I_y-I_x)pq - I_{xy}(p^2-q^2) - I_{xz}(\dot{p}-qr) - I_{yz}(\dot{q}+rp) = \overline{N} \end{cases} \tag{1.2-27}$$

ここで,I_x,I_y および I_z は慣性モーメント,I_{xy},I_{xz} および I_{yz} は慣性乗積である.

(4) 慣性モーメントおよび慣性乗積

慣性モーメントおよび慣性乗積について説明を加えておこう.x 軸まわりの慣性モーメント I_x を例として慣性モーメントを説明する.図1.4において,機体が x 軸まわりにロール角加速度 $\dot{p}$ で回転運動しているとき,x 軸から r の距離にある微少質量 Δm の加速度は $r\dot{p}$ であるから,Δm に働く外力を ΔF とすると次の運動方程式が成り立つ.

$$\Delta m r\dot{p} = \Delta F \tag{1.2-28}$$

この式の両辺に r を掛け,機体全体で積分すると

$$\left(\int r^2\,dm\right)\dot{p} = \int r\,dF \tag{1.2-29}$$

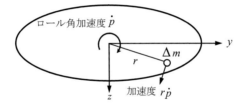

図1.4 慣性モーメント I_x

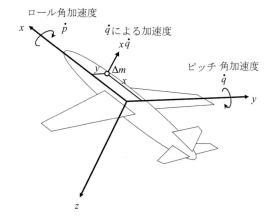

図 1.5　慣性乗積 I_{xy}

となる．この式は x 軸まわりの回転運動の方程式であり，右辺は x 軸まわりのトルクである．この式の左辺のロール角加速度の係数が x 軸まわりの慣性モーメント I_x で，次式で表される．

$$I_x = \int r^2 dm = \int (y^2 + z^2) dm \tag{1.2-30}$$

次に，I_{xy} を例にして慣性乗積を説明する．図 1.5 において，機体が y 軸まわりにピッチ角加速度 $\dot{q}$ で回転運動しているとき，y 軸から x の距離にある微小質量 Δm の加速度の z 軸方向の成分は $-x\dot{q}$（図 1.5 参照）であるから，Δm に働く z 軸方向の外力を ΔF_z とすると次の運動方程式が成り立つ．

$$-\Delta m x \dot{q} = \Delta F_z \tag{1.2-31}$$

一方，この微少質量 Δm の x 軸からの距離は y であるから，外力 ΔF_z が x 軸まわりに作るトルクは (1.2-31) 式から

$$-\Delta m x y \dot{q} = \Delta F_z \cdot y \tag{1.2-32}$$

と表される．この式を機体全体で積分すると

$$\left(\int xy dm \right) \dot{q} = -\int y dF_z \tag{1.2-33}$$

となる．この式はピッチ角加速度 $\dot{q}$ がある場合の x 軸まわりのトルクである．(1.2-33) 式の左辺のピッチ角加速度の係数が慣性乗積 I_{xy} で，次式で表される．

$$I_{xy} = \int xy dm \tag{1.2-34}$$

(5) 運動方程式の deg 単位表現

　航空機の運動を解析する基礎方程式として，(1.2-12) 式の力に関する並進運動の運動方程式と，(1.2-27) 式のトルク (力のモーメント) に関する回転運動の運動方程式が得られたが，ここで用いた x 軸，y 軸，z 軸まわりの角速度 p，q，r の単位は rad/s (ラジアン/秒) である．しかし，実際の航空機の運動を解析する場合には rad 単位よりも，1秒間にどれくらい回転したかを deg (度) 単位で表した方がわかり易い．したがって以降の解析においては，角速度は deg/s，姿勢角や舵面の角度は deg 単位として式を展開していくこととする．

　そこで，角度を deg 単位，角速度を deg/s，角加速度を $\mathrm{deg/s^2}$ とした場合の並進と回転の運動方程式は，rad 単位と deg 単位の換算値 $360/(2\pi) = 57.3$ を用いて，(1.2-12)式および (1.2-27) 式から次のようにまとめられる．

$$\begin{cases} m\dot{u} = m\left(-\dfrac{q}{57.3}w + \dfrac{r}{57.3}v\right) + F_x \\[2mm] m\dot{v} = m\left(-\dfrac{r}{57.3}u + \dfrac{p}{57.3}w\right) + F_y \\[2mm] m\dot{w} = m\left(-\dfrac{p}{57.3}v + \dfrac{q}{57.3}u\right) + F_z \end{cases}$$ 　[並進運動方程式 (deg 単位)] 　　(1.2-35)

　[回転運動方程式 (deg 単位)]

$$\begin{cases} I_x\dot{p} = (I_y - I_z)\dfrac{qr}{57.3} + I_{yz}\dfrac{q^2 - r^2}{57.3} + I_{xy}\left(\dot{q} - \dfrac{rp}{57.3}\right) + I_{xz}\left(\dot{r} + \dfrac{pq}{57.3}\right) + 57.3\overline{L} \\[2mm] I_y\dot{q} = (I_z - I_x)\dfrac{rp}{57.3} + I_{xz}\dfrac{r^2 - p^2}{57.3} + I_{xy}\left(\dot{p} + \dfrac{qr}{57.3}\right) + I_{yz}\left(\dot{r} - \dfrac{pq}{57.3}\right) + 57.3\overline{M} \\[2mm] I_z\dot{r} = (I_x - I_y)\dfrac{pq}{57.3} + I_{xy}\dfrac{p^2 - q^2}{57.3} + I_{xz}\left(\dot{p} - \dfrac{qr}{57.3}\right) + I_{yz}\left(\dot{q} + \dfrac{rp}{57.3}\right) + 57.3\overline{N} \end{cases}$$

(1.2-36)

　この式で，右辺に下線が記入してある項は，機体が左右対称形の場合，すなわち $I_{xy} = I_{yz} = 0$ の場合には 0 となる項である．

[例題 1.2-1]　縦系のみ運動している場合，x 軸および z 軸方向の運動方程式は (1.2-12)式から次式で表されるが，これを説明せよ．
$$\begin{cases} m(\dot{u} + qw) = F_x \\ m(\dot{w} - qu) = F_z \end{cases}$$

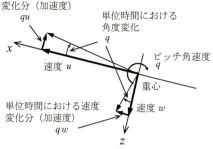

図 1.6　q による加速度

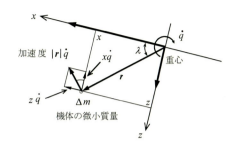

図 1.7　$\dot{q}$ による加速度成分

■解答■　図 1.6 のようにピッチ角速度 q のみの影響を考える．機体は重心まわりに単位時間に q だけ角度が変化するから，速度ベクトル成分 u が角度変化によって qu の加速度が z 軸と反対方向に生じる．また，速度ベクトル成分 w についても同様に qw の加速度が x 軸方向に生じる．これから，重心の x 軸方向の加速度が $\dot{u}+qw$，z 軸方向の加速度が $\dot{w}-qu$ となり，上記運動方程式が得られる．

[例題 1.2-2]　縦系のみ運動している場合，y 軸まわりの回転運動方程式は (1.2-27) 式から次式で表されるがこれを説明せよ．
$$I_y \dot{q} = \overline{M}$$

■解答■　図 1.7 のようにピッチ角加速度 $\dot{q}$ と，図 1.6 で考えたピッチ角速度 q がある場合の機体の微小質量 Δm に働く運動方程式を考える．図 1.7 に示すように，機体は重心まわりに $\dot{q}$ で回転することにより，x 軸方向に $z\dot{q}$ の加速度，z 軸方向に $-x\dot{q}$ の加速度が生じる．一方，図 1.6 で考えたように，ピッチ角速度 q によって，重心に加速度が生じるから，質量 Δm に働く x 軸方向および z 軸方向の外力を ΔF_x および ΔF_y とすると，次の運動方程式が成り立つ．
$$\Delta m(\dot{u}+qw+z\dot{q}) = \Delta F_x, \quad \Delta m(\dot{w}-qu-x\dot{q}) = \Delta F_z$$

次に，質量 Δm に働く外力による重心まわりのモーメント ΔM を考えると次式が得られる．
$$\Delta M = z\Delta F_x - x\Delta F_z = \Delta m\{z(\dot{u}+qw+z\dot{q})-x(\dot{w}-qu-x\dot{q})\}$$
$$= z\Delta m(\dot{u}+qw) - x\Delta m(\dot{w}-qu) + (x^2+z^2)\Delta m\dot{q}$$

この式を機体全体で積分すると，原点が重心であるから
$$\int x\,dm = 0, \quad \int z\,dm = 0, \quad I_y = \int (x^2+z^2)\,dm$$
に注意すると，y 軸まわりの回転運動方程式が次のように得られる．
$$I_y \dot{q} = \overline{M}$$

1.3 ■ 航空機に働く外力およびモーメント

1.2 節で求めた航空機の運動式の中の外力および外力によるモーメント (トルク) について具体的に求める．図 1.8 は機体に固定した座標系 xyz と地球に固定した座標系 $X_E Y_E Z_E$ を平行移動して機体重心に一致させた座標系 $X'_E Y'_E Z'_E$ との関係を示したものである．

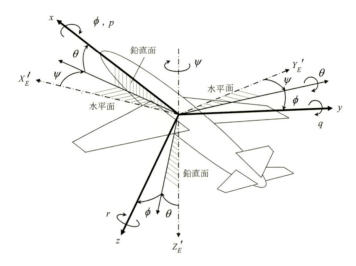

図 1.8　機体座標系の変数

(1) 外力

(1.2-35) 式の並進運動方程式の右辺の F_x, F_y および F_z で表される外力について考える．なお，u, v, w[m/s] は x 軸，y 軸，z 軸方向の速度，p, q, r[deg/s] は x 軸，y 軸，z 軸まわりの角速度，$m(=W/g$, ここで W は機体重量，g は重力加速度である) は機体質量，また，ψ, θ, ϕ は機体の姿勢角でそれぞれ**ヨー角**，**ピッチ角**，**ロール角**(バンク角ともいう) で，これら姿勢角 ψ, θ, ϕ は**オイラー角**といわれる．

外力としては，重力，エンジン推力および空気力である．まず，重力項について考える．機体の x 軸が水平面からピッチ角 θ だけ上側に傾いているから，機体重量 mg の $\sin\theta$ 成分が x 軸の負の方向に，また $\cos\theta$ 成分が yz 平面上にある．そして yz 平面上で y 軸および z 軸はロール角 ϕ だけ回転しているから，重力の x 軸，y 軸，z 軸の各成分は次のように与えられる．

$$-mg\sin\theta, \quad mg\cos\theta\sin\phi, \quad mg\cos\theta\cos\phi \tag{1.3-1}$$

エンジンの推力ベクトルは，機体の x 軸と角度 i_T だけ機体を持ち上げる方向に傾いているとする．このときエンジン推力の x 軸，y 軸，z 軸の各軸の成分は次のように与えられる．

$$T \cos i_T, \quad 0, \quad -T \sin i_T \tag{1.3-2}$$

空気力は，x 軸，y 軸，z 軸の各軸の成分は次のように与えられる．

$$\frac{\rho V^2 S}{2} C_x, \qquad \frac{\rho V^2 S}{2} C_y, \qquad \frac{\rho V^2 S}{2} C_z \tag{1.3-3}$$

ここで，ρ は空気密度，V は機体速度，S は**主翼面積**である．密度 ρ，速度 V の流れの中に垂直においた板でせき止めると，この板が受ける圧力は $(1/2)\rho V^2$ となる．$(1/2)\rho V^2$ は**動圧**と呼ばれ，圧力の次元を持つ．したがって，動圧に主翼面積を掛けると力の単位になることから，x 軸，y 軸，z 軸方向の空気力を $(1/2)\rho V^2 S$ で無次元化したものが，無次元空力係数 C_x，C_y，C_z である．

これら (1.3-1) 式〜(1.3-3) 式を運動方程式 (1.2-35) 式の外力に代入すると，並進運動方程式が次のように得られる．

$$\begin{cases} m\dot{u} = -\dfrac{mq}{57.3}w + \dfrac{mr}{57.3}v - mg\sin\theta & + T\cos i_T & + \dfrac{\rho V^2 S}{2}C_x \\[2mm] m\dot{v} = -\dfrac{mr}{57.3}u + \dfrac{mp}{57.3}w + mg\cos\theta\sin\phi & & + \dfrac{\rho V^2 S}{2}C_y \\[2mm] m\dot{w} = -\dfrac{mp}{57.3}v + \dfrac{mq}{57.3}u + mg\cos\theta\cos\phi & - T\sin i_T & + \dfrac{\rho V^2 S}{2}C_z \end{cases} \tag{1.3-4}$$

(2) モーメント

次に，(1.2-36) 式の回転運動方程式の右辺の $\overline{L}$，$\overline{M}$ および $\overline{N}$ で表される外力によるモーメントについて考える．モーメントとしては，空気力によるモーメントとエンジンジャイロモーメントである．まず，空気力によるモーメントの x 軸，y 軸，z 軸の各成分は，次のように与えられる．

$$\frac{\rho V^2 Sb}{2} \times 57.3 C_l, \qquad \frac{\rho V^2 S\overline{c}}{2} \times 57.3 C_m, \qquad \frac{\rho V^2 Sb}{2} \times 57.3 C_n \tag{1.3-5}$$

ここで，C_l，C_m，C_n は空気力のモーメントを動圧 × 長さで無次元化した係数である．長さは y 軸については**平均空力翼弦** (mean aerodynamic chord; MAC) $\overline{c}$，x 軸および z 軸については**翼幅**(スパン) b が用いられる．なお係数 57.3 は，角加速度を deg/s の単位で表しているためである．

次に，エンジンジャイロモーメントは，機体の回転ベクトル (p, q, r) とエンジンによる x 軸まわりの角運動量 (慣性モーメント I_R と回転角速度 ω_R との積) との外積で表され，x 軸，y 軸，z 軸の各成分は次のように与えられる．

16　第 1 章 ■ 航空機運動の基礎式

$$0, \qquad -I_R\omega_R \cdot r, \qquad I_R\omega_R \cdot q \tag{1.3-6}$$

また，運動方程式 (1.2-36) 式において，慣性乗積については機体は対称形として I_{xz} のみ考慮することとし，次式を仮定する．

$$I_{xy} = I_{yz} = 0 \tag{1.3-7}$$

これら (1.3-5) 式～(1.3-6) 式を運動方程式 (1.2-36) 式の外力のモーメントに代入し，また (1.3-7) 式を考慮すると，回転運動方程式が次のように得られる．

$$\begin{cases} I_x\dot{p} = (I_y - I_z)\cdot\dfrac{qr}{57.3} + I_{xz}\left(\dot{r} + \dfrac{pq}{57.3}\right) + \dfrac{\rho V^2 Sb}{2}\times 57.3\cdot C_l \\[2mm] I_y\dot{q} = (I_z - I_x)\cdot\dfrac{rp}{57.3} + I_{xz}\dfrac{r^2 - p^2}{57.3} + \dfrac{\rho V^2 S\overline{c}}{2}\times 57.3\cdot C_m - I_R\omega_R \cdot r \\[2mm] I_z\dot{r} = (I_x - I_y)\cdot\dfrac{pq}{57.3} + I_{xz}\left(\dot{p} - \dfrac{qr}{57.3}\right) + \dfrac{\rho V^2 Sb}{2}\times 57.3\cdot C_n + I_R\omega_R \cdot q \end{cases} \tag{1.3-8}$$

1.4 ■ 6 自由度運動方程式のまとめ　✈

1.3 節で求めた航空機の運動方程式を使い易くするため変形してまとめておく．

まず，(1.3-4) 式の運動方程式の両辺を質量 m で割ると，x 軸，y 軸，z 軸方向の並進運動方程式として次式を得る．

[並進運動方程式]

$$\boxed{\begin{cases} \dot{u} = -\dfrac{q}{57.3}w + \dfrac{r}{57.3}v - g\sin\theta \qquad\quad + \dfrac{T}{m}\cos i_T + \dfrac{\rho V^2 S}{2m}C_x \\[2mm] \dot{v} = -\dfrac{r}{57.3}u + \dfrac{p}{57.3}w + g\cos\theta\sin\phi \qquad\qquad\quad + \dfrac{\rho V^2 S}{2m}C_y \\[2mm] \dot{w} = -\dfrac{p}{57.3}v + \dfrac{q}{57.3}u + g\cos\theta\cos\phi \; - \dfrac{T}{m}\sin i_T + \dfrac{\rho V^2 S}{2m}C_z \end{cases}} \tag{1.4-1}$$

次に，回転運動方程式について考える．いま，

$$\begin{cases} L = (I_y - I_z)\cdot\dfrac{qr}{57.3} + I_{xz}\dfrac{pq}{57.3} + \dfrac{\rho V^2 Sb}{2}\times 57.3\cdot C_l \\[2mm] M = (I_z - I_x)\cdot\dfrac{rp}{57.3} + I_{xz}\dfrac{r^2 - p^2}{57.3} + \dfrac{\rho V^2 S\overline{c}}{2}\times 57.3\cdot C_m - I_R\omega_R \cdot r \\[2mm] N = (I_x - I_y)\cdot\dfrac{pq}{57.3} - I_{xz}\dfrac{qr}{57.3} + \dfrac{\rho V^2 Sb}{2}\times 57.3\cdot C_n + I_R\omega_R \cdot q \end{cases} \tag{1.4-2}$$

とおくと，(1.3-8) 式は次のように表せる．

$$I_x\dot{p} = I_{xz}\dot{r} + L, \qquad I_y\dot{q} = M, \qquad I_z\dot{r} = I_{xz}\dot{p} + N \tag{1.4-3}$$

この式の第 1 式は $\dot{p}$ の式であるが右辺に $\dot{r}$ の項が入っている．また，第 3 式は $\dot{r}$ の

式であるが右辺に $\dot{p}$ の項が入っている．そこで，第1式と第3式とでそれらの項を取り除くと，回転運動方程式として次式が得られる．

$$\begin{cases} \dot{p} = \left(\dfrac{L}{I_x} + \dfrac{I_{xz}}{I_x} \cdot \dfrac{N}{I_z}\right) \Big/ \left(1 - \dfrac{I_{xz}^2}{I_x I_z}\right) \\ \dot{q} = \dfrac{M}{I_y} \\ \dot{r} = \left(\dfrac{N}{I_z} + \dfrac{I_{xz}}{I_z} \cdot \dfrac{L}{I_x}\right) \Big/ \left(1 - \dfrac{I_{xz}^2}{I_x I_z}\right) \end{cases}$$ [回転運動方程式] (1.4-4)

ここで，L, M および N は (1.4-2) 式である．

1.5 ■ 機体姿勢と地球座標上の軌跡

　空間上の機体姿勢は，1.3 節で示したようにオイラー角 ψ, θ, ϕ によって表す．航空機で用いるオイラー角はヨー角 ψ，ピッチ角 θ，ロール角 ϕ の順序で回転させて機体姿勢を表す．

(1) オイラー角の回転

　まず，ヨー角 ψ の回転から考える．図 1.9 は地球固定の $X_E Y_E Z_E$ 軸から見た点 P の座標を，Z_E 軸まわりにヨー角 ψ だけ回転した座標軸 $x_1 y_1 z_1$ から見た座標に変換する．変換式は図 1.9 から次式で与えられる．

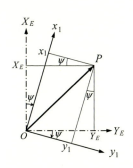
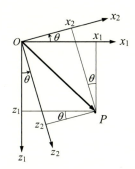
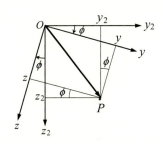

図 1.9　ヨー角 ψ による回転　　図 1.10　ピッチ角 θ による回転　　図 1.11　ロール角 ϕ による回転

18　第 1 章 ▪ 航空機運動の基礎式

$$
\begin{cases}
x_1 = X_E \cos\psi + Y_E \sin\psi \\
y_1 = -X_E \sin\psi + Y_E \cos\psi \\
z_1 = Z_E
\end{cases}
\tag{1.5-1}
$$

この式は行列を用いると次のように表される.

$$
\begin{bmatrix} x_1 \\ y_1 \\ z_1 \end{bmatrix}
=
\begin{bmatrix} \cos\psi & \sin\psi & 0 \\ -\sin\psi & \cos\psi & 0 \\ 0 & 0 & 1 \end{bmatrix}
\begin{bmatrix} X_E \\ Y_E \\ Z_E \end{bmatrix}
\tag{1.5-2}
$$

次に，$x_1 y_1 z_1$ 軸から見た点 P の座標を，y_1 軸まわりにピッチ角 θ だけ回転した座標軸 $x_2 y_2 z_2$ から見た座標に変換する．変換式は図 1.10 から次式で与えられる.

$$
\begin{bmatrix} x_2 \\ y_2 \\ z_2 \end{bmatrix}
=
\begin{bmatrix} \cos\theta & 0 & -\sin\theta \\ 0 & 1 & 0 \\ \sin\theta & 0 & \cos\theta \end{bmatrix}
\begin{bmatrix} x_1 \\ y_1 \\ z_1 \end{bmatrix}
\tag{1.5-3}
$$

最後に，$x_2 y_2 z_2$ 軸から見た点 P の座標を，x_2 軸まわりにロール角 ϕ だけ回転すると座標軸 xyz から見た座標に変換できる．変換式は図 1.11 から次式で与えられる.

$$
\begin{bmatrix} x \\ y \\ z \end{bmatrix}
=
\begin{bmatrix} 1 & 0 & 0 \\ 0 & \cos\phi & \sin\phi \\ 0 & -\sin\phi & \cos\phi \end{bmatrix}
\begin{bmatrix} x_2 \\ y_2 \\ z_2 \end{bmatrix}
\tag{1.5-4}
$$

(2) 地球座標への変換

(1.5-2) 式〜(1.5-4) 式から，次式のように，地球固定の $X_E Y_E Z_E$ 軸から見た点 P の座標を機体軸 xyz から見た座標に変換できる.

$$
\begin{bmatrix} x \\ y \\ z \end{bmatrix}
=
\begin{bmatrix} 1 & 0 & 0 \\ 0 & \cos\phi & \sin\phi \\ 0 & -\sin\phi & \cos\phi \end{bmatrix}
\begin{bmatrix} \cos\theta & 0 & -\sin\theta \\ 0 & 1 & 0 \\ \sin\theta & 0 & \cos\theta \end{bmatrix}
\begin{bmatrix} \cos\psi & \sin\psi & 0 \\ -\sin\psi & \cos\psi & 0 \\ 0 & 0 & 1 \end{bmatrix}
\begin{bmatrix} X_E \\ Y_E \\ Z_E \end{bmatrix}
\tag{1.5-5}
$$

(1.5-5) 式の右辺の 3 つの行列をまとめると次式が得られる.

$$
\begin{bmatrix} x \\ y \\ z \end{bmatrix}
=
\begin{bmatrix}
\cos\theta\cos\psi & \cos\theta\sin\psi & -\sin\theta \\
\sin\phi\sin\theta\cos\psi - \cos\phi\sin\psi & \sin\phi\sin\theta\sin\psi + \cos\phi\cos\psi & \sin\phi\cos\theta \\
\cos\phi\sin\theta\cos\psi + \sin\phi\sin\psi & \cos\phi\sin\theta\sin\psi - \sin\phi\cos\psi & \cos\phi\cos\theta
\end{bmatrix}
\begin{bmatrix} X_E \\ Y_E \\ Z_E \end{bmatrix}
\tag{1.5-6}
$$

逆に，(1.5-5) 式から機体軸 xyz から見た点 P の座標を地球固定の $X_E Y_E Z_E$ 軸から見た座標に変換できる．(1.5-5) 式右辺の 3 つの行列は，各行列とその転置行列とを掛けたものが単位行列となるため，3 つの行列は全て直交行列である．したがって，逆行列は転置行列に等しいことを利用すれば，(1.5-6) 式右辺の行列を転置して次の変換式を得ることができる.

$$
\begin{bmatrix} X_E \\ Y_E \\ Z_E \end{bmatrix} = \begin{bmatrix} \cos\theta\cos\psi & \sin\phi\sin\theta\cos\psi - \cos\phi\sin\psi & \cos\phi\sin\theta\cos\psi + \sin\phi\sin\psi \\ \cos\theta\sin\psi & \sin\phi\sin\theta\sin\psi + \cos\phi\cos\psi & \cos\phi\sin\theta\sin\psi - \sin\phi\cos\psi \\ -\sin\theta & \sin\phi\cos\theta & \cos\phi\cos\theta \end{bmatrix} \begin{bmatrix} x \\ y \\ z \end{bmatrix}
$$

$$(1.5\text{-}7)$$

機体の重心の速度を

$$\boldsymbol{V} = (u, v, w) \tag{1.5-8}$$

とすると，地球座標上から見た機体の移動速度は (1.5-7) 式を用いて次のように得られる．

[地球座標上の移動速度]

$$
\begin{bmatrix} \dot{X}_E \\ \dot{Y}_E \\ \dot{h}_E \end{bmatrix} = \begin{bmatrix} \cos\theta\cos\psi & \sin\phi\sin\theta\cos\psi - \cos\phi\sin\psi & \cos\phi\sin\theta\cos\psi + \sin\phi\sin\psi \\ \cos\theta\sin\psi & \sin\phi\sin\theta\sin\psi + \cos\phi\cos\psi & \cos\phi\sin\theta\sin\psi - \sin\phi\cos\psi \\ \sin\theta & -\sin\phi\cos\theta & -\cos\phi\cos\theta \end{bmatrix} \begin{bmatrix} u \\ v \\ w \end{bmatrix}
$$

$$(1.5\text{-}9)$$

ここで，左辺の $\dot{h}_E$ は上側を正にとった高度変化の速度である．この式を時間積分することにより，地球座標上の飛行軌跡を求めることができる．

1.6 ■ 機体姿勢角速度と機体軸まわりの角速度 ✈

　いま，機体軸 xyz 方向の単位ベクトルをそれぞれ $\boldsymbol{x}$, $\boldsymbol{y}$, $\boldsymbol{z}$ で表すと，機体重心まわりの回転角速度ベクトル $\boldsymbol{\omega}$ は次のように書ける．

$$\boldsymbol{\omega} = \boldsymbol{x}p + \boldsymbol{y}q + \boldsymbol{z}r \tag{1.6-1}$$

　一方，1.5 節で示した Z_E 軸，y_1 軸方向の単位ベクトルをそれぞれ，$\boldsymbol{Z}_E$, $\boldsymbol{y}_1$ で表すと，$\boldsymbol{\omega}$ は機体姿勢角速度を用いて次のように表される．

$$\boldsymbol{\omega} = \boldsymbol{Z}_E\dot{\psi} + \boldsymbol{y}_1\dot{\theta} + \boldsymbol{x}\dot{\phi} \tag{1.6-2}$$

ここで，(1.5-7) 式を用いると，$\boldsymbol{Z}_E$ は次のように $\boldsymbol{x}$, $\boldsymbol{y}$, $\boldsymbol{z}$ で表すことができる．

$$\boldsymbol{Z}_E = -\boldsymbol{x}\sin\theta + \boldsymbol{y}\sin\phi\cos\theta + \boldsymbol{z}\cos\phi\cos\theta \tag{1.6-3}$$

次に，$\boldsymbol{y}_1$ を $\boldsymbol{x}$, $\boldsymbol{y}$, $\boldsymbol{z}$ で表すことを考える．それには (1.5-3) 式と (1.5-4) 式とを組み合わせて，次式を作る．

$$
\begin{bmatrix} x \\ y \\ z \end{bmatrix} = \begin{bmatrix} 1 & 0 & 0 \\ 0 & \cos\phi & \sin\phi \\ 0 & -\sin\phi & \cos\phi \end{bmatrix} \begin{bmatrix} \cos\theta & 0 & -\sin\theta \\ 0 & 1 & 0 \\ \sin\theta & 0 & \cos\theta \end{bmatrix} \begin{bmatrix} x_1 \\ y_1 \\ z_1 \end{bmatrix}
$$

$$= \begin{bmatrix} \cos\theta & 0 & -\sin\theta \\ \sin\phi\sin\theta & \cos\phi & \sin\phi\cos\theta \\ \cos\phi\sin\theta & -\sin\phi & \cos\phi\cos\theta \end{bmatrix} \begin{bmatrix} x_1 \\ y_1 \\ z_1 \end{bmatrix} \tag{1.6-4}$$

この式を転置すると次式を得る.

$$\begin{bmatrix} x_1 \\ y_1 \\ z_1 \end{bmatrix} = \begin{bmatrix} \cos\theta & \sin\phi\sin\theta & \cos\phi\sin\theta \\ 0 & \cos\phi & -\sin\phi \\ -\sin\theta & \sin\phi\cos\theta & \cos\phi\cos\theta \end{bmatrix} \begin{bmatrix} x \\ y \\ z \end{bmatrix} \tag{1.6-5}$$

したがって, y_1 が x, y, z を用いて次のように得られる.

$$y_1 = y\cos\phi - z\sin\phi \tag{1.6-6}$$

(1.6-3) 式と (1.6-6) 式を (1.6-2) 式に代入すると, ω は機体姿勢角速度を用いて次のように表すことができる.

$$\begin{aligned} \omega &= -x\dot\psi\sin\theta + y\dot\psi\sin\phi\cos\theta + z\dot\psi\cos\phi\cos\theta + y\dot\theta\cos\phi - z\dot\theta\sin\phi + x\dot\phi \\ &= x\left(\dot\phi - \dot\psi\sin\theta\right) + y\left(\dot\theta\cos\phi + \dot\psi\sin\phi\cos\theta\right) + z\left(\dot\psi\cos\phi\cos\theta - \dot\theta\sin\phi\right) \end{aligned} \tag{1.6-7}$$

(1.6-1) 式と (1.6-7) 式を等値すると, 機体軸まわりの角速度と機体姿勢角速度との関係式が次のように得られる.

$$\begin{cases} p = \dot\phi - \dot\psi\sin\theta \\ q = \dot\theta\cos\phi + \dot\psi\sin\phi\cos\theta \\ r = \dot\psi\cos\phi\cos\theta - \dot\theta\sin\phi \end{cases} \quad \text{[機体軸まわりの角速度]} \tag{1.6-8}$$

(1.6-8) 式を $\dot\psi$, $\dot\theta$ および $\dot\phi$ について解けば, 次式が得られる.

$$\begin{cases} \dot\psi = \dfrac{r\cos\phi + q\sin\phi}{\cos\theta} \\ \dot\theta = q\cos\phi - r\sin\phi \\ \dot\phi = p + \left(r\cos\phi + q\sin\phi\right)\tan\theta = p + \dot\psi\sin\theta \end{cases} \quad \text{[姿勢角速度]} \tag{1.6-9}$$

1.7 ■ 迎角, 横滑り角, 荷重倍数およびセンサー位置補正 ✈

機体に働く空気力は, 機体が空気に対して飛行する角度を用いて表される. その角度は図 1.12 に示すように, 迎角 α と横滑り角 β である. 本節では, 迎角と横滑り角の関係式を求めた後, 荷重倍数の式およびセンサー位置の補正式をまとめておく.

(1) 迎角および横滑り角 (無風の場合)

図 1.12 から, 迎角 α および横滑り角 β は次の関係式で表される. ただし, V は機体速度, また u, v および w はそれぞれ x 軸, y 軸および z 軸の速度成分である.

$$\begin{cases} \alpha = 57.3\tan^{-1}\dfrac{w}{u} \\ \dot{\alpha} = 57.3\dfrac{\dot{w}u - w\dot{u}}{u^2 + w^2} \\ \beta = 57.3\sin^{-1}\dfrac{v}{V} \end{cases}, \quad \begin{cases} V = \sqrt{u^2 + v^2 + w^2} \\ u = V\cos\beta\cos\alpha \\ v = V\sin\beta \\ w = V\cos\beta\sin\alpha \end{cases} \tag{1.7-1}$$

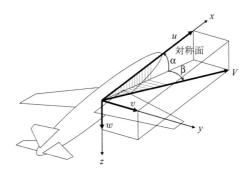

図 1.12 迎角および横滑り角

(2) 迎角および横滑り角 (風がある場合)

通常航空機は風の中で飛行しており，外乱としての風の影響は重要である．特に風の大きさが変化する突風は着陸フェーズの飛行に大きな影響を与える．ここでは突風 (gust) がある場合について機体運動を解析するための方法を考える．突風を表現する数学モデルは各種の表現方法が検討されているが，ここでは簡単のため次のような近似を行う．

- 突風は空間に固定 (frozen) されている．
- 突風は機体の進行方向にのみ大きさが変化する．
- 突風の大きさはステップ上に変化する．

このとき，x 軸，y 軸，z 軸の負の方向のガスト成分を u_g, v_g, w_g[m/s] とすると，y 軸および z 軸の突風は以下のように迎角変化および横滑り角変化として表現される．

$$\begin{cases} \alpha = 57.3\tan^{-1}\dfrac{w + w_g}{u + u_g} \\ \dot{\alpha} = 57.3\dfrac{\dot{w}(u + u_g) - (w + w_g)\dot{u}}{(u + u_g)^2 + (w + w_g)^2} \\ \beta = 57.3\sin^{-1}\dfrac{v + v_g}{V} \end{cases}, \quad V = \sqrt{(u + u_g)^2 + (v + v_g)^2 + (w + w_g)^2}$$

$$\tag{1.7-2}$$

(3) 荷重倍数

x 軸，y 軸，$-z$ 軸方向の荷重倍数 (機体に働く力を機体重量で割ったもの) は次式で与えられる.

$$
\begin{cases}
n_x = \dfrac{\rho V^2 S}{2W} C_x + \dfrac{T}{W} \cos i_T \\[2mm]
n_y = \dfrac{\rho V^2 S}{2W} C_y \\[2mm]
n_z = -\dfrac{\rho V^2 S}{2W} C_z + \dfrac{T}{W} \sin i_T
\end{cases}
\tag{1.7-3}
$$

ただし，荷重倍数 n_z については z 軸の負の方向 (主翼上面側) を正とすることに注意すること.

(4) センサー位置の補正

機体の運動方程式を解いて得られる状態変数は，重心位置における値である．一方，機体の運動情報を得るためのセンサーは通常重心から離れた位置に取り付けられるため，センサーから得られる運動情報を模擬するには，重心から離れた距離分を補正する必要がある．いま各センサーが重心より l_{sen} だけ前方に取り付けられている場合，迎角，横滑り角，垂直加速度および横加速度の各センサーによって得られる運動情報は次のように与えられる.

$$
\begin{cases}
\alpha_{sen} = \alpha - \dfrac{l_{sen}}{V} q \\[2mm]
\beta_{sen} = \beta + \dfrac{l_{sen}}{V} r
\end{cases}
,
\quad
\begin{cases}
\Delta n_{z_{sen}} = \Delta n_z + \dfrac{l_{sen}}{57.3g} \dot{q} \\[2mm]
\Delta n_{y_{sen}} = \Delta n_y + \dfrac{l_{sen}}{57.3g} \dot{r}
\end{cases}
\tag{1.7-4}
$$

ここで，各式の右辺第 1 項は重心位置における迎角，横滑り角，垂直加速度および横加速度の値である.

1.8 ■ 空力係数 ✈

1.7 節で述べたように，機体に働く空気力は，機体が空気に対して飛行する角度である迎角 α および横滑り角 β を用いて表されるが，その他操縦舵面を作動させた場合にも空気力は変化する．本節では，機体に働く空気力の細部の関係式について述べる.

(1) 各軸方向の空気力

空気力の x 軸，y 軸，z 軸における成分は，(1.3-3) 式に示したように，無次元空力係数 C_x, C_y, C_z を用いて次のように表される.

$$\frac{1}{2}\rho V^2 SC_x, \quad \frac{1}{2}\rho V^2 SC_y, \quad \frac{1}{2}\rho V^2 SC_z \tag{1.8-1}$$

無次元空力係数 C_x, C_y, C_z は，機体の大きさと速度等を同じ条件で，機体形状のみによる空気力の大きさを他機と比較できるので便利である．

(1.8-1) 式の x 軸と z 軸の空気力を，図 1.13 に示すように，速度 V に直角な方向に働く**揚力**L と，速度方向に働く**抗力**D に分解する．L および D も同様に次のように無次元係数 C_L および C_D を用いて表す．

$$L = \frac{1}{2}\rho V^2 SC_L, \quad D = \frac{1}{2}\rho V^2 SC_D \tag{1.8-2}$$

ここで，C_L は揚力係数，C_D は抗力係数といい，揚力および抗力をそれぞれ動圧と主翼面積を掛けた量で無次元化したものである．この C_L および C_D は次のような要素で表すことができる．

$$C_L = C_L(\alpha) + C_{L_{\delta e}}\delta e + C_{L_{\delta f}}\delta f, \quad C_D = C_D(\alpha) + C_{D_{|\delta e|}}|\delta e| + C_{D_{|\delta f|}}|\delta f| \tag{1.8-3}$$

ただし，C_{L_q}，$C_{L_{\dot{\alpha}}}$ の影響は小さいので省略している．(1.8-3) 式右辺の $C_{L_{\delta e}}$ に δe を掛けた $C_{L_{\delta e}}\delta e$ によって，舵角 δe を操舵したときの C_L の増加量を表す．C_L および C_D を用いると，C_x，C_z は図 1.13 から次のように表すことができる．

$$C_x = -C_D \cos\alpha + C_L \sin\alpha, \quad C_z = -C_L \cos\alpha - C_D \sin\alpha \tag{1.8-4}$$

一方，C_y は次のような要素で表すことができる．

$$C_y = C_{y_\beta}\beta + C_{y_{\delta r}}\delta r \tag{1.8-5}$$

ただし，$C_{y_{\delta a}}$，C_{y_p}，C_{y_r} の影響は小さいので省略している．(1.8-5) 式右辺の C_{y_β} は，横滑り角 β が 1° 増加したときにどれくらい C_y が増えるかを表したもので，このような形式の空力係数は**空力安定微係数**と呼ばれる．

また，図 1.13 において，γ は速度ベクトル V が水平面とのなす角で**飛行経路角**といい (正の場合は**上昇角**，負の場合は**降下角**ともいう)，ピッチ角 θ および迎角 α と次の関係がある．

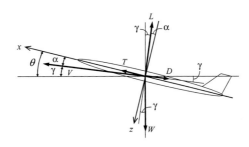

図 1.13 機体に働く揚力 L と抗力 D

24 第1章 ■ 航空機運動の基礎式

$$\gamma = \theta - \alpha \tag{1.8-6}$$

(2) 空気力による各軸まわりのモーメント

空気力によるモーメントの x 軸，y 軸，z 軸まわりの成分は，(1.3-5) 式に示したように，無次元係数 C_l，C_m，C_n を用いて次のように表される．

$$\frac{\rho V^2 S b}{2} \times 57.3 C_l, \qquad \frac{\rho V^2 S \overline{c}}{2} \times 57.3 C_m, \qquad \frac{\rho V^2 S b}{2} \times 57.3 C_n \tag{1.8-7}$$

x 軸，y 軸，z 軸まわりのモーメントの空力係数 C_l，C_m，C_n は次にような空力微係数を用いて表せる．

$$
\begin{cases}
C_l = C_{l_\beta}\beta + \dfrac{b}{2V}\left(C_{l_p}\dfrac{p}{57.3} + C_{l_r}\dfrac{r}{57.3}\right) + C_{l_{\delta a}}\delta a + C_{l_{\delta r}}\delta r \\[2mm]
C_m = C_m(\alpha) + C_{m_{|\beta|}}|\beta| + \dfrac{\overline{c}}{2V}\left(C_{m_q}\dfrac{q}{57.3} + C_{m_{\dot\alpha}}\dfrac{\dot\alpha}{57.3}\right) + C_{m_{\delta e}}\delta e + C_{m_{\delta f}}\delta f + \Delta C_{m_{CG}} \\[2mm]
C_n = C_{n_\beta}\beta + \dfrac{b}{2V}\left(C_{n_p}\dfrac{p}{57.3} + C_{n_r}\dfrac{r}{57.3}\right) + C_{n_{\delta a}}\delta a + C_{n_{\delta r}}\delta r + \Delta C_{n_{CG}}
\end{cases}
$$
$$\tag{1.8-9}$$

ただし，$C_m(\alpha)$ は空力微係数ではなく，迎角 α の関数として表す．これにより，α に対して非線形な形の空気力を模擬することができる．また，$\Delta C_{m_{CG}}$，$\Delta C_{n_{CG}}$ は重心が 25%MAC から移動した場合の補正項で，次式で表される．

$$\Delta C_{m_{CG}} = -\frac{CG - 25}{100}\cdot C_z, \qquad \Delta C_{n_{CG}} = \frac{CG - 25}{100}\cdot\frac{\overline{c}}{b}C_y \tag{1.8-9}$$

(3) 静安定微係数と動安定微係数

空力安定微係数には**静安定微係数**と**動安定微係数**がある．静安定微係数は，迎角 α，横滑り角 β，エレベータ舵角 δe，フラップ舵角 δf，エルロン舵角 δa，ラダー舵角 δr(ここでは便宜上，舵角も静安定微係数とする) の単位変化量あたりの空力係数の変化量を表すものである．単位変化量としては，わかり易い量として deg 単位とする．

動安定微係数は，ロール角速度 p，ピッチ角速度 q，ヨー角速度 r，迎角変化率 $\dot\alpha$ の変化に対する空力係数の変化量を表すものであるが，単位変化量は静安定微係数の場合と異なり，以下のようなパラメータを用いる．

p，q，r に関する主要な動安定微係数は C_{l_p}，C_{m_q}，C_{n_r} であるが，これらは角速度運動を抑える空力減衰項であり，その効果は主翼や尾翼が重心まわりに回転し局所迎角変化を受けて揚力を出すことによる．すなわち，その効果量は，[角速度]×[長さ]÷[機体速度] のパラメータによって表される．長さは代表的な量としては，縦系では平均空力翼弦 $\overline{c}$ の1/2，横・方向系では翼幅 b の1/2 を用いる．これから，動安定微係数は，次

式の局所角度を表す無次元パラメータ (rad)

$$\frac{pb}{2V}, \frac{q\bar{c}}{2V}, \frac{rb}{2V} \tag{1.8-10}$$

の単位変化量あたりの空力係数の変化量を表す．なお，その他の動安定微係数 C_{l_r}，$C_{m_{\dot{\alpha}}}$，C_{n_p} も同様にこれらのパラメータを用いる．これらをまとめると，空力微係数の単位は以下とする．

$$\begin{aligned}
&\text{静安定微係数} \Rightarrow [1/\text{deg}]： C_{L_\alpha}, C_{L_{\delta e}}, C_{L_{\delta f}}, C_{D_\alpha}, C_{D_{|\delta e|}}, C_{D_{|\delta f|}}, \\
&\qquad\qquad\qquad\qquad\qquad C_{m_\alpha}, C_{m_{|\beta|}}, C_{m_{\delta e}}, C_{m_{\delta f}}, C_{y_\beta}, C_{y_{\delta r}}, \\
&\qquad\qquad\qquad\qquad\qquad C_{l_\beta}, C_{l_{\delta a}}, C_{l_{\delta r}}, C_{n_\beta}, C_{n_{\delta a}}, C_{n_{\delta r}} \\
&\text{動安定微係数} \Rightarrow [1/\text{rad}]： C_{l_p}, C_{l_r}, C_{m_q}, C_{m_{\dot{\alpha}}}, C_{n_p}, C_{n_r}
\end{aligned} \tag{1.8-11}$$

1.9 ■ 舵角の定義

航空機は安定に飛行させるためには，機体に固定した座標軸 xyz の各軸まわりのモーメントを釣り合わせる必要がある．安定飛行のためにモーメントを釣り合わせることを，"トリムをとる" という．図 1.14 に示すように，x 軸，y 軸および z 軸まわりのモーメントを変化させるために，それぞれエルロン舵角 δa，エレベータ舵角 δe およびラダー舵角 δr を作動させる．

舵角の単位は deg 単位を用いる．rad 単位を使った文献もあるが，1° を 0.017[rad] と言われても物理的にイメージしにくい．本書では理解し易い deg 単位を用いて運動解析式を記述する．迎角，横滑り角，姿勢角等は deg 単位，角速度は deg/s 単位を用いる．

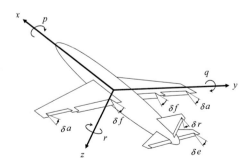

図 1.14　舵角の正の定義

次に，注意が必要なのは**舵角の正の定義**である．これは文献などによっても定義が異

なる場合がある．正負を違って用いると安定化するはずの制御系が不安定となり，飛行が困難となってしまう．舵角の正負は基本事項として重要である．

本書では，エレベータ舵角 δe，エルロン舵角 δa，ラダー舵角 δr の角度は図 1.14 に示す方向を正と定義する．これらは，いずれも x 軸，y 軸，z 軸まわりのモーメント C_l，C_m，C_n が負になる方向である．エルロン舵角の正方向は特に注意が必要で，ヨーロッパの文献では本書と同じ $C_{l_{\delta a}} < 0$ になる方向を正方向としているものが多いが，米国のNASA の文献ではエルロンのみ逆 ($C_{l_{\delta a}} > 0$) の場合も多い．米空軍では 3 舵とも全く逆にしているケースもある．なお，**フラップ舵角** δf は，揚力を上側に発生する方向を正とする．

いずれにしても間違いのないように使うことが重要であるので，本書では，舵角 δe，δa および δr の正の方向は，それぞれ y 軸，x 軸および z 軸まわりに負のモーメントを生じるようにとるのが一貫性があり間違いが少ないのでこれを採用する．世界的には本書の定義が一般的である[39]．この場合の 3 舵の舵効き空力微係数は，$C_{m_{\delta e}} < 0$，$C_{l_{\delta a}} < 0$，および $C_{n_{\delta r}} < 0$ である．

1.10 ■ 本章のまとめ ✈

本章では，航空機の運動を解析するための基礎式 (運動方程式) を導出した．この運動方程式は，ニュートンの運動方程式から導かれるが，航空機の運動方程式の特徴として，機体に固定した回転座標系で記述されることに注意する．運動方程式は，重心の並進運動の方程式 3 個と重心まわりの回転運動の方程式 3 個，合計 6 個の微分方程式で表される．さらに，空間上の機体の姿勢を定義するために，オイラー角に関する 3 個の微分方程式を導出した．航空機の運動は，これら合計 9 個の連立微分方程式を解くことによって解析することができる．

運動方程式を解くために必要な外力および外力によるモーメント項を導いた．これは空気力，重力およびエンジン推力等である．特に，空気力については無次元空力係数を定義し，さらに静安定微係数および動安定微係数についても述べた．舵角の正の定義は重要である．これを間違えると空力微係数が反対符号になってしまい，安定に飛行することはできないので注意が必要である．

>>演習問題 1<<

1.1 並進運動の方程式 (1.2-28) 式の $\dot{v}$ および $\dot{w}$ の式を迎角 α, 横滑り角 β, 速度 V を用いて $\dot{\alpha}$ および $\dot{\beta}$ の式に変形せよ.ただし,α および β の値は大きくないと仮定する.

1.2 オイラー角 (1.5 節) は,ヨー角 ψ,ピッチ角 θ,バンク角 ϕ の順序で回転させて機体姿勢を表すが,機体がロール運動はしないで縦面内のみの運動で宙返り飛行を行ったときの ψ,θ,ϕ の時歴 (タイムヒストリー) を描け.ただし,簡単のため宙返り飛行時の角度の変化率は一定として描いてよい.

1.3 図 1.15 のように,速度 V,旋回率 $\dot{\psi}$ で水平定常旋回している機体の 3 軸まわりの角速度 p,q,r の関係式を求めよ.また,旋回半径 R の関係式を求めよ.ただし,ピッチ角 $\theta=0$ とする.

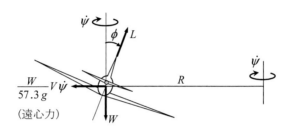

図 **1.15** 水平定常旋回

第2章 縦系の機体運動

本章では,微小擾乱を仮定して縦運動における4次の線形微分方程式を導く.この方程式をラプラス変換の手法を用いて線形の連立1次方程式に変換し,この式からエレベータ舵角を操舵した場合の機体運動特性を評価する解析式を導く.次に,この解析式を用いて実際に運動特性を評価する方法について述べる.

2.1 縦系の機体運動の基礎式

6自由度運動ダイナミクスの式(1.4-1)において,横・方向系の運動状態変数を $v = p = r = \phi = 0$ とおけば,縦系(縦面内)の x 軸および z 軸方向の運動方程式は

$$\begin{cases} \dot{u} = -\dfrac{q}{57.3}w - g\sin\theta + \dfrac{T}{m}\cos i_T + \dfrac{\rho V^2 S}{2m}C_x \\ \dot{w} = \dfrac{q}{57.3}u + g\cos\theta - \dfrac{T}{m}\sin i_T + \dfrac{\rho V^2 S}{2m}C_z \end{cases} \quad (2.1\text{-}1)$$

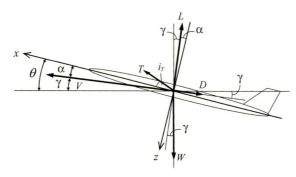

図 2.1 縦系の運動

となる．また y 軸まわりの運動方程式は，(1.4-2) 式および (1.4-3) 式から次式で与えられる．

$$\dot{q} = \frac{\rho V^2 S \overline{c}}{2 I_y} \times 57.3 \cdot C_m \tag{2.1-2}$$

ただし，速度 u，w は m/s，角度 α，θ，γ は deg，また角速度 q は deg/s の単位とする．なお，ピッチ角 θ はオイラー角の式 (1.6-9) から

$$\dot{\theta} = q \tag{2.1-3}$$

となり，ピッチ角速度 q を積分することで得られる．

迎角 α，機体速度 V，飛行経路角 γ および荷重倍数は，(1.7-1) 式，(1.7-3) 式および (1.8-6) 式から次式で表される．

$$\begin{cases} \alpha = 57.3 \tan^{-1} \dfrac{w}{u} \\ \dot{\alpha} = 57.3 \dfrac{\dot{w}u - w\dot{u}}{u^2 + w^2} \end{cases}, \qquad \begin{cases} V = \sqrt{u^2 + w^2} \\ \gamma = \theta - \alpha \end{cases} \tag{2.1-4}$$

$$n_x = \frac{\rho V^2 S}{2W} C_x + \frac{T}{W} \cos i_T, \qquad n_z = -\frac{\rho V^2 S}{2W} C_z + \frac{T}{W} \sin i_T \tag{2.1-5}$$

機体には機体運動の状態を測定するセンサーが装備されているが，センサー位置が重心より前方に l_{sen} だけ離れている場合，センサーによって得られる迎角および垂直加速度は次式で表される．

$$\alpha_{sen} = \alpha - \frac{l_{sen}}{V} q, \qquad n_{z_{sen}} = n_z + \frac{l_{sen}}{57.3g} \dot{q} \tag{2.1-6}$$

揚力係数，抗力係数，x 軸および z 軸方向の力の空力係数，y 軸まわりの空力係数は次式である．

$$C_L = C_L(\alpha) + C_{L_{\delta e}} \delta e + C_{L_{\delta f}} \delta f, \qquad C_D = C_D(\alpha) + C_{D_{|\delta e|}} |\delta e| + C_{D_{|\delta f|}} |\delta f| \tag{2.1-7}$$

$$C_x = -C_D \cos \alpha + C_L \sin \alpha, \qquad C_z = -C_L \cos \alpha - C_D \sin \alpha \tag{2.1-8}$$

$$\begin{aligned} C_m = C_m(\alpha) &+ \frac{\overline{c}}{2V} \left(C_{m_q} \frac{q}{57.3} + C_{m_{\dot{\alpha}}} \frac{\dot{\alpha}}{57.3} \right) + C_{m_{\delta e}} \delta e + C_{m_{\delta f}} \delta f \\ &+ \frac{CG - 25}{100} (C_L \cos \alpha + C_D \sin \alpha) \end{aligned} \tag{2.1-9}$$

30 第2章 ■ 縦系の機体運動

2.2 ■ 縦系の微小擾乱運動方程式 ✈

縦系の運動を解析的に検討する場合，釣り合い飛行状態から運動が変化した場合にどのような挙動をするかを考えよう．変化した運動が安定するのか，または安定が悪くて運動が発散してしまうのかは，本節の方法を用いると比較的簡単に得られる．

(1) 微小擾乱による近似

釣り合い状態 $(u_0, w_0, q_0, \theta_0, \alpha_0, \delta e_0)$ からの微小擾乱運動を考える．ここで，$q_0 \fallingdotseq 0$,また w_0 および α_0 は大きくないと仮定する．このとき，微小擾乱を各変数に Δ を付けて書き

$$
\begin{cases}
u = u_0 + \Delta u \\
w = w_0 + \Delta w = (u_0 + \Delta u)\tan(\alpha_0 + \Delta\alpha) \fallingdotseq u_0\left(\tan\alpha_0 + \dfrac{\Delta\alpha}{57.3}\right), \\
\therefore \; w_0 \fallingdotseq u_0\tan\alpha_0, \quad \Delta w \fallingdotseq u_0\dfrac{\Delta\alpha}{57.3} \\
V \fallingdotseq u_0
\end{cases}
\tag{2.2-1a}
$$

$$
\begin{cases}
\alpha = \alpha_0 + \Delta\alpha = 57.3\tan^{-1}\dfrac{w_0 + \Delta w}{u_0 + \Delta u}, \\
\therefore \; \alpha_0 \fallingdotseq 57.3\tan^{-1}\dfrac{w_0}{u_0}, \quad \Delta\alpha \fallingdotseq 57.3\dfrac{\Delta w}{u_0}
\end{cases}
\tag{2.2-1b}
$$

$$
\begin{cases}
q \fallingdotseq \Delta q, \\
\therefore \; qw = \Delta q(w_0 + \Delta w) \fallingdotseq 0 \\
\theta = \theta_0 + \Delta\theta, \\
\therefore \; \sin\theta \fallingdotseq \sin\theta_0 + \dfrac{\Delta\theta}{57.3}\cos\theta_0, \quad \cos\theta \fallingdotseq \cos\theta_0 - \dfrac{\Delta\theta}{57.3}\sin\theta_0
\end{cases}
\tag{2.2-1c}
$$

$$
C_x = C_{x0} + \Delta C_x, \quad C_z = C_{z0} + \Delta C_z, \quad C_m = C_{m0} + \Delta C_m
\tag{2.2-2a}
$$

$$
T = \frac{\rho V^2 S}{2}C_T = \frac{\rho V^2 S}{2}(C_{T0} + \Delta C_T), \quad i_T \fallingdotseq 0
\tag{2.2-2b}
$$

と近似する．これらを (2.1-1) 式および (2.1-2) 式に代入すると

$$
\begin{cases}
\Delta\dot{u} \fallingdotseq -g\left(\sin\theta_0 + \dfrac{\Delta\theta}{57.3}\cos\theta_0\right) + \dfrac{\rho V^2 S}{2m}(C_{T0} + \Delta C_T) + \dfrac{\rho V^2 S}{2m}(C_{x0} + \Delta C_x) \\
\Delta\dot{w} \fallingdotseq \dfrac{\Delta q}{57.3}u_0 + g\left(\cos\theta_0 - \dfrac{\Delta\theta}{57.3}\sin\theta_0\right) + \dfrac{\rho V^2 S}{2m}(C_{z0} + \Delta C_z) \\
\Delta\dot{q} = \dfrac{\rho V^2 S\bar{c}}{2I_y} \times 57.3(C_{m0} + \Delta C_m)
\end{cases}
\tag{2.2-3}
$$

ここで，釣り合い状態の式

$$-g\sin\theta_0 + \frac{\rho V^2 S}{2m}(C_{T0} + C_{x0}) = 0, \quad g\cos\theta_0 + \frac{\rho V^2 S}{2m}C_{z0} = 0, \quad C_{m0} = 0 \tag{2.2-4}$$

を用いて (2.2-3) 式を変形すると運動方程式として次式を得る.

$$\begin{cases} \Delta\dot{u} = -\dfrac{g\cos\theta_0}{57.3}\Delta\theta + \dfrac{\rho V^2 S}{2m}(\Delta C_T + \Delta C_x) \\[2mm] \Delta\dot{w} = \dfrac{\Delta q}{57.3}u_0 - \dfrac{g\sin\theta_0}{57.3}\Delta\theta + \dfrac{\rho V^2 S}{2m}\Delta C_z \\[2mm] \Delta\dot{q} = \dfrac{\rho V^2 S\overline{c}}{2I_y} \times 57.3\cdot\Delta C_m \end{cases} \tag{2.2-5}$$

(2) 空力係数のテイラー級数展開

空力係数 C_x, C_z および C_m は (2.1-7) 式〜(2.1-9) 式で表されるから，ΔC_x, ΔC_z および ΔC_m を次のようなテイラー級数に展開する．なお，エンジン推力の変動分 ΔC_T についても同様に考える．ただし，操縦舵面 δf については，操縦舵面 δe と同様な形となるので，簡単のため以降の式の展開においては省略し，最終的な結果の式において追加する．なお，δe および δf による抗力 C_D は，$|\delta e|$ および $|\delta f|$ に対する微係数として表されるため，δe および δf に対して線形な関係とはならないが，幸いこれらによる抗力は小さいので解析的に検討する際には省略する．

$$\begin{cases} \Delta C_x' = C_{x_u}\cdot\dfrac{\Delta u}{V} + C_{x_\alpha}\Delta\alpha, \quad (\text{ただし } C_x' \equiv C_T + C_x,\ \Delta C_x' \equiv \Delta C_T + \Delta C_x) \\[2mm] \Delta C_z = C_{z_u}\cdot\dfrac{\Delta u}{V} + C_{z_\alpha}\Delta\alpha + C_{z_{\delta e}}\delta e \\[2mm] \Delta C_m = C_{m_u}\cdot\dfrac{\Delta u}{V} + C_{m_\alpha}\Delta\alpha + \dfrac{\overline{c}}{2V}\left(C_{m_q}\dfrac{\Delta q}{57.3} + C_{m_{\dot\alpha}}\dfrac{\Delta\dot\alpha}{57.3}\right) + C_{m_{\delta e}}\delta e + (0.25 - x_{CG})\Delta C_z \end{cases}$$
$$\tag{2.2-6}$$

ここで，右辺の空力安定微係数 (含むスラスト微係数) は次式で定義されるものである．

$$\begin{cases} C_{x_u} = \dfrac{\partial C_x'}{\partial(\Delta u/V)} \\[3mm] C_{x_\alpha} = \dfrac{\partial C_x'}{\partial\Delta\alpha} \end{cases}, \begin{cases} C_{z_u} = \dfrac{\partial C_z}{\partial(\Delta u/V)} \\[3mm] C_{z_\alpha} = \dfrac{\partial C_z}{\partial\Delta\alpha} \\[3mm] C_{z_{\delta e}} = \dfrac{\partial C_z}{\partial\Delta\delta e} \end{cases}, \begin{cases} C_{m_u} = \dfrac{\partial C_m}{\partial(\Delta u/V)} \\[3mm] C_{m_\alpha} = \dfrac{\partial C_m}{\partial\Delta\alpha} \\[3mm] C_{m_{\delta e}} = \dfrac{\partial C_m}{\partial\Delta\delta e} \end{cases}, \begin{cases} C_{m_q} = \dfrac{\partial C_m}{\partial\{\Delta q\overline{c}/(2V\times 57.3)\}} \\[3mm] C_{m_{\dot\alpha}} = \dfrac{\partial C_m}{\partial\{\Delta\dot\alpha\overline{c}/(2V\times 57.3)\}} \end{cases}$$
$$\tag{2.2-7}$$

次に，速度は

$$V^2 = (u_0 + \Delta u)^2 + u_0^2\left(\tan\alpha_0 + \frac{\Delta\alpha}{57.3}\right)^2 \tag{2.2-8}$$

と表されるから，これを Δu および $\Delta\alpha$ で偏微分すると

$$\frac{\partial V^2}{\partial \Delta u} \fallingdotseq 2u_0 \fallingdotseq 2V, \qquad \frac{\partial V^2}{\partial \Delta \alpha} \fallingdotseq \frac{2u_0^2 \tan\alpha_0}{57.3} \fallingdotseq \frac{2V^2 \tan\alpha_0}{57.3} \tag{2.2-9}$$

となる. また, 釣り合い飛行時には, (2.1-1) 式と (2.2-2b) 式から

$$\frac{\rho V^2 S}{2m}(C_T + C_x) = g\sin\theta, \qquad \frac{\rho V^2 S}{2m}C_z = -g\cos\theta \tag{2.2-10a}$$

$$\therefore C_x' = C_T + C_x = -C_z\tan\theta \tag{2.2-10b}$$

となるから, 釣り合い飛行状態での C_z の式 (2.1-8) で仰角は大きくないとすると, 次の近似式が得られる.

$$C_z \fallingdotseq -C_L, \qquad C_x' = -C_z\tan\theta \fallingdotseq C_L\tan\theta \tag{2.2-11}$$

(3) 有次元の空力安定微係数

　無次元の空力安定微係数は, 機体の大きさと速度等を同じ条件で, 機体形状のみによる空気力の大きさを他機と比較できるので便利である. 一方, 機体運動に及ぼす空気力の影響を計算するには, 無次元の空力安定微係数に動圧や翼面積等を掛けて有次元の形にする必要がある. そこで, 検討する飛行条件に対して, あらかじめ以下に定義する**有次元の空力安定微係数**を求めておくと, 実際の運動を数値的に理解するのに便利である.

　いま次のような偏微分を考える.

$$X_u = \frac{\partial}{\partial \Delta u}\left[\frac{\rho V^2 S}{2m}C_x'\right] = \frac{\rho S}{2m}\cdot\frac{\partial V^2}{\partial \Delta u}C_x' + \frac{\rho V^2 S}{2m}\cdot\frac{1}{V}\cdot\frac{\partial C_x'}{\partial(\Delta u/V)} \tag{2.2-12}$$

ここで, 右辺第 1 項に (2.2-9) 式, 第 2 項に (2.2-7) 式を適用すると

$$X_u = \frac{\rho V S}{2m}\left(2C_x' + C_{x_u}\right) \tag{2.2-13}$$

を得る. さらに, (2.2-11) 式に注意すると有次元の空力安定微係数 X_u を得ることができる. このようにして有次元の空力安定微係数を求めると以下のようになる.

$$\begin{cases} X_u = \dfrac{\partial}{\partial \Delta u}\left[\dfrac{\rho V^2 S}{2m}C_x'\right] = \dfrac{\rho V S}{2m}\left(C_{x_u} + 2C_L\tan\theta_0\right) \\[3mm] X_\alpha = \dfrac{\partial}{\partial \Delta \alpha}\left[\dfrac{\rho V^2 S}{2m}C_x'\right] = \dfrac{\rho V^2 S}{2m}\left(C_{x_\alpha} + \dfrac{2C_L}{57.3}\tan\theta_0\tan\alpha_0\right) \end{cases} \tag{2.2-14a}$$

$$\begin{cases} Z_u = \dfrac{\partial}{\partial \Delta u}\left[\dfrac{\rho V^2 S}{2m}C_z\right] = \dfrac{\rho V S}{2m}\left(C_{z_u} - 2C_L\right) \\[3mm] Z_\alpha = \dfrac{\partial}{\partial \Delta \alpha}\left[\dfrac{\rho V^2 S}{2m}C_z\right] = \dfrac{\rho V^2 S}{2m}\left(C_{z_\alpha} - \dfrac{2C_L}{57.3}\tan\alpha_0\right) \\[3mm] Z_{\delta e} = \dfrac{\partial}{\partial \Delta \delta e}\left[\dfrac{\rho V^2 S}{2m}C_z\right] = \dfrac{\rho V^2 S}{2m}C_{z_{\delta e}} \end{cases} \tag{2.2-14b}$$

2.2 ■ 縦系の微小擾乱運動方程式　　33

$$
\begin{cases}
M_u = \dfrac{\partial}{\partial \Delta u}\left[\dfrac{\rho V^2 S\overline{c}}{2I_y}\times 57.3\cdot C_m\right] = \dfrac{\rho V S\overline{c}}{2I_y}C_{m_u}\times 57.3 \\[4mm]
M_\alpha = \dfrac{\partial}{\partial \Delta \alpha}\left[\dfrac{\rho V^2 S\overline{c}}{2I_y}\times 57.3\cdot C_m\right] = \dfrac{\rho V^2 S\overline{c}}{2I_y}C_{m_\alpha}\times 57.3 \\[4mm]
M_{\delta e} = \dfrac{\partial}{\partial \Delta \delta e}\left[\dfrac{\rho V^2 S\overline{c}}{2I_y}\times 57.3\cdot C_m\right] = \dfrac{\rho V^2 S\overline{c}}{2I_y}C_{m_{\delta e}}\times 57.3
\end{cases}
\tag{2.2-14c}
$$

$$
\begin{cases}
M_q = \dfrac{\partial}{\partial \Delta q}\left[\dfrac{\rho V^2 S\overline{c}}{2I_y}\times 57.3\cdot C_m\right] = \dfrac{\rho V S\overline{c}^2}{4I_y}C_{m_q} \\[4mm]
M_{\dot\alpha} = \dfrac{\partial}{\partial \Delta \dot\alpha}\left[\dfrac{\rho V^2 S\overline{c}}{2I_y}\times 57.3\cdot C_m\right] = \dfrac{\rho V S\overline{c}^2}{4I_y}C_{m_{\dot\alpha}}
\end{cases}
\tag{2.2-14d}
$$

これらの関係式を用いると，(2.2-5) 式の運動方程式右辺の空力項およびエンジン推力項は次のように表すことができる．

$$
\begin{cases}
\dfrac{\rho V^2 S}{2m}(\Delta C_T + \Delta C_x) = X_u\Delta u + X_\alpha\Delta\alpha \\[4mm]
\dfrac{\rho V^2 S}{2m}\Delta C_z = Z_u\Delta u + Z_\alpha\Delta\alpha + Z_{\delta e}\Delta\delta e \\[4mm]
\dfrac{\rho V^2 S\overline{c}}{2I_y}\times 57.3\cdot\Delta C_m = M_u\Delta u + M_\alpha\Delta\alpha + M_q\Delta q + M_{\dot\alpha}\Delta\dot\alpha + M_{\delta e}\Delta\delta e
\end{cases}
\tag{2.2-15}
$$

したがって，(2.2-5) 式の運動方程式は次のように書ける．

$$
\begin{cases}
\Delta\dot u = X_u\Delta u + X_\alpha\Delta\alpha - \dfrac{g\cos\theta_0}{57.3}\Delta\theta \\[4mm]
\Delta\dot w = \dfrac{u_0}{57.3}\Delta q + Z_u\Delta u + Z_\alpha\Delta\alpha - \dfrac{g\sin\theta_0}{57.3}\Delta\theta + Z_{\delta e}\Delta\delta e \\[4mm]
\Delta\dot q = M_u\Delta u + M_\alpha\Delta\alpha + M_q\Delta q + M_{\dot\alpha}\Delta\dot\alpha + M_{\delta e}\Delta\delta e
\end{cases}
\tag{2.2-16}
$$

この式の 2 番目の式は，両辺に $57.3/V$ をかけて $57.3\Delta\dot w/V\fallingdotseq\Delta\dot\alpha$，$u_0/V\fallingdotseq 1$ とおくと

$$
\Delta\dot\alpha = \Delta q + \dfrac{57.3Z_u}{V}\Delta u + \dfrac{57.3Z_\alpha}{V}\Delta\alpha - \dfrac{g\sin\theta_0}{V}\Delta\theta + \dfrac{57.3Z_{\delta e}}{V}\Delta\delta e
\tag{2.2-17}
$$

となる．ここでこの式の右辺の係数を新たに次のように置く．

$$
\boxed{\dfrac{57.3Z_u}{V} = \overline{Z}_u,\qquad \dfrac{57.3Z_\alpha}{V} = \overline{Z}_\alpha,\qquad \dfrac{57.3Z_{\delta e}}{V} = \overline{Z}_{\delta e}}\quad [\overline{Z}_i\ \text{の定義}]
\tag{2.2-18}
$$

さらに，状態変数 u，α，q，θ の微小擾乱変化 Δu，$\Delta\alpha$，Δq，$\Delta\theta$ を改めて u，α，q，θ と書くと，(2.2-16) 式〜(2.2-18) 式から微小擾乱運動式として次式を得る．

$$
\begin{cases}
\dot u = X_u u + X_\alpha\alpha & -\dfrac{g\cos\theta_0}{57.3}\theta \\[4mm]
\dot\alpha = \overline{Z}_u u + \overline{Z}_\alpha\alpha + q & -\dfrac{g\sin\theta_0}{V}\theta + \overline{Z}_{\delta e}\delta e \\[4mm]
\dot q = M_u u + M_\alpha\alpha + M_q q + M_{\dot\alpha}\dot\alpha & + M_{\delta e}\delta e
\end{cases}
\tag{2.2-19}
$$

さて，(2.2-19) 式の 3 番目の式の右辺には $\dot\alpha$ があるので，2 番目の式を用いて消去

する．

$$\dot{q} = M_u u + M_\alpha \alpha + M_q q + M_{\dot\alpha}\dot\alpha + M_{\delta e}\delta e$$

$$= M_u u + M_\alpha \alpha + M_q q + M_{\dot\alpha}\left(\overline{Z}_u u + \overline{Z}_\alpha \alpha + q - \frac{g\sin\theta_0}{V}\theta + \overline{Z}_{\delta e}\delta e\right) + M_{\delta e}\delta e$$

$$= M_u' u + M_\alpha' \alpha + M_q' q + M_\theta'\theta + M_{\delta e}'\delta e \tag{2.2-20}$$

ここで，

$$\begin{cases} M_u' = M_u + M_{\dot\alpha}\overline{Z}_u \\ M_\alpha' = M_\alpha + M_{\dot\alpha}\overline{Z}_\alpha \\ M_{\delta e}' = M_{\delta e} + M_{\dot\alpha}\overline{Z}_{\delta e} \\ M_{\delta f}' = M_{\delta f} + M_{\dot\alpha}\overline{Z}_{\delta f} \end{cases}, \qquad \begin{cases} M_q' = M_q + M_{\dot\alpha} \\ M_\theta' = -\dfrac{g\sin\theta_0}{V}M_{\dot\alpha} \end{cases} \tag{2.2-21}$$

である．なお，この式には δf によるモーメント係数 $M_{\delta f}'$ も追記した．これらの有次元の空力安定微係数を，単位を含め再度まとめると次のようになる．

$$\begin{cases} X_u = \dfrac{\rho V S}{2m}\left(C_{x_u} + 2C_L\tan\theta_0\right) & [1/\mathrm{s}] \\[2mm] X_\alpha = \dfrac{\rho V^2 S}{2m}\left(C_{x_\alpha} + \dfrac{2C_L}{57.3}\tan\theta_0\tan\alpha_0\right) & [\mathrm{m}/(\mathrm{s}^2\cdot\mathrm{deg})] \end{cases} \tag{2.2-22a}$$

$$\begin{cases} \overline{Z}_u = \dfrac{\rho S}{2m}\left(C_{z_u} - 2C_L\right)\times 57.3 & [\mathrm{deg}/\mathrm{m}] \\[2mm] \overline{Z}_\alpha = \dfrac{\rho V S}{2m}\left(C_{z_\alpha} - \dfrac{2C_L}{57.3}\tan\alpha_0\right)\times 57.3 & [1/\mathrm{s}] \\[2mm] \overline{Z}_{\delta e} = \dfrac{\rho V S}{2m}C_{z_{\delta e}}\times 57.3 & [1/\mathrm{s}] \end{cases} \tag{2.2-22b}$$

$$\begin{cases} M_u = \dfrac{\rho V S\overline{c}}{2I_y}C_{m_u}\times 57.3 & [\mathrm{deg}/(\mathrm{m}\cdot\mathrm{s})] \\[2mm] M_\alpha = \dfrac{\rho V^2 S\overline{c}}{2I_y}C_{m_\alpha}\times 57.3 & [1/\mathrm{s}^2] \\[2mm] M_{\delta e} = \dfrac{\rho V^2 S\overline{c}}{2I_y}C_{m_{\delta e}}\times 57.3 & [1/\mathrm{s}^2] \end{cases} \tag{2.2-22c}$$

$$\begin{cases} M_q = \dfrac{\rho V S\overline{c}^2}{4I_y}C_{m_q} & [1/\mathrm{s}] \\[2mm] M_{\dot\alpha} = \dfrac{\rho V S\overline{c}^2}{4I_y}C_{m_{\dot\alpha}} & [1/\mathrm{s}] \end{cases} \tag{2.2-22d}$$

次に，空力安定微係数 C_{x_u}，C_{z_u}，C_{m_u}，C_{x_α} および C_{z_α} についてさらに考えよう．(2.2-10a) 式と (2.1-8) 式から，α は微小として

2.2 ■ 縦系の微小擾乱運動方程式 35

$$\begin{cases} C_x' = C_T(u,\delta e) + C_L(\alpha,M,\delta e)\dfrac{\alpha}{57.3} - C_D(\alpha,M) = \dfrac{2W}{\rho V^2 S}\sin\theta \\ C_z = -C_L(\alpha,M,\delta e) - C_D(\alpha,M)\dfrac{\alpha}{57.3} \qquad\quad = -\dfrac{2W}{\rho V^2 S}\cos\theta \end{cases}$$

(2.2-23)

を得る. ここで M はマッハ数である. a を音速とすると

$$\frac{\partial C_D}{\partial(u/V)} = V\frac{\partial C_D}{\partial(aM)} = M_0\frac{\partial C_D}{\partial M}$$

(2.2-24)

また,

$$\frac{\partial T}{\partial u} = \frac{\partial}{\partial u}\left(\frac{1}{2}\rho V^2 S C_T\right) = \rho V S C_{T_0} + \frac{1}{2}\rho V S\frac{\partial C_T}{\partial(u/V)},$$

$$\therefore C_{T_u} = \frac{\partial C_T}{\partial(u/V)} = \frac{2}{\rho V S}\cdot\frac{\partial T}{\partial u} - 2C_{T_0}$$

(2.2-25)

一方, (2.2-23) 式から

$$\frac{C_T + C_L\cdot\alpha/57.3 - C_D}{C_L + C_D\cdot\alpha/57.3} = \tan\theta$$

(2.2-26)

であるから, $\alpha \to 0$ とすると

$$\frac{C_{T_0} - C_D}{C_L} = \tan\theta_0, \quad \therefore C_{T_0} = C_D + C_L\tan\theta_0$$

(2.2-27)

これを (2.2-25) 式に代入して

$$C_{T_u} = \frac{2}{\rho V S}\cdot\frac{\partial T}{\partial u} - 2(C_D + C_L\tan\theta_0)$$

(2.2-28)

(2.2-23) 式, (2.2-24) 式および (2.2-28) 式から

$$\begin{aligned} C_{x_u} &= \left(\frac{\partial C_x'}{\partial(u/V)}\right)_{\alpha=0} = C_{T_u} - \frac{\partial C_D}{\partial(u/V)} \\ &= \frac{2}{\rho V S}\cdot\frac{\partial T}{\partial u} - 2(C_D + C_L\tan\theta_0) - M_0\frac{\partial C_D}{\partial M} \end{aligned}$$

(2.2-29)

を得る. また,

$$C_{z_u} = \left(\frac{\partial C_z}{\partial(u/V)}\right)_{\alpha=0} = -\left\{\frac{\partial C_L}{\partial(u/V)} + \frac{\partial C_D}{\partial(u/V)}\alpha\right\}_{\alpha=0} = -M_0\frac{\partial C_L}{\partial M}$$

(2.2-30)

$$C_{m_u} = \left(\frac{\partial C_m}{\partial(u/V)}\right)_{\alpha=0} = M_0\frac{\partial C_m}{\partial M}$$

(2.2-31)

$$C_{x_\alpha} = \left(\frac{\partial C_x'}{\partial\alpha}\right)_{\alpha=0} = \frac{C_L}{57.3} - C_{D_\alpha}$$

(2.2-32)

$$C_{z_\alpha} = \left(\frac{\partial C_z}{\partial\alpha}\right)_{\alpha=0} = -C_{L_\alpha} - \frac{C_D}{57.3} \fallingdotseq -C_{L_\alpha}$$

(2.2-33)

である. (2.2-29) 式〜(2.2-33) 式を (2.2-22) 式に代入すると縦系の有次元空力安定微係数が得られる.

(4) 微小擾乱運動方程式のまとめ

以上まとめると，状態変数 u, α, q, θ の縦系の微小擾乱運動方程式が δf の関係式も含めて次のようになる．

[縦系の微小擾乱運動方程式]

$$
\begin{cases}
\dot{u} = X_u u + X_\alpha \alpha & - \dfrac{g\cos\theta_0}{57.3}\theta \\[2mm]
\dot{\alpha} = \overline{Z}_u u + \overline{Z}_\alpha \alpha + q - \dfrac{g\sin\theta_0}{V}\theta & + \overline{Z}_{\delta e}\delta e + \overline{Z}_{\delta f}\delta f \\[2mm]
\dot{q} = M'_u u + M'_\alpha \alpha & + M'_q q + M'_\theta \theta + M'_{\delta e}\delta e + M'_{\delta f}\delta f \\[2mm]
\dot{\theta} = q
\end{cases}
\tag{2.2-34}
$$

[微小擾乱運動方程式 (行列表示)]

$$
\begin{bmatrix} \dot{u} \\ \dot{\alpha} \\ \dot{q} \\ \dot{\theta} \end{bmatrix}
=
\begin{bmatrix}
X_u & X_\alpha & 0 & -\dfrac{g\cos\theta_0}{57.3} \\[2mm]
\overline{Z}_u & \overline{Z}_\alpha & 1 & -\dfrac{g\sin\theta_0}{V} \\[2mm]
M'_u & M'_\alpha & M'_q & M'_\theta \\[2mm]
0 & 0 & 1 & 0
\end{bmatrix}
\begin{bmatrix} u \\ \alpha \\ q \\ \theta \end{bmatrix}
+
\begin{bmatrix}
0 & 0 \\
\overline{Z}_{\delta e} & \overline{Z}_{\delta f} \\
M'_{\delta e} & M'_{\delta f} \\
0 & 0
\end{bmatrix}
\begin{bmatrix} \delta e \\ \delta f \end{bmatrix}
\tag{2.2-35}
$$

この式の右辺の有次元空力安定微係数もまとめて以下に示す．

$$
\begin{cases}
X_u = -\dfrac{\rho V S}{2m}\left(2C_D - \dfrac{2}{\rho V S}\cdot\dfrac{\partial T}{\partial u} + M_0 \dfrac{\partial C_D}{\partial M}\right) & [1/\mathrm{s}] \\[4mm]
X_\alpha = -\dfrac{\rho V^2 S}{2m}\left[C_{D_\alpha} - \dfrac{C_L}{57.3}(1 + 2\tan\alpha_0\tan\theta_0)\right] & [\mathrm{m}/(\mathrm{s}^2\cdot\deg)]
\end{cases}
\tag{2.2-36}
$$

$$
\begin{cases}
\overline{Z}_u = -\dfrac{\rho S}{2m}\left(2C_L + M_0\dfrac{\partial C_L}{\partial M}\right)\times 57.3 & [\deg/\mathrm{m}] \\[4mm]
\overline{Z}_\alpha = -\dfrac{\rho V S}{2m}\left(C_{L_\alpha} + \dfrac{2C_L}{57.3}\tan\alpha_0\right)\times 57.3 \; [1/\mathrm{s}]
\end{cases}
\;,\quad
\begin{cases}
\overline{Z}_{\delta e} = -\dfrac{\rho V S}{2m}C_{L_{\delta e}}\times 57.3 \; [1/\mathrm{s}] \\[4mm]
\overline{Z}_{\delta f} = -\dfrac{\rho V S}{2m}C_{L_{\delta f}}\times 57.3 \; [1/\mathrm{s}]
\end{cases}
\tag{2.2-37}
$$

$$
\begin{cases}
M_u = \dfrac{\rho V S \overline{c}}{2I_y}\cdot M_0\dfrac{\partial C_m}{\partial M}\times 57.3 & [\deg/(\mathrm{m}\cdot\mathrm{s})] \\[4mm]
M_\alpha = \dfrac{\rho V^2 S \overline{c}}{2I_y}C_{m_\alpha}\times 57.3 & [1/\mathrm{s}^2] \\[4mm]
M_{\delta e} = \dfrac{\rho V^2 S \overline{c}}{2I_y}C_{m_{\delta e}}\times 57.3 & [1/\mathrm{s}^2] \\[4mm]
M_{\delta f} = \dfrac{\rho V^2 S \overline{c}}{2I_y}C_{m_{\delta f}}\times 57.3 & [1/\mathrm{s}^2]
\end{cases}
\;,\quad
\begin{cases}
M_q = \dfrac{\rho V S \overline{c}^2}{4I_y}C_{m_q} & [1/\mathrm{s}] \\[4mm]
M_{\dot{\alpha}} = \dfrac{\rho V S \overline{c}^2}{4I_y}C_{m_{\dot{\alpha}}} & [1/\mathrm{s}]
\end{cases}
\tag{2.2-38}
$$

2.2 ■ 縦系の微小擾乱運動方程式   37

$$
\begin{cases}
M'_u = M_u + M_{\dot{\alpha}}\overline{Z}_u \\
M'_\alpha = M_\alpha + M_{\dot{\alpha}}\overline{Z}_\alpha \\
M'_{\delta e} = M_{\delta e} + M_{\dot{\alpha}}\overline{Z}_{\delta e} \\
M'_{\delta f} = M_{\delta f} + M_{\dot{\alpha}}\overline{Z}_{\delta f}
\end{cases}
,\qquad
\begin{cases}
M'_q = M_q + M_{\dot{\alpha}} \\[2mm]
M'_\theta = -\dfrac{g\sin\theta_0}{V}M_{\dot{\alpha}}
\end{cases}
\tag{2.2-39}
$$

重心位置が 25%MAC と異なる場合には次式で換算できる.

$$
\begin{cases}
C_{m_\alpha} = \left(C_{m_\alpha}\right)_{25\%} + \dfrac{CG-25}{100}C_{L_\alpha} \\[2mm]
C_{m_{\delta e}} = \left(C_{m_{\delta e}}\right)_{25\%} + \dfrac{CG-25}{100}C_{L_{\delta e}}
\end{cases}
\tag{2.2-40}
$$

荷重倍数の式は次式である.

$$
\begin{cases}
\Delta n_x = \dfrac{\rho V^2 S}{2W}C_x + \dfrac{T}{W}\cos i_T = \dfrac{1}{g}\left(X_u u + X_\alpha \alpha\right) + \dfrac{T}{W}\cos i_T \\[3mm]
\Delta n_z = -\dfrac{\rho V^2 S}{2W}C_z + \dfrac{T}{W}\sin i_T \\[3mm]
\qquad = -\dfrac{V}{57.3g}\left(\overline{Z}_u u + \overline{Z}_\alpha \alpha + \overline{Z}_{\delta e}\delta e + \overline{Z}_{\delta f}\delta f\right) + \dfrac{T}{W}\sin i_T
\end{cases}
\tag{2.2-41}
$$

センサーが重心より前方に l_{sen} だけ離れている場合の,迎角および垂直加速度のセンサー出力は次のように表される.

$$
\begin{cases}
\alpha_{sen} = \alpha - \dfrac{l_{sen}}{V}q \\[3mm]
\Delta n_{z_{sen}} = \Delta n_z + \dfrac{l_{sen}}{57.3g}\dot{q} = -\dfrac{V}{57.3g}\left(\overline{Z}_u u + \overline{Z}_\alpha \alpha + \overline{Z}_{\delta e}\delta e + \overline{Z}_{\delta f}\delta f\right) + \dfrac{T}{W}\sin i_T \\[3mm]
\qquad\quad + \dfrac{l_{sen}}{57.3g}\left(M'_u u + M'_\alpha \alpha + M'_q q + M'_\theta \theta + M'_{\delta e}\delta e + M'_{\delta f}\delta f\right)
\end{cases}
$$
$$\tag{2.2-42}$$

◗ 参考 ◗　　無次元空力安定微係数の単位

ここで用いる縦系の無次元空力安定微係数の単位も再度まとめておくと,(1.8-11) 式から以下である.

静安定微係数:C_{L_α},$C_{L_{\delta e}}$,$C_{L_{\delta f}}$,C_{D_α},C_{m_α},$C_{m_{\delta e}}$,$C_{m_{\delta f}}$　⇒　[1/deg]

動安定微係数:C_{m_q},$C_{m_{\dot{\alpha}}}$　　　　　　　　　　　　　　　　⇒　[1/rad]

また,空気密度 $\rho\,[\mathrm{kgf \cdot s^2/m^4}]$,真対気速度 $V\,[\mathrm{m/s}]$,質量 $m\,[\mathrm{kgf \cdot s^2/m}] = W\,[\mathrm{kgf}]/9.8$,慣性モーメント $I_y\,[\mathrm{kgf \cdot m \cdot s^2}]$,翼面積 $S\,[\mathrm{m^2}]$,平均空力翼弦 $\bar{c}\,[\mathrm{m}]$ である.舵角 δe,δf の単位は [deg] を使用し,δe の正の方向は y 軸まわりのモーメント C_m が負になる方向,δf の正の方向は揚力を増やす側と定義する.

なお,微小擾乱の場合の α,θ,γ は,図 2.1 とは異なり,それらの変化分を表すことに注意が必要である.

有次元の空力安定微係数について,他の教科書で使われている記号との対応は以下である.

38　第 2 章 ■ 縦系の機体運動

$$X_\alpha = VX_w, \quad \overline{Z}_u = Z_u/V, \quad \overline{Z}_\alpha = Z_\alpha/V = Z_w, \quad \overline{Z}_{\delta e} = Z_{\delta e}/V \qquad (2.2\text{-}43)$$

また，一般的にマッハ数変化に対する空気力の変化は，遷音速付近を除くと小さい．したがって遷音速以外の速度域では近似的に次式

$$\frac{\partial T}{\partial u} = 0, \qquad \frac{\partial C_L}{\partial M} = \frac{\partial C_m}{\partial M} = \frac{\partial C_D}{\partial M} = 0, \qquad \theta_0 = 0 \qquad (2.2\text{-}44)$$

を仮定することができる．この場合には，(2.2-36) 式～(2.2-38) 式は次のように簡略化される．

$$\begin{cases} X_u \fallingdotseq -\dfrac{\rho VS}{m}C_D & [1/\text{s}] \\[2mm] X_\alpha \fallingdotseq -\dfrac{\rho V^2 S}{2m}\left(C_{D_\alpha} - \dfrac{C_L}{57.3}\right) & [\text{m}/(\text{s}^2 \cdot \text{deg})] \end{cases} \qquad (2.2\text{-}45)$$

$$\begin{cases} \overline{Z}_u \fallingdotseq -\dfrac{\rho S}{m}C_L \times 57.3 & [\text{deg/m}] \\[2mm] \overline{Z}_\alpha = -\dfrac{\rho VS}{2m}\left(C_{L_\alpha} + \dfrac{2C_L}{57.3}\tan\alpha_0\right) \times 57.3 & [1/\text{s}] \end{cases}, \quad \begin{cases} \overline{Z}_{\delta e} = -\dfrac{\rho VS}{2m}C_{L_{\delta e}} \times 57.3 & [1/\text{s}] \\[2mm] \overline{Z}_{\delta f} = -\dfrac{\rho VS}{2m}C_{L_{\delta f}} \times 57.3 & [1/\text{s}] \end{cases} \qquad (2.2\text{-}46)$$

$$\begin{cases} M_u \fallingdotseq 0 \; [\text{deg}/(\text{m}\cdot\text{s})] \\[2mm] M_\alpha = \dfrac{\rho V^2 S\overline{c}}{2I_y}C_{m_\alpha} \times 57.3 & [1/\text{s}^2] \\[2mm] M_{\delta e} = \dfrac{\rho V^2 S\overline{c}}{2I_y}C_{m_{\delta e}} \times 57.3 & [1/\text{s}^2] \\[2mm] M_{\delta f} = \dfrac{\rho V^2 S\overline{c}}{2I_y}C_{m_{\delta f}} \times 57.3 & [1/\text{s}^2] \end{cases}, \quad \begin{cases} M_q = \dfrac{\rho VS\overline{c}^2}{4I_y}C_{m_q} & [1/\text{s}] \\[2mm] M_{\dot\alpha} = \dfrac{\rho VS\overline{c}^2}{4I_y}C_{m_{\dot\alpha}} & [1/\text{s}] \end{cases} \qquad (2.2\text{-}47)$$

2.3 ■ 縦系の運動モード特性の近似式　✈

　直線釣り合い飛行 $(u_0, w_0, q_0, \theta_0, \alpha_0, \delta e_0)$ からの微小擾乱運動を考える．基礎となるのは (2.2-34) 式の微小擾乱運動方程式であるが，これは時間領域における連立微分方程式であり，そのまま時間領域で解くのは複雑である．そこで**ラプラス変換**(付録 A.1 参照) を用いて，時間空間から複素数空間であるラプラス空間に持ち込むと，連立微分方程式が単なる連立 1 次方程式に変換でき，解析が容易に実施できる．

　ここで用いるラプラス変換は，例えば状態変数 u の時間領域での微分値 $\dot{u}$ がその初期値を 0 と仮定した場合には $s \cdot u$，すなわち u にラプラスの変数 s を 1 つ掛けたもので表されるという簡単なものである．ラプラスの変数 s は複素数であるが，以後の解析には単なる変数として扱って良い．なお，時間領域での状態変数 u をラプラス変換した場合，ラプラス空間における変数であることを明確にするために大文字の U を用いるのが一般的であるが，ここでは簡単のため時間領域もラプラス空間も同じ u を用いて表

すことにする.

(1) 微分方程式から 1 次方程式への変換

さて，縦系の運動を解析するための基礎式は (2.2-34) 式であり，再び書くと次の連立微分方程式である.

$$\begin{cases} \dot{u} = X_u u + X_\alpha \alpha & -\dfrac{g\cos\theta_0}{57.3}\theta \\[2mm] \dot{\alpha} = \overline{Z}_u u + \overline{Z}_\alpha \alpha + q & -\dfrac{g\sin\theta_0}{V}\theta + \overline{Z}_{\delta e}\delta e + \overline{Z}_{\delta f}\delta f \\[2mm] \dot{q} = M'_u u + M'_\alpha \alpha + M'_q q + M'_\theta \theta & + M'_{\delta e}\delta e + M'_{\delta f}\delta f \\[2mm] \dot{\theta} = q \end{cases} \tag{2.3-1}$$

この式をラプラス変換すると次の連立 1 次方程式が得られる.

$$\begin{cases} s\cdot u = X_u u + X_\alpha \alpha & -\dfrac{g\cos\theta_0}{57.3}\theta \\[2mm] s\cdot \alpha = \overline{Z}_u u + \overline{Z}_\alpha \alpha + q & -\dfrac{g\sin\theta_0}{V}\theta + \overline{Z}_{\delta e}\delta e + \overline{Z}_{\delta f}\delta f \\[2mm] s\cdot q = M'_u u + M'_\alpha \alpha + M'_q q + M'_\theta \theta & + M'_{\delta e}\delta e + M'_{\delta f}\delta f \\[2mm] s\cdot \theta = q \end{cases} \tag{2.3-2}$$

この式を用いて，縦系の運動モード特性や操舵応答特性を理解し易いように近似解析式を導出していく. ただし，簡単のため，縦系の解析式の導出においては以下 $\theta_0 = 0$ と仮定する.

(2.3-2) 式を行列で表示すると次のようになる.

$$\begin{bmatrix} s - X_u & -X_\alpha & 0 & \dfrac{g}{57.3} \\[2mm] -\overline{Z}_u & s - \overline{Z}_\alpha & -1 & 0 \\[2mm] -M'_u & -M'_\alpha & s - M'_q & 0 \\[2mm] 0 & 0 & -1 & s \end{bmatrix} \begin{bmatrix} u \\ \alpha \\ q \\ \theta \end{bmatrix} = \begin{bmatrix} 0 & 0 \\ \overline{Z}_{\delta e} & \overline{Z}_{\delta f} \\ M'_{\delta e} & M'_{\delta f} \\ 0 & 0 \end{bmatrix} \begin{bmatrix} \delta e \\ \delta f \end{bmatrix} \tag{2.3-3}$$

この式が，縦系応答の解析式を得るための基礎式である.

(2) 縦系の運動モード

縦系の運動モード特性について考える. 縦系の運動モードは 2 つあり，それを求める**縦系運動の特性方程式**は，(2.3-3) 式の左辺の行列を行列式に変換して 0 とおいた次式である. この行列式を以下 Δ_{lon} (lon は縦系を表す longitudinal の略記) と書く.

40 第2章 ■ 縦系の機体運動

$$
\Delta_{lon} = \begin{vmatrix} s - X_u & -X_\alpha & 0 & \dfrac{g}{57.3} \\ -\overline{Z}_u & s - \overline{Z}_\alpha & -1 & 0 \\ -M'_u & -M'_\alpha & s - M'_q & 0 \\ 0 & 0 & -1 & s \end{vmatrix} = 0 \tag{2.3-4}
$$

この特性方程式をラプラス変数 s について解くことにより，縦系の運動特性 (運動のモードの特性が安定どうか，振動の周期は何秒か等) を解析することができる．この特性方程式は s に関する4次方程式であり，厳密に解くには計算機の力が必要である．ここでは，縦系の運動モードがどのような空力安定微係数によって特徴づけられているかを把握するために，(2.3-4) 式から近似的な解析式を導出する．

(2.3-4) 式を展開すると次のようになる．

$$
\Delta_{lon} = As^4 + Bs^3 + Cs^2 + Ds + E = 0 \tag{2.3-5}
$$

$$
\begin{cases}
A = 1 \\
B = -M'_q - \overline{Z}_\alpha - X_u \\
C = M'_q \overline{Z}_\alpha - M'_\alpha - \overline{Z}_u X_\alpha + (M'_q + \overline{Z}_\alpha) X_u \\
D = -(M'_q \overline{Z}_\alpha - M'_\alpha) X_u + M'_q \overline{Z}_u X_\alpha - M'_u (X_\alpha - g/57.3) \\
E = (M'_\alpha \overline{Z}_u - M'_u \overline{Z}_\alpha) g/57.3
\end{cases} \tag{2.3-6}
$$

(2.3-5) 式は s に関する4次式であるので，これを次のように，2つの2次方程式に分解する．

$$
\boxed{\Delta_{lon} = \left(s^2 + 2\zeta_p \omega_p s + \omega_p^2\right)\left(s^2 + 2\zeta_{sp} \omega_{sp} s + \omega_{sp}^2\right)} \tag{2.3-7}
$$

通常の航空機では，縦系の運動は (2.3-7) 式のように2つ分解される．第1項は**長周期モード**(long-period mode)[あるいは**フゴイドモード**(phugoid mode)] を示し，周期が長く減衰の悪い運動で迎角変化は小さい．第2項は**短周期モード**(short-period mode)を示し，周期が短く減衰の比較的良い運動で速度変化は小さい．一般的には縦系の運動は4次方程式で表されるがこれを2次方程式の積に分解できれば，特性方程式の解を簡単に解くことができる．ただし，(2.3-5) 式を (2.3-7) 式のように厳密に分解することは困難であるので，以下のように近似を行って分解する．

まず，(2.3-5) 式の根は大きい (以下，根が大きいとは，複素数根 s の絶対値 $|s|$ が大きい意味で用いる) と仮定する．この根は短周期モードに対応する．一方，長周期モードの根は相対的に小さいので，(2.3-7) 式の第1項の s の2次式を s^2 で近似する．すなわち，(2.3-5) 式において，$s^4 \sim s^2$ の項までを考慮すると次式を得る．

$$
\Delta_{lon} \fallingdotseq s^2 [s^2 + (-M'_q - \overline{Z}_\alpha - X_u)s + \{M'_q \overline{Z}_\alpha - M'_\alpha - \overline{Z}_u X_\alpha + (M'_q + \overline{Z}_\alpha) X_u\}] \tag{2.3-8}
$$

ここで，右辺 [] 内の s の項と定数項の係数において，微小な量である X_u および X_α を省略すると次式を得る．

$$\Delta_{lon} \fallingdotseq s^2\{s^2 + (-M'_q - \overline{Z}_\alpha)s + (M'_q\overline{Z}_\alpha - M'_\alpha)\} \tag{2.3-9}$$

すなわち，(2.3-7) 式において短周期モードが次式で得られる．

$$\boxed{\begin{cases} \omega_{sp}^2 \fallingdotseq M'_q\overline{Z}_\alpha - M'_\alpha \\ 2\zeta_{sp}\omega_{sp} \fallingdotseq -M'_q - \overline{Z}_\alpha \end{cases}} \quad [\text{短周期モード近似解}] \tag{2.3-10}$$

次に，(2.3-5) 式の根は小さい (長周期モードに対応) と仮定すると，s の高次の項は微小となる．そこで長周期モードに対応する次数の低い 2 次式だけを考慮する．すなわち，(2.3-5) 式において，$s^4 \sim s^3$ の項を省略すると次式を得る．

$$s^2 + \frac{-(M'_q\overline{Z}_\alpha - M'_\alpha)X_u + M'_q\overline{Z}_u X_\alpha - M'_u(X_\alpha - g/57.3)}{M'_q\overline{Z}_\alpha - M'_\alpha - \overline{Z}_u X_\alpha + (M'_q + \overline{Z}_\alpha)X_u}s$$

$$+ \frac{(M'_\alpha\overline{Z}_u - M'_u\overline{Z}_\alpha)g/57.3}{M'_q\overline{Z}_\alpha - M'_\alpha - \overline{Z}_u X_\alpha + (M'_q + \overline{Z}_\alpha)X_u} = 0 \tag{2.3-11}$$

ここで，右辺の s の項と定数項の係数の分母において，小さい要素を省略して次のように近似する．

$$M'_q\overline{Z}_\alpha - M'_\alpha - \overline{Z}_u X_\alpha + (M'_q + \overline{Z}_\alpha)X_u \fallingdotseq M'_q\overline{Z}_\alpha - M'_\alpha \tag{2.3-12}$$

また，s の項の係数の分子において，M'_q の影響も大きくないとして省略すると次のように近似できる．

$$- (M'_q\overline{Z}_\alpha - M'_\alpha)X_u + M'_q\overline{Z}_u X_\alpha - M'_u(X_\alpha - g/57.3)$$

$$\fallingdotseq -(M'_q\overline{Z}_\alpha - M'_\alpha)X_u - M'_u(X_\alpha - g/57.3) \tag{2.3-13}$$

このとき，(2.3-11) 式は次のようになる．

$$s^2 + \left\{ -X_u - \frac{M'_u(X_\alpha - g/57.3)}{M'_q\overline{Z}_\alpha - M'_\alpha} \right\}s + \frac{(M'_\alpha\overline{Z}_u - M'_u\overline{Z}_\alpha)g/57.3}{M'_q\overline{Z}_\alpha - M'_\alpha} = 0 \tag{2.3-14}$$

すなわち，(2.3-7) 式において長周期モードが次式で得られる．

$$\boxed{\begin{cases} \omega_p^2 \fallingdotseq \dfrac{g}{57.3} \cdot \dfrac{M'_\alpha\overline{Z}_u - M'_u\overline{Z}_\alpha}{M'_q\overline{Z}_\alpha - M'_\alpha} \\ 2\zeta_p\omega_p \fallingdotseq -X_u - \dfrac{M'_u(X_\alpha - g/57.3)}{M'_q\overline{Z}_\alpha - M'_\alpha} \end{cases}} \quad [\text{長周期モード近似解}] \tag{2.3-15}$$

図 2.2 に，特性根を複素平面上にプロットしたときの，**固有角振動数**(undamped natural frequency)，**減衰固有角振動数**(damped natural frequency)，**減衰比**(damping ratio)，**周期**(period)，**振動数**(frequency) の関係を示す．

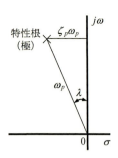

$$特性根: s = -\zeta_p \omega_p \pm j\omega_p \sqrt{1-\zeta_p^2} = \sigma_p \pm j\omega_{dp}$$

固有角振動数 [rad/s]: ω_p

減衰固有角振動数 [rasd/s]: $\omega_{dp} = \omega_p \sqrt{1-\zeta_p^2}$

減衰比: $\zeta_p = \sin\lambda = \dfrac{-\sigma_p/\omega_{dp}}{\sqrt{1+(\sigma_p/\omega_{dp})^2}}$

周期 [s]: $P = \dfrac{2\pi}{\omega_{dp}}$

振動数 [Hz]: $f = \dfrac{1}{P}$

図 2.2 特性根の固有角振動数,減衰比,周期,振動数

[例題 2.3-1] 大型民間旅客機の諸元データおよび空力データ[11]を以下のように仮定したとき,長周期モードおよび短周期モード特性を求めよ.

——＜機体諸元＞——

重量 $W = 255{,}000$ [kgf]　　高度 $h = 1500$ [ft]

翼面積 $S = 511$ [m^2]　　空気密度 $\rho = 0.11952$ [kgf·s^2/m^4]

平均空力翼弦 $\bar{c} = 8.32$ [m]　　等価対気速度 $V_{KEAS} = 165$ [ktEAS]

重心位置 $CG = 25\%\bar{c}$　　真対気速度 $V = 86.8$ [m/s]

慣性モーメント　　迎角 $\alpha = 5.6°$

$I_y = 4214{,}300$ [kgf·m·s^2]　　エレベータ舵角 $\delta e = -2.0°$

　　フラップ舵角 $\delta f = 20°$

——＜空力微係数＞——

(無次元微係数)　　(有次元微係数)

$C_{x_u} = -0.422$ [－]　　$X_u = -0.0207$ [1/s]

$C_{x_\alpha} = 0.0132$ [1/deg]　　$X_\alpha = 0.120$ [m/(s^2·deg)]

$C_{z_u} = 0.0$ [－]　　$\overline{Z}_u = -0.149$ [deg/m]

$C_{L_\alpha} = 0.0998$ [1/deg]　　$\overline{Z}_\alpha = -0.605$ [1/s]

$C_{L_{\delta e}} = 0.00590$ [1/deg]　　$\overline{Z}_{\delta e} = -0.0344$ [1/s]

$C_{L_{\delta f}} = 0.0272$ [1/deg]　　$\overline{Z}_{\delta f} = -0.159$ [1/s]

$C_{m_u} = 0.0$ [－]　　$M'_u = 0.0104$ [deg/(m·s)]

$C_{m_\alpha} = -0.0220$ [1/deg]　　$M'_\alpha = -0.530$ [1/s^2]

$C_{m_{\delta e}} = -0.0234$ [1/deg]　　$M'_{\delta e} = -0.606$ [1/s^2]

$C_{m_{\delta f}} = 0.0$ [1/deg]　　$M'_{\delta f} = 0.0111$ [1/s^2]

$C_{m_q} = -20.8$ [1/rad]　　$M'_q = -0.522$ [1/s]

$C_{m_{\dot\alpha}} = -3.20$ [1/rad]　　$M'_\theta = 0.00077$ [1/s^2]

2.3 ■ 縦系の運動モード特性の近似式　　**43**

■**解答**■　長周期モードと短周期モードについて，近似解と厳密解を解いて比較する．

長周期モード：

(2.3-15) 式による近似式から

$$\omega_p^2 \fallingdotseq \frac{g}{57.3} \cdot \frac{M_\alpha' \overline{Z}_u - M_u' \overline{Z}_\alpha}{M_q' \overline{Z}_\alpha - M_\alpha'} = \frac{9.8}{57.3} \times \frac{(-0.530)(-0.149) - (0.0104)(-0.605)}{(-0.522)(-0.605) - (-0.530)}$$

$$= 0.1710 \times \frac{0.07897 + 0.00629}{0.316 + 0.530} = 0.01723$$

$$\therefore \omega_p = 0.131 \text{ [rad/s]}$$

$$2\zeta_p \omega_p \fallingdotseq -X_u - \frac{M_u'\left(X_\alpha - g/57.3\right)}{M_q' \overline{Z}_\alpha - M_\alpha'} = -(-0.0207) - \frac{(0.0104)(0.120 - 9.8/57.3)}{(-0.522)(-0.605) - (-0.530)}$$

$$= 0.0207 - \frac{0.0104 \times (0.120 - 0.171)}{0.316 + 0.530} = 0.0207 + 0.0006 = 0.0213$$

$$\therefore \zeta_p = \frac{2\zeta_p \omega_p}{2\omega_p} = \frac{0.0213}{2 \times 0.131} = 0.0813$$

$$\therefore \omega_{dp} = \omega_p\sqrt{1 - \zeta_p^2} = 0.131\sqrt{1 - 0.0813^2} = 0.131 \times 0.997 = 0.131 \text{ [rad/s]}$$

周期 $P = \dfrac{2\pi}{\omega_{dp}} = \dfrac{6.28}{0.131} = 47.9[\text{s}]$

まとめると，

$$\zeta_p = 0.0813, \quad \omega_p = 0.131 \text{ [rad/s]}, \quad \omega_{dp} = 0.131 \text{ [rad/s]}, \quad P = 47.9 \text{ [s]}$$

一方，(2.3-4) 式の 4 次の特性方程式 (厳密解) を解くと

$$s = -\zeta_p \omega_p \pm j\omega_p\sqrt{1 - \zeta_p^2} = -0.00119 \pm j0.129$$

$$\zeta_p = 0.00923, \quad \omega_p = 0.129 \text{ [rad/s]}, \quad \omega_{dp} = 0.129 \text{ [rad/s]}, \quad P = 48.7 \text{ [s]}$$

となり，減衰比が近似解ではやや大きくでているが，固有角振動数や周期はほぼ良い値を示すことがわかる．

短周期モード：

(2.3-10) 式による近似式から

$$\omega_{sp}^2 \fallingdotseq M_q' \overline{Z}_\alpha - M_\alpha' = (-0.522)(-0.605) - (-0.530) = 0.316 + 0.530 = 0.846$$

$$\therefore \omega_{sp} = 0.920 \text{ [rad/s]}$$

$$2\zeta_{sp} \omega_{sp} \fallingdotseq -M_q' - \overline{Z}_\alpha = -(-0.522) - (-0.605) = 0.522 + 0.605 = 1.127$$

$$\therefore \zeta_{sp} = \frac{2\zeta_{sp} \omega_{sp}}{2\omega_{sp}} = \frac{1.127}{2 \times 0.920} = 0.613$$

$$\therefore \omega_{dsp} = \omega_{sp}\sqrt{1 - \zeta_{sp}^2} = 0.920\sqrt{1 - 0.613^2} = 0.920 \times 0.790 = 0.727 \text{ [rad/s]}$$

周期 $P = \dfrac{2\pi}{\omega_{dsp}} = \dfrac{6.28}{0.727} = 8.64[\text{s}]$

まとめると，

$\zeta_{sp} = 0.613, \quad \omega_{sp} = 0.920\ [\text{rad/s}], \quad \omega_{dsp} = 0.727\ [\text{rad/s}], \quad P = 8.64\ [\text{s}]$

一方，(2.3-4) 式の 4 次の特性方程式 (厳密解) を解くと

$$s = -\zeta_{sp}\omega_{sp} \pm j\omega_{sp}\sqrt{1-\zeta_{sp}^2} = -0.573 \pm j0.734$$

$\zeta_{sp} = 0.615, \quad \omega_{sp} = 0.932\ [\text{rad/s}], \quad \omega_{dsp} = 0.734\ [\text{rad/s}], \quad P = 8.56\ [\text{s}]$

となり，近似解は良く合っていることがわかる．

2.4 ■ エレベータ操舵応答の近似式

前節では，外乱を受けた後，または操舵をした後に発生する固有の運動モード (長周期モードおよび短周期モード) の解析式を求めた．本節では，エレベータを操舵した場合の運動特性の解析近似式を導出する．なお，フラップ舵面については，エレベータに関する解析式において，$(\overline{Z}_{\delta e}, M'_{\delta e}) \to (\overline{Z}_{\delta f}, M'_{\delta f})$ として得られるので省略する．

図 2.3 は，実際にエレベータを操舵した場合の，6 自由度運動シミュレーション結果

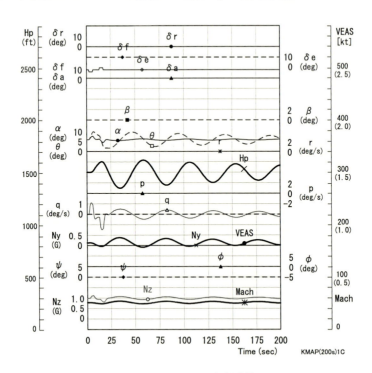

図 **2.3** エレベータ操舵応答

2.4 ■ エレベータ操舵応答の近似式　**45**

である. シミュレーションによって応答を確認することは重要であるが, なぜこのような応答になるのか, 改善するにはどうしたら良いかは, 前節および本節で求める解析近似式により, 空力安定微係数との関係を理解することが重要である.

(1) エレベータに対する速度応答 $u/\delta e$

エレベータ舵角 δe を操舵した場合の状態変数 u の応答は (2.3-3) 式から次のように得られる.

$$\frac{u}{\delta e} = \frac{\begin{vmatrix} 0 & -X_\alpha & 0 & \dfrac{g}{57.3} \\ \overline{Z}_{\delta e} & s-\overline{Z}_\alpha & -1 & 0 \\ M'_{\delta e} & -M'_\alpha & s-M'_q & 0 \\ 0 & 0 & -1 & s \end{vmatrix}}{\Delta_{lon}} \tag{2.4-1}$$

ただし,

$$\Delta_{lon} = \begin{vmatrix} s-X_u & -X_\alpha & 0 & \dfrac{g}{57.3} \\ -\overline{Z}_u & s-\overline{Z}_\alpha & -1 & 0 \\ -M'_u & -M'_\alpha & s-M'_q & 0 \\ 0 & 0 & -1 & s \end{vmatrix} \tag{2.4-2}$$

である. (2.4-1) 式の右辺の分母 Δ_{lon} は, (2.4-2) 式の行列式であるが, これは (2.3-4) 式の特性方程式の行列式である. また (2.4-1) 式の分子の行列式は, 4 つの状態変数の 1番目の変数 u の応答を表す行列式で, これは Δ_{lon} の行列式においてその第 1 列目を, (2.3-3) 式の右辺の操舵行列の第 1 列 (エレベータ δe に関する要素) で置き換えたものである. したがって, δe に対する状態変数 α の応答であれば, 2 番目の状態変数であるから, Δ_{lon} の行列式の第 2 列目を右辺の行列で置き換えた行列式が分子となる. 状態変数 q および θ の応答の分子も同様に得られる.

このように各状態変数の応答の分母は特性方程式の行列式 Δ_{lon} で共通であり, 分子のみ異なる. すなわち, 各状態変数は分子で表される応答の大きさやその発生の出方が異なるものの, 分母の特性方程式で表される共通の運動のモードを持つわけである.

ここではまず δe に対する u の応答を求める. この応答の分子を $N^u_{\delta e}$ と書くと (2.4-1) 式から

$$N^u_{\delta e} = A_u s^2 + B_u s + C_u \tag{2.4-3}$$

$$\begin{cases} A_u = \overline{Z}_{\delta e} X_\alpha \\ B_u = -\overline{Z}_{\delta e} M'_q X_\alpha + M'_{\delta e}(X_\alpha - g/57.3) \\ C_u = (M'_{\delta e}\overline{Z}_\alpha - \overline{Z}_{\delta e}M'_\alpha)g/57.3 \end{cases} \tag{2.4-4}$$

46 第 2 章 ■ 縦系の機体運動

である．ここで，M'_q の影響は小さいとして省略すると，(2.4-3) 式は次のように表される．

$$N^u_{\delta e} \fallingdotseq \overline{Z}_{\delta e} X_\alpha s^2 + M'_{\delta e}(X_\alpha - g/57.3)s + (M'_{\delta e}\overline{Z}_\alpha - \overline{Z}_{\delta e}M'_\alpha)g/57.3 \tag{2.4-5}$$

これは s の 2 次方程式であるから，根の公式により解を求めることができる．しかし，それを式で表すと複雑になるので，さらに次のように近似する．1 つの根は小さいとして s^2 の項を省略すると

$$s \fallingdotseq \frac{g/57.3}{X_\alpha - g/57.3}\left(-\overline{Z}_\alpha + \frac{\overline{Z}_{\delta e}}{M'_{\delta e}}M'_\alpha\right) \tag{2.4-6}$$

が得られる．これを 1 つの根として採用し，もう 1 つの根は (2.4-5) 式の定数項を満足するように決めると次のようになる．

$$N^u_{\delta e} \fallingdotseq \overline{Z}_{\delta e} X_\alpha \left\{s - \frac{g/57.3}{X_\alpha - g/57.3}\left(-\overline{Z}_\alpha + \frac{\overline{Z}_{\delta e}}{M'_{\delta e}}M'_\alpha\right)\right\}\left\{s + \frac{M'_{\delta e}(X_\alpha - g/57.3)}{\overline{Z}_{\delta e}X_\alpha}\right\} \tag{2.4-7}$$

このようにして，δe に対する u の応答は次式で与えられる．

$$\boxed{\frac{u}{\delta e} = \frac{\overline{Z}_{\delta e}X_\alpha\left(s + 1/T_{u_1}\right)\left(s + 1/T_{u_2}\right)}{\Delta_{lon}}} \tag{2.4-8}$$

ただし，

$$\boxed{\begin{cases} \dfrac{1}{T_{u_1}} \fallingdotseq -\dfrac{g/57.3}{X_\alpha - g/57.3}\left(-\overline{Z}_\alpha + \dfrac{\overline{Z}_{\delta e}}{M'_{\delta e}}M'_\alpha\right) \\[4mm] \dfrac{1}{T_{u_2}} \fallingdotseq \dfrac{M'_{\delta e}(X_\alpha - g/57.3)}{\overline{Z}_{\delta e}X_\alpha} \end{cases}} \tag{2.4-9}$$

[例題 2.4-1] 例題 2.3-1 の大型民間旅客機について，エレベータに対する応答 $u/\delta e$ を求めよ．

■解答■ δe に対する u の応答の近似式は (2.4-9) 式から

$$\frac{1}{T_{u_1}} \fallingdotseq -\frac{g/57.3}{X_\alpha - g/57.3}\left(-\overline{Z}_\alpha + \frac{\overline{Z}_{\delta e}}{M'_{\delta e}}M'_\alpha\right) = -\frac{9.8/57.3}{0.120 - 9.8/57.3}\left(0.605 - \frac{-0.0344}{-0.606} \times 0.530\right)$$

$$= -\frac{0.171}{0.120 - 0.171}(0.605 - 0.0301) = 3.353 \times 0.5749 = 1.93$$

$$\frac{1}{T_{u_2}} \fallingdotseq \frac{M'_{\delta e}(X_\alpha - g/57.3)}{\overline{Z}_{\delta e}X_\alpha} = \frac{-0.606 \times (0.120 - 9.8/57.3)}{(-0.0344) \times 0.120} = \frac{0.03091}{-0.004128} = -7.49$$

よって，(2.4-8) 式から

$$\frac{u}{\delta e} = \frac{\overline{Z}_{\delta e}X_\alpha\left(s + 1/T_{u_1}\right)\left(s + 1/T_{u_2}\right)}{\Delta_{lon}} = \frac{-0.0344 \times 0.120\left(s + 1/T_{u_1}\right)\left(s + 1/T_{u_2}\right)}{\Delta_{lon}}$$

$$= -0.00413\frac{(s + 1.93)(s - 7.49)}{\Delta_{lon}}$$

が得られる．

一方，(2.3-3) 式から厳密解は
$$\frac{u}{\delta e} = -0.00413 \frac{(s+1.71)(s-8.51)}{\Delta_{lon}}$$
であり，近似式は比較的良く合っていることがわかる．図 2.4 に厳密解の極 (応答の分母の根で × 印) と零点 (分子の根で ○ 印) の配置および $u/(-\delta e)$ の周波数特性(付録 A.4 参照)を示す．不安定零点が 1 個あるため，定常値 (周波数が 0) の位相は 180°であることがわかる．なお，極は $-0.573 \pm j0.734$ および $-0.00119 \pm j0.129$ で各応答で共通である．

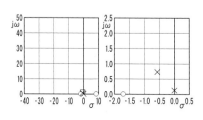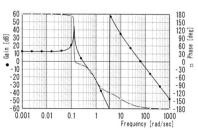

図 2.4

(2) エレベータに対する迎角応答 $\alpha/\delta e$

δe に対する α の応答の分子は (2.3-3) 式から
$$N_{\delta e}^{\alpha} = A_{\alpha} s^3 + B_{\alpha} s^2 + C_{\alpha} s + D_{\alpha} \tag{2.4-10}$$

$$\begin{cases} A_{\alpha} = \overline{Z}_{\delta e} \\ B_{\alpha} = -\overline{Z}_{\delta e}(M_q' + X_u) + M_{\delta e}' \end{cases} \begin{cases} C_{\alpha} = \overline{Z}_{\delta e} M_q' X_u - M_{\delta e}' X_u \\ D_{\alpha} = (-M_{\delta e}' \overline{Z}_u + \overline{Z}_{\delta e} M_u') g/57.3 \end{cases} \tag{2.4-11}$$

である．ここで，M_q' の影響は小さいとして省略すると (2.4-10) 式は
$$N_{\delta e}^{\alpha} \fallingdotseq \overline{Z}_{\delta e} s^3 + (-\overline{Z}_{\delta e} X_u + M_{\delta e}')s^2 - M_{\delta e}' X_u s + (-M_{\delta e}' \overline{Z}_u + \overline{Z}_{\delta e} M_u')g/57.3 \tag{2.4-12}$$

通常 $\alpha/\delta e$ の分子の根は，1 つの大きい実根と比較的小さな振動根であるので，1 つの根は大きいと仮定して，s^3 と s^2 だけを考慮すると
$$s \fallingdotseq -\frac{-\overline{Z}_{\delta e} X_u + M_{\delta e}'}{\overline{Z}_{\delta e}} = X_u - \frac{M_{\delta e}'}{\overline{Z}_{\delta e}} \fallingdotseq -\frac{M_{\delta e}'}{\overline{Z}_{\delta e}} \tag{2.4-13}$$

が得られる．この根を用いて次の式を作り展開すると
$$(\overline{Z}_{\delta e} s + M_{\delta e}') \left[s^2 - X_u s + \left(-\overline{Z}_u + \frac{\overline{Z}_{\delta e}}{M_{\delta e}'} M_u' \right) \frac{g}{57.3} \right]$$
$$= \overline{Z}_{\delta e} s^3 + (-\overline{Z}_{\delta e} X_u + M_{\delta e}') s^2 + \left\{ \overline{Z}_{\delta e} \left(-\overline{Z}_u + \frac{\overline{Z}_{\delta e}}{M_{\delta e}'} M_u' \right) \frac{g}{57.3} - M_{\delta e}' X_u \right\} s$$
$$+ (-M_{\delta e}' \overline{Z}_u + \overline{Z}_{\delta e} M_u') g/57.3 \tag{2.4-14}$$

この式は s の項が (2.4-12) 式と異なるが，いま

48 第 2 章 ■ 縦系の機体運動

$$\left| M'_{\delta e} X_u \right| \gg \left| \overline{Z}_{\delta e} \left(-\overline{Z}_u + \frac{\overline{Z}_{\delta e}}{M'_{\delta e}} M'_u \right) \frac{g}{57.3} \right| \tag{2.4-15}$$

と仮定すると

$$N^\alpha_{\delta e} \fallingdotseq (\overline{Z}_{\delta e} s + M'_{\delta e}) \left[s^2 - X_u s + \left(-\overline{Z}_u + \frac{\overline{Z}_{\delta e}}{M'_{\delta e}} M'_u \right) \frac{g}{57.3} \right] \tag{2.4-16}$$

と近似され，(2.4-12) 式と等しい式が得られる．このようにして，δe に対する α の応答は次式で与えられる．

$$\frac{\alpha}{\delta e} = \frac{\left(\overline{Z}_{\delta e} s + M'_{\delta e} \right) \left(s^2 + 2\zeta_\alpha \omega_\alpha s + \omega_\alpha^2 \right)}{\Delta_{lon}} \tag{2.4-17}$$

ただし，

$$\begin{cases} \omega_\alpha^2 \fallingdotseq \dfrac{g}{57.3} \left(-\overline{Z}_u + \dfrac{\overline{Z}_{\delta e}}{M'_{\delta e}} M'_u \right) \\ 2\zeta_\alpha \omega_\alpha \fallingdotseq -X_u \end{cases} \tag{2.4-18}$$

[例題 2.4-2]　例題 2.3-1 の大型民間旅客機について，エレベータに対する応答 $\alpha/\delta e$ を求めよ．

■解答■　δe に対する α の応答の近似式は (2.4-18) 式から

$$\omega_\alpha^2 \fallingdotseq \frac{g}{57.3} \left(-\overline{Z}_u + \frac{\overline{Z}_{\delta e}}{M'_{\delta e}} M'_u \right) = \frac{9.8}{57.3} \left(0.149 + \frac{-0.0344}{-0.606} \times 0.0104 \right)$$

$$= 0.171 \times (0.149 + 0.00059) = 0.0256$$

$$\therefore \ \omega_\alpha = 0.160 \ [\text{rad/s}]$$

$$2\zeta_\alpha \omega_\alpha \fallingdotseq -X_u = 0.0207, \quad \therefore \ \zeta_\alpha = \frac{2\zeta_\alpha \omega_\alpha}{2\omega_\alpha} = \frac{0.0207}{2 \times 0.160} = 0.0647$$

$$\therefore \ \omega_{d\alpha} = \omega_\alpha \sqrt{1 - \zeta_\alpha^2} = 0.160 \sqrt{1 - 0.0647^2} = 0.160 \ [\text{rad/s}]$$

よって，(2.4-17) 式から

$$\frac{\alpha}{\delta e} = \frac{(-0.0344 s - 0.606)(s + 0.0104 - j0.160)(s + 0.0104 + j0.160)}{\Delta_{lon}}$$

$$= -0.0344 \frac{(s + 17.6)(s + 0.0104 - j0.160)(s + 0.0104 + j0.160)}{\Delta_{lon}}$$

一方，(2.3-3) 式から厳密解は

$$\frac{\alpha}{\delta e} = -0.0344 \frac{(s + 18.1)(s + 0.00429 - j0.157)(s + 0.00429 + j0.157)}{\Delta_{lon}}$$

であり，減衰比が近似解ではやや大きくでているが，固有角振動数等は良く合っていることがわかる．図 2.5 に厳密解の極と零点配置および $\alpha/(-\delta e)$ の周波数特性を示す．

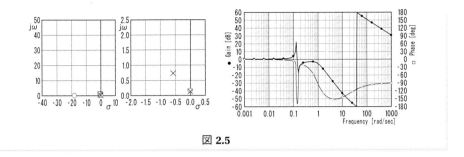

図 2.5

(3) エレベータに対するピッチ角応答 $\theta/\delta e$

(2.3-3) 式において，3番目の状態変数はピッチ角速度 q であるが，これは θ の応答を微分したものであるから，δe に対する θ の応答が得られれば s を掛けることにより簡単に求まる．したがって，ここでは δe に対する θ の応答を考える．δe に対する θ の応答の分子は (2.3-3) 式から

$$N_{\delta e}^{\theta} = A_{\theta}s^2 + B_{\theta}s + C_{\theta} \tag{2.4-19}$$

$$\begin{cases} A_{\theta} = M'_{\delta e} \\ B_{\theta} = \overline{Z}_{\delta e}M'_{\alpha} - M'_{\delta e}(\overline{Z}_{\alpha} + X_u) \\ C_{\theta} = \overline{Z}_{\delta e}(M'_u X_{\alpha} - M'_{\alpha} X_u) + M'_{\delta e}(\overline{Z}_{\alpha}X_u - \overline{Z}_u X_{\alpha}) \end{cases} \tag{2.4-20}$$

である．したがって，(2.4-19) 式は次のように表される．

$$N_{\delta e}^{\theta} \fallingdotseq M'_{\delta e}s^2 + \{\overline{Z}_{\delta e}M'_{\alpha} - M'_{\delta e}(\overline{Z}_{\alpha} + X_u)\}s + \overline{Z}_{\delta e}(M'_u X_{\alpha} - M'_{\alpha}X_u) + M'_{\delta e}(\overline{Z}_{\alpha}X_u - \overline{Z}_u X_{\alpha}) \tag{2.4-21}$$

これは s の 2 次方程式であるが，根の公式により解を求めると複雑になるので近似解を求める．いま 1 つの根は大きいと仮定し，s^2 と s だけを考慮して根を求めてみる．

$$s \fallingdotseq -\frac{\overline{Z}_{\delta e}M'_{\alpha} - M'_{\delta e}(\overline{Z}_{\alpha} + X_u)}{M'_{\delta e}} = -\frac{\overline{Z}_{\delta e}}{M'_{\delta e}}M'_{\alpha} + \overline{Z}_{\alpha} + X_u \fallingdotseq -\frac{\overline{Z}_{\delta e}}{M'_{\delta e}}M'_{\alpha} + \overline{Z}_{\alpha} \tag{2.4-22}$$

この根を用いて次の式を作り展開すると

$$(M'_{\delta e}s + \overline{Z}_{\delta e}M'_{\alpha} - M'_{\delta e}\overline{Z}_{\alpha})\left[s + \frac{\overline{Z}_{\delta e}(M'_u X_{\alpha} - M'_{\alpha}X_u) + M'_{\delta e}(\overline{Z}_{\alpha}X_u - \overline{Z}_u X_{\alpha})}{\overline{Z}_{\delta e}M'_{\alpha} - M'_{\delta e}\overline{Z}_{\alpha}}\right]$$

$$= M'_{\delta e}s^2 + \left\{\overline{Z}_{\delta e}M'_{\alpha} - M'_{\delta e}\overline{Z}_{\alpha} + M'_{\delta e}\frac{\overline{Z}_{\delta e}(M'_u X_{\alpha} - M'_{\alpha}X_u) + M'_{\delta e}(\overline{Z}_{\alpha}X_u - \overline{Z}_u X_{\alpha})}{\overline{Z}_{\delta e}M'_{\alpha} - M'_{\delta e}\overline{Z}_{\alpha}}\right\}s$$

$$+ \overline{Z}_{\delta e}(M'_u X_{\alpha} - M'_{\alpha}X_u) + M'_{\delta e}(\overline{Z}_{\alpha}X_u - \overline{Z}_u X_{\alpha}) \tag{2.4-23}$$

となる．この式の s の項において $|M'_{\alpha}X_u| \gg |M'_u X_{\alpha}|$，$|\overline{Z}_{\alpha}X_u| \gg |\overline{Z}_u X_{\alpha}|$ と仮定すると，s の項の係数は次のように近似される．

$$\overline{Z}_{\delta e}M'_\alpha - M'_{\delta e}\overline{Z}_\alpha + M'_{\delta e}\frac{\overline{Z}_{\delta e}(M'_u X_\alpha - M'_\alpha X_u) + M'_{\delta e}(\overline{Z}_\alpha X_u - \overline{Z}_u X_\alpha)}{\overline{Z}_{\delta e}M'_\alpha - M'_{\delta e}\overline{Z}_\alpha}$$

$$\fallingdotseq \overline{Z}_{\delta e}M'_\alpha - M'_{\delta e}(\overline{Z}_\alpha + X_u) \tag{2.4-24}$$

このとき，(2.4-23) 式は

$$(M'_{\delta e}s + \overline{Z}_{\delta e}M'_\alpha - M'_{\delta e}\overline{Z}_\alpha)\left[s + \frac{\overline{Z}_{\delta e}(M'_u X_\alpha - M'_\alpha X_u) + M'_{\delta e}(\overline{Z}_\alpha X_u - \overline{Z}_u X_\alpha)}{\overline{Z}_{\delta e}M'_\alpha - M'_{\delta e}\overline{Z}_\alpha}\right]$$

$$\fallingdotseq M'_{\delta e}s^2 + \left\{\overline{Z}_{\delta e}M'_\alpha - M'_{\delta e}(\overline{Z}_\alpha + X_u)\right\}s + \overline{Z}_{\delta e}(M'_u X_\alpha - M'_\alpha X_u) + M'_{\delta e}(\overline{Z}_\alpha X_u - \overline{Z}_u X_\alpha) \tag{2.4-25}$$

と近似され，(2.4-21) 式と等しい式が得られる．すなわち，近似式として次式を得る．

$$N^\theta_{\delta e} \fallingdotseq (M'_{\delta e}s + \overline{Z}_{\delta e}M'_\alpha - M'_{\delta e}\overline{Z}_\alpha)\left[s + \frac{\overline{Z}_{\delta e}(M'_u X_\alpha - M'_\alpha X_u) + M'_{\delta e}(\overline{Z}_\alpha X_u - \overline{Z}_u X_\alpha)}{\overline{Z}_{\delta e}M'_\alpha - M'_{\delta e}\overline{Z}_\alpha}\right]$$

$$= M'_{\delta e}\left[s + \left(-\overline{Z}_\alpha + \frac{\overline{Z}_{\delta e}}{M'_{\delta e}}M'_\alpha\right)\right] \cdot \left[s + \left\{-X_u + \frac{X_\alpha}{Z_\alpha}\overline{Z}_u\frac{1 - (\overline{Z}_{\delta e}/M'_{\delta e})(M'_u/\overline{Z}_u)}{1 - (\overline{Z}_{\delta e}/M'_{\delta e})(M'_\alpha/\overline{Z}_\alpha)}\right\}\right] \tag{2.4-26}$$

このようにして，δe に対する θ の応答は次式で与えられる．

$$\boxed{\frac{\theta}{\delta e} = \frac{M'_{\delta e}\left(s + 1/T_{\theta_1}\right)\left(s + 1/T_{\theta_2}\right)}{\Delta_{lon}}} \tag{2.4-27}$$

ただし，

$$\boxed{\begin{cases} \dfrac{1}{T_{\theta_1}} \fallingdotseq -X_u + \dfrac{X_\alpha}{Z_\alpha}\overline{Z}_u\dfrac{1 - \left(\overline{Z}_{\delta e}/M'_{\delta e}\right)\left(M'_u/\overline{Z}_u\right)}{1 - \left(\overline{Z}_{\delta e}/M'_{\delta e}\right)\left(M'_\alpha/\overline{Z}_\alpha\right)} \\[4mm] \dfrac{1}{T_{\theta_2}} \fallingdotseq -\overline{Z}_\alpha + \dfrac{\overline{Z}_{\delta e}}{M'_{\delta e}}M'_\alpha \end{cases}} \tag{2.4-28}$$

[例題 2.4-3]　例題 2.3-1 の大型民間旅客機について，エレベータに対する応答 $\theta/\delta e$ を求めよ．

■解答■　δe に対する θ の応答の近似式は (2.4-28) 式から

$$\frac{1}{T_{\theta_1}} \fallingdotseq -X_u + \frac{X_\alpha}{Z_\alpha}\overline{Z}_u\frac{1 - \left(\overline{Z}_{\delta e}/M'_{\delta e}\right)\left(M'_u/\overline{Z}_u\right)}{1 - \left(\overline{Z}_{\delta e}/M'_{\delta e}\right)\left(M'_\alpha/\overline{Z}_\alpha\right)}$$

$$= 0.0207 + \frac{0.120}{-0.605} \times (-0.149) \quad \times \frac{1 - \dfrac{-0.0344}{-0.606} \times \dfrac{0.0104}{-0.149}}{1 - \dfrac{-0.0344}{-0.606} \times \dfrac{-0.530}{-0.605}}$$

$$= 0.0207 + 0.02956 \times \frac{1 + 0.00396}{1 - 0.0497} = 0.0207 + 0.0312 = 0.0519$$

$$\frac{1}{T_{\theta_2}} \fallingdotseq -\overline{Z}_\alpha + \frac{\overline{Z}_{\delta e}}{M'_{\delta e}} M'_\alpha = 0.605 + \frac{-0.0344}{-0.606} \times (-0.530) = 0.605 - 0.0301 = 0.575$$

よって，(2.4-27) 式から
$$\frac{\theta}{\delta e} = \frac{M'_{\delta e}(s+1/T_{\theta_1})(s+1/T_{\theta_2})}{\Delta_{lon}} = -0.606 \frac{(s+0.0519)(s+0.575)}{\Delta_{lon}}$$

一方，(2.3-3) 式から厳密解は
$$\frac{\theta}{\delta e} = -0.606 \frac{(s+0.0554)(s+0.540)}{\Delta_{lon}}$$

であり，近似式は比較的良く合っていることがわかる．図 2.6 に厳密解の極と零点配置および $\theta/(-\delta e)$ の周波数特性を示す．

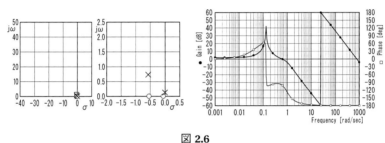

図 2.6

(4) エレベータに対する飛行経路角応答 $\gamma/\delta e$

δe に対する飛行経路角 γ の応答は，$\gamma = \theta - \alpha$ の関係から以下のように得られる．$\gamma/\delta e$ の分子は，(2.4-27) 式と (2.4-17) 式から

$$\begin{aligned}
N^\gamma_{\delta e} &= N^\theta_{\delta e} - N^\alpha_{\delta e} \\
&\fallingdotseq M'_{\delta e} s^2 + \left\{\overline{Z}_{\delta e} M'_\alpha - M'_{\delta e}(\overline{Z}_\alpha + X_u)\right\} s + \overline{Z}_{\delta e}(M'_u X_\alpha - M'_\alpha X_u) + M'_{\delta e}(\overline{Z}_\alpha X_u - \overline{Z}_u X_\alpha) \\
&\quad - \overline{Z}_{\delta e} s^3 - (-\overline{Z}_{\delta e} X_u + M'_{\delta e}) s^2 + M'_{\delta e} X_u s - (-M'_{\delta e} \overline{Z}_u + \overline{Z}_{\delta e} M'_u) g/57.3 \\
&= -\overline{Z}_{\delta e} s^3 + \overline{Z}_{\delta e} X_u s^2 + (\overline{Z}_{\delta e} M'_\alpha - M'_{\delta e} \overline{Z}_\alpha) s \\
&\quad + \overline{Z}_{\delta e}(M'_u X_\alpha - M'_\alpha X_u) + M'_{\delta e}(\overline{Z}_\alpha X_u - \overline{Z}_u X_\alpha) - (-M'_{\delta e} \overline{Z}_u + \overline{Z}_{\delta e} M'_u) g/57.3
\end{aligned}$$
(2.4-29)

となる．通常 $\gamma/\delta e$ の分子の根は，1 つの小さい実根を持つので，1 つの根は小さいと仮定して，s^3 と s^2 の項を省略すると

$$\begin{aligned}
s &\fallingdotseq -\frac{\overline{Z}_{\delta e}(M'_u X_\alpha - M'_\alpha X_u) + M'_{\delta e}(\overline{Z}_\alpha X_u - \overline{Z}_u X_\alpha) - (-M'_{\delta e} \overline{Z}_u + \overline{Z}_{\delta e} M'_u) g/57.3}{\overline{Z}_{\delta e} M'_\alpha - M'_{\delta e} \overline{Z}_\alpha} \\
&= -\frac{\overline{Z}_{\delta e}\{M'_u(X_\alpha - g/57.3) - M'_\alpha X_u\} + M'_{\delta e}\{\overline{Z}_\alpha X_u - \overline{Z}_u(X_\alpha - g/57.3)\}}{\overline{Z}_{\delta e} M'_\alpha - M'_{\delta e} \overline{Z}_\alpha} \\
&= X_u - \frac{(X_\alpha - g/57.3)(\overline{Z}_{\delta e} M'_u - M'_{\delta e} \overline{Z}_u)}{\overline{Z}_{\delta e} M'_\alpha - M'_{\delta e} \overline{Z}_\alpha}
\end{aligned}$$
(2.4-30)

が得られる．この根を用いて次の式を作り展開すると

$$\left[-\overline{Z}_{\delta e}s^2 + (\overline{Z}_{\delta e}M'_\alpha - M'_{\delta e}\overline{Z}_\alpha)\right] \cdot \left[s - X_u + \frac{(X_\alpha - g/57.3)(\overline{Z}_{\delta e}M'_u - M'_{\delta e}\overline{Z}_u)}{\overline{Z}_{\delta e}M'_\alpha - M'_{\delta e}\overline{Z}_\alpha}\right]$$

$$= -\overline{Z}_{\delta e}s^3 - \overline{Z}_{\delta e}\left\{-X_u + \frac{(X_\alpha - g/57.3)(\overline{Z}_{\delta e}M'_u - M'_{\delta e}\overline{Z}_u)}{\overline{Z}_{\delta e}M'_\alpha - M'_{\delta e}\overline{Z}_\alpha}\right\}s^2 + (\overline{Z}_{\delta e}M'_\alpha - M'_{\delta e}\overline{Z}_\alpha)s$$

$$- (\overline{Z}_{\delta e}M'_\alpha - M'_{\delta e}\overline{Z}_\alpha)X_u + (X_\alpha - g/57.3)(\overline{Z}_{\delta e}M'_u - M'_{\delta e}\overline{Z}_u)$$

$$= -\overline{Z}_{\delta e}s^3 - \overline{Z}_{\delta e}\left\{-X_u + \frac{(X_\alpha - g/57.3)(\overline{Z}_{\delta e}M'_u - M'_{\delta e}\overline{Z}_u)}{\overline{Z}_{\delta e}M'_\alpha - M'_{\delta e}\overline{Z}_\alpha}\right\}s^2 + (\overline{Z}_{\delta e}M'_\alpha - M'_{\delta e}\overline{Z}_\alpha)s$$

$$+ \overline{Z}_{\delta e}(M'_u X_\alpha - M'_\alpha X_u) + M'_{\delta e}(\overline{Z}_\alpha X_u - \overline{Z}_u X_\alpha) - (-M'_{\delta e}\overline{Z}_u + \overline{Z}_{\delta e}M'_u)g/57.3$$

$$\tag{2.4-31}$$

となる．この式の s^2 の項において

$$\left|\overline{Z}_{\delta e}M'_\alpha - M'_{\delta e}\overline{Z}_\alpha\right| \gg \left|\overline{Z}_{\delta e}M'_u - M'_{\delta e}\overline{Z}_u\right| \tag{2.4-32}$$

を仮定すると，(2.4-31) 式は

$$\left[-\overline{Z}_{\delta e}s^2 + (\overline{Z}_{\delta e}M'_\alpha - M'_{\delta e}\overline{Z}_\alpha)\right] \cdot \left[s - X_u + \frac{(X_\alpha - g/57.3)(\overline{Z}_{\delta e}M'_u - M'_{\delta e}\overline{Z}_u)}{\overline{Z}_{\delta e}M'_\alpha - M'_{\delta e}\overline{Z}_\alpha}\right]$$

$$= -\overline{Z}_{\delta e}s^3 + \overline{Z}_{\delta e}X_u s^2 + (\overline{Z}_{\delta e}M'_\alpha - M'_{\delta e}\overline{Z}_\alpha)s$$

$$+ \overline{Z}_{\delta e}(M'_u X_\alpha - M'_\alpha X_u) + M'_{\delta e}(\overline{Z}_\alpha X_u - \overline{Z}_u X_\alpha) - (-M'_{\delta e}\overline{Z}_u + \overline{Z}_{\delta e}M'_u)g/57.3$$

$$\tag{2.4-33}$$

と近似され，(2.4-29) 式と等しい式が得られる．なお，(2.4-30) 式の 1 つの根は次のように変形できる．

$$s \doteq X_u - \frac{(X_\alpha - g/57.3)(\overline{Z}_{\delta e}M'_u - M'_{\delta e}\overline{Z}_u)}{\overline{Z}_{\delta e}M'_\alpha - M'_{\delta e}\overline{Z}_\alpha}$$

$$= X_u - \frac{X_\alpha - g/57.3}{\overline{Z}_\alpha}\overline{Z}_u \frac{1 - (\overline{Z}_{\delta e}/M'_{\delta e})(M'_u/\overline{Z}_u)}{1 - (\overline{Z}_{\delta e}/M'_{\delta e})(M'_\alpha/\overline{Z}_\alpha)} \tag{2.4-34}$$

このようにして，δe に対する γ の応答は次式で与えられる．

$$\boxed{\frac{\gamma}{\delta e} = -\frac{\overline{Z}_{\delta e}\left(s + 1/T_{h_1}\right)\left(s + 1/T_{h_2}\right)\left(s + 1/T_{h_3}\right)}{\Delta_{lon}}} \tag{2.4-35}$$

ただし，

2.4 ■ エレベータ操舵応答の近似式　　53

$$
\begin{cases}
\dfrac{1}{T_{h_1}} \fallingdotseq -X_u + \dfrac{X_\alpha - g/57.3}{\overline{Z}_\alpha}\overline{Z}_u \cdot \dfrac{1 - \left(\overline{Z}_{\delta e}/M'_{\delta e}\right)\left(M'_u/\overline{Z}_u\right)}{1 - \left(\overline{Z}_{\delta e}/M'_{\delta e}\right)\left(M'_\alpha/\overline{Z}_\alpha\right)} \\[4mm]
\dfrac{1}{T_{h_2}} = -\dfrac{1}{T_{h_3}} \fallingdotseq \sqrt{M'_\alpha - \dfrac{M'_{\delta e}}{\overline{Z}_{\delta e}}\overline{Z}_\alpha} \quad (\text{ただし } M'_{\delta e} < 0)
\end{cases}
\tag{2.4-36}
$$

である．ここで，$1/T_{h_1}$ は $\overline{Z}_{\delta e} \fallingdotseq 0$ と仮定すると，(2.5-10) 式のバックサイドパラメータに一致する．

なお，高度 h，飛行経路角 γ，垂直加速度 Δn_z には次の関係式がある．

$$
\frac{h}{\delta e} = \frac{V}{57.3s} \cdot \frac{\gamma}{\delta e}, \qquad \frac{\Delta n_z}{\delta e} = \frac{s^2}{g} \cdot \frac{h}{\delta e} = \frac{Vs}{57.3g} \cdot \frac{\gamma}{\delta e}
\tag{2.4-37}
$$

[例題 2.4-4]　例題 2.3-1 の大型民間旅客機について，エレベータに対する応答 $\gamma/\delta e$ を求めよ．

■**解答**■　δe に対する γ の応答は (2.4-36) 式から

$$
\frac{1}{T_{h_1}} \fallingdotseq -X_u + \frac{X_\alpha - g/57.3}{\overline{Z}_\alpha}\overline{Z}_u \cdot \frac{1 - \left(\overline{Z}_{\delta e}/M'_{\delta e}\right)\left(M'_u/\overline{Z}_u\right)}{1 - \left(\overline{Z}_{\delta e}/M'_{\delta e}\right)\left(M'_\alpha/\overline{Z}_\alpha\right)}
$$

$$
= 0.0207 + \frac{0.120 - 9.8/57.3}{-0.605} \times (-0.149) \times \frac{1 - \dfrac{-0.0344}{-0.606} \times \dfrac{0.0104}{-0.149}}{1 - \dfrac{-0.0344}{-0.606} \times \dfrac{-0.530}{-0.605}}
$$

$$
= 0.0207 - 0.01257 \times \frac{1 + 0.00396}{1 - 0.0497} = 0.0207 - 0.0133 = 0.0074
$$

$$
\frac{1}{T_{h_2}} = -\frac{1}{T_{h_3}} \fallingdotseq \sqrt{M'_\alpha - \frac{M'_{\delta e}}{\overline{Z}_{\delta e}}\overline{Z}_\alpha} = \sqrt{-0.530 + \frac{-0.606}{-0.0344} \times 0.605}
$$

$$
= \sqrt{-0.530 + 10.658} = 3.18
$$

よって，(2.4-35) 式から

$$
\frac{\gamma}{\delta e} = -\frac{\overline{Z}_{\delta e}\left(s + 1/T_{h_1}\right)\left(s + 1/T_{h_2}\right)\left(s + 1/T_{h_3}\right)}{\Delta_{lon}} = 0.0344\frac{(s + 0.0074)(s + 3.18)(s - 3.18)}{\Delta_{lon}}
$$

一方，(2.3-3) 式から厳密解は

$$
\frac{\gamma}{\delta e} = 0.0344\frac{(s + 0.0080)(s + 3.49)(s - 2.95)}{\Delta_{lon}}
$$

であり，近似式は比較的良く合っていることがわかる．図 2.7 に厳密解の極と零点の配置および $\gamma/(-\delta e)$ の周波数特性を示す．不安定零点が 1 個あるが，右辺の係数が正であるので定常値(周波数が 0) の位相は 0°であることがわかる．

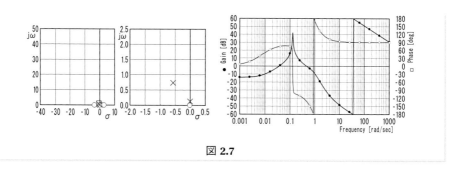

図 2.7

2.5 ■ 長周期運動特性

2.3 節において，縦系の運動モードの 1 つとして，長周期モードの近似解を求めた．これは，縦系の特性方程式である s の 4 次式から近似して求めたもので (2.3-15) 式で表されるが，短周期モードの近似解に比較してやや複雑である．本節では，長周期モードに関する設計基準について述べるが，そこでは自由度を 1 つ落とした 3 自由度の近似解が用いられる．

(1) 長周期運動の 3 自由度近似式

(2.2-34) 式で，
$$M'_q = \overline{Z}_{\delta e} = 0, \quad \dot{q} \fallingdotseq 0, \quad (\theta_0 = 0) \tag{2.5-1}$$

と近似すると，エレベータ操舵時の運動方程式は次のように変形できる．

$$\begin{cases} \dot{u} = X_u u + X_\alpha \alpha - \dfrac{g}{57.3}\theta \\ \dot{\alpha} = \overline{Z}_u u + \overline{Z}_\alpha \alpha + q \\ 0 = M'_u u + M'_\alpha \alpha + M'_{\delta e}\delta e \\ \dot{\theta} = q \end{cases} \tag{2.5-2}$$

$\dot{q} \fallingdotseq 0$ と仮定したので状態変数から q は除くと，運動方程式はラプラス変換した形で次のように得られる．

$$\begin{bmatrix} s - X_u & -X_\alpha & \dfrac{g}{57.3} \\ -\overline{Z}_u & s - \overline{Z}_\alpha & -s \\ -M'_u & -M'_\alpha & 0 \end{bmatrix} \begin{bmatrix} u \\ \alpha \\ \theta \end{bmatrix} = \begin{bmatrix} 0 \\ 0 \\ M'_{\delta e} \end{bmatrix} \delta e \tag{2.5-3}$$

これから，長周期近似の特性方程式行列は

$$\Delta_{\text{lon}} = -M'_\alpha \left(s^2 + 2\zeta_p \omega_p s + \omega_p^2 \right) \tag{2.5-4}$$

$$\begin{cases} \omega_p^2 = -\dfrac{g}{57.3}\left(\overline{Z}_u - \dfrac{\overline{Z}_\alpha}{M'_\alpha}M'_u\right) \\[3mm] 2\zeta_p\omega_p = -X_u + \dfrac{M'_u\left(X_\alpha - g/57.3\right)}{M'_\alpha} \end{cases} \quad [長周期モード (3 自由度)] \tag{2.5-5}$$

各状態変数の応答式は次のように得られる.

$$\frac{u}{\delta e} = -\frac{M'_{\delta e}}{M'_\alpha}\cdot\frac{\left(X_\alpha - g/57.3\right)s + (g/57.3)\overline{Z}_\alpha}{s^2 + 2\zeta_p\omega_p s + \omega_p^2} \tag{2.5-6}$$

$$\frac{\alpha}{\delta e} = -\frac{M'_{\delta e}}{M'_\alpha}\cdot\frac{s^2 - X_u s - (g/57.3)\overline{Z}_u}{s^2 + 2\zeta_p\omega_p s + \omega_p^2} \tag{2.5-7}$$

$$\frac{\theta}{\delta e} = -\frac{M'_{\delta e}}{M'_\alpha}\cdot\frac{s^2 - \left(X_u + \overline{Z}_\alpha\right)s + \left(X_u\overline{Z}_\alpha - X_\alpha\overline{Z}_u\right)}{s^2 + 2\zeta_p\omega_p s + \omega_p^2} \tag{2.5-8}$$

$$\frac{\gamma}{\delta e} = \frac{M'_{\delta e}\overline{Z}_\alpha}{M'_\alpha}\cdot\frac{s + 1/T_h}{s^2 + 2\zeta_p\omega_p s + \omega_p^2} \tag{2.5-9}$$

ここで, $1/T_h$ はバックサイドパラメータと呼ばれるもので, 次式 (近似式) で与えられる. (近似なしは (2.4-36) 式の $1/T_{h_1}$ である.)

$$\boxed{\frac{1}{T_h} = -X_u + \frac{X_\alpha - g/57.3}{\overline{Z}_\alpha}\overline{Z}_u} \quad [バックサイドパラメータ] \tag{2.5-10}$$

[例題 2.5-1]　　例題 2.3-1 の大型民間旅客機について, 長周期モードの 3 自由度近似による固有角振動数, 減衰比, 周期を求め, 例題 2.3-1 の結果と比較せよ.

■解答■　(2.5-5) 式から

$$\omega_p^2 \fallingdotseq -\frac{g}{57.3}\left(\overline{Z}_u - \frac{\overline{Z}_\alpha}{M'_\alpha}M'_u\right) = -\frac{9.8}{57.3}\times\left(-0.149 - \frac{-0.605}{-0.530}\times 0.0104\right)$$

$$= -0.1710 \times (-0.149 - 0.0119) = 0.0275$$

$$\therefore \omega_p = 0.166\,[\text{rad/s}]$$

$$2\zeta_p\omega_p = -X_u + \frac{M'_u\left(X_\alpha - g/57.3\right)}{M'_\alpha} = -(-0.0207) + \frac{(0.0104)(0.120 - 9.8/57.3)}{-0.530}$$

$$= 0.0207 - \frac{0.0104\times(0.120 - 0.171)}{0.530} = 0.0207 + 0.0010 = 0.0217$$

$$\therefore \zeta_p = \frac{2\zeta_p\omega_p}{2\omega_p} = \frac{0.0217}{2\times 0.166} = 0.0654$$

$$\therefore \omega_{dp} = \omega_p\sqrt{1-\zeta_p^2} = 0.166\sqrt{1-0.0654^2} = 0.166\times 0.998 = 0.166\,[\text{rad/s}]$$

周期 $P = \dfrac{2\pi}{\omega_{dp}} = \dfrac{6.28}{0.166} = 37.8\,[\text{s}]$

まとめると,

$$\zeta_p = 0.0654, \quad \omega_p = 0.166\,[\text{rad/s}], \quad P = 37.8\,[\text{s}]$$

これに対して，例題 2.3-1 の結果 (M'_q を省略しない場合) は下記である．

$\zeta_p = 0.0813$, $\quad \omega_p = 0.131$ [rad/s], $\quad P = 47.9$ [s]

なお，(2.3-4) 式の 4 次の特性方程式 (厳密解) の結果は下記である．

$\zeta_p = 0.00923$, $\quad \omega_p = 0.129$ [rad/s], $\quad P = 48.7$ [s]

したがって，3 自由度近似では，周期は小さめとなることがわかる．

[例題 2.5-2] 　例題 2.3-1 の大型民間旅客機について，バックサイドパラメータを求め，例題 2.4-4 の結果と比較せよ．

■**解答**■ 　(2.5-10) 式から

$$\frac{1}{T_h} = -X_u + \frac{X_\alpha - g/57.3}{\overline{Z}_\alpha}\overline{Z}_u = 0.0207 + \frac{0.120 - 9.8/57.3}{-0.605} \times (-0.149)$$

$$= 0.0207 - 0.01257 = 0.0081$$

これに対して，例題 2.4-4 の結果は 0.0074 である．なお，厳密解は 0.0080 である．したがって，3 自由度近似においても，良い結果を示すことがわかる．

(2) フゴイド安定

通常は，$\overline{Z}_\alpha/M'_\alpha$ および $(X_\alpha - g/57.3)/M'_\alpha$ は正であるから，(2.5-4) 式および (2.5-5) 式から，長周期の固有振動数 ω_p および減衰比 ζ_p は M'_u が大きくなると大きくなる．一方，M'_u の値が大きな負の値になった場合には ω_p^2 が負となり，タックアンダーと呼ばれる発散現象を生じる．

この長周期モードは，周期が長いため減衰が悪くてもパイロットは抑制することが可能である．しかし，パイロットの作業負担を低減させるため，飛行性設計ハンドブック MIL-HDBK-1797[29] では表 2.1 の値が推奨されている．この表の T_2 は発散モードの場合の振幅倍増時間である．

表 2.1　フゴイド安定

レベル	減衰比 ζ_p または T_2 [s]
1	減衰比 $\zeta_p > 0.04$
2	減衰比 $\zeta_p > 0$
3	$T_2 \geqq 55$

> **参考　用語解説**
>
> 飛行性設計ハンドブック MIL-HDBK-1797 で使われるいくつかの用語についてまとめておく.
>
> ＜飛行性のレベル＞
>
> レベル 1：明らかに適切な飛行性を有している.
>
> レベル 2：任務達成に作業負担が増大し，任務の効果が低下.
>
> レベル 3：安全に操縦できるが，飛行作業負担が過大で任務の効果が不適切.
>
> ＜飛行状態カテゴリ＞
>
> A： 急激な運動や精密な飛行経路制御を要する非発着時飛行状態. 空対空戦闘もこのカテゴリであるが，運動内容によってはカテゴリ CO として特別要求を規定している項目もある.
>
> B： 上昇，巡航，降下等の緩やかな飛行状態.
>
> C： 精密な飛行経路制御を必要とする離着陸等の飛行状態
>
> ＜飛行機のクラス＞
>
> I： 小型軽飛行機
>
> II： 中型重量で低・中級の運動性を持つ飛行機
>
> III： 大型大重量で低・中級の運動性を持つ飛行機
>
> IV： 高運動性を持つ飛行機

(3) 速度安定

ある釣り合い速度から，より速い速度の釣り合い飛行に移ろうとするとき，操縦桿を押すことが必要である場合は安定である. これは，(2.5-6) 式から，次式の押し舵に対する速度変化の定常値 (steady state の s.s. と略記) が正であること，

$$\left(\frac{u}{\delta e}\right)_{s.s.} = -\frac{M'_{\delta e}\overline{Z}_\alpha}{M'_\alpha} \cdot \frac{g}{57.3\omega_p^2} > 0 \quad \text{[速度安定]} \tag{2.5-11}$$

すなわち，$dF_s/dV > 0$, $d\delta e/dV > 0$ が速度安定の条件である.

(4) 飛行経路安定

飛行経路安定は，スロットル一定で昇降舵のみにより速度を変化させる場合の飛行経路角 $(\gamma = \theta - \alpha)$ の変化で定義される. 操縦桿を引いて速度を減少させたとき，飛行経路角が増加すれば安定である.

飛行経路角の変化は (2.5-9) 式で表される．再び書くと次式である．

$$\frac{\gamma}{\delta e} = \frac{M'_{\delta e} \overline{Z}_\alpha}{M'_\alpha} \cdot \frac{s + 1/T_h}{s^2 + 2\zeta_p \omega_p s + \omega_p^2} \tag{2.5-12}$$

ここで，$1/T_h$ はバックサイドパラメータで (2.5-10) 式で表される．再び書くと次式である．

$$\frac{1}{T_h} = -X_u + \frac{X_\alpha - g/57.3}{\overline{Z}_\alpha} \overline{Z}_u \tag{2.5-13}$$

引き舵 ($\delta e < 0$) に対する飛行経路角変化の定常値が正が安定であるから，(2.5-11) 式から

$$\left(\frac{\gamma}{\delta e}\right)_{s.s.} = \frac{M'_{\delta e} \overline{Z}_\alpha}{M'_\alpha} \cdot \frac{1}{\omega_p^2} \cdot \frac{1}{T_h} < 0 \quad [飛行経路安定] \tag{2.5-14}$$

また，(2.5-11) 式を用いると，

$$\left(\frac{\gamma}{u}\right)_{s.s.} = \left(\frac{\gamma}{\delta e}\right)_{s.s.} \cdot \left(\frac{\delta e}{u}\right)_{s.s.} = \left(\frac{M'_{\delta e} \overline{Z}_\alpha}{M'_\alpha} \cdot \frac{1}{\omega_p^2} \cdot \frac{1}{T_h}\right) \Big/ \left(-\frac{M'_{\delta e} \overline{Z}_\alpha}{M'_\alpha} \cdot \frac{g}{57.3 \omega_p^2}\right)$$

$$= -\frac{57.3}{g} \cdot \frac{1}{T_h} < 0 \quad [飛行経路安定] \tag{2.5-15}$$

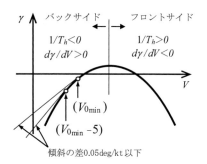

図 2.8　飛行経路安定

すなわち，$d\gamma/dV < 0$ (これは $1/T_h > 0$ に対応) が飛行経路安定の条件である．図 2.8 に飛行経路安定について，飛行経路角 γ と速度 V との関係を示す．ある速度以上ではバックサイドパラメータ $1/T_h$ が正となり，飛行経路安定 (図 2.8 のフロントサイド側) となるが，低速側では飛行経路不安定 (バックサイド側) となる．着陸進入のような低速飛行時に，$1/T_h$ の値が負になることがあり，バックサイド特性と呼ばれる．

バックサイド領域では，操縦桿を引いて機首上げ操作を行うと，速度の減少とともに高度も減少 (速度安定 $u/\delta e > 0$ だが $\gamma/\delta e > 0, \gamma/u > 0$) するという通常の応答と逆の結果となり，進入経路の保持が難しなる．このため，MIL-HDBK-1797 では着陸進入時の

$V_{0\text{min}}$ (最小運用速度:飛行状態カテゴリによるが,$1.2V_s \sim 1.4V_s$) において表 2.2 の値が推奨されている.また,$V_{0\text{min}}$ と $V_{0\text{min}}$ より 5 kt 遅い速度での傾斜の差が 0.05 deg/kt 以下であることも推奨されている.

表 2.2　飛行経路安定

レベル	$d\gamma/dV$ [deg/kt],	$(1/T_h[1/\text{s}])$
1	$d\gamma/dV \leqq 0.06$,	$(1/T_h \geqq -0.02)$
2	$d\gamma/dV \leqq 0.15$,	$(1/T_h \geqq -0.05)$
3	$d\gamma/dV \leqq 0.24$,	$(1/T_h \geqq -0.08)$

次に,バックサイドパラメータについて,揚力〜抗力特性の面から考察してみよう.

$$\frac{\partial T}{\partial u} = \frac{\partial C_L}{\partial M} = \frac{\partial C_D}{\partial M} \fallingdotseq 0, \quad \alpha_0 = \theta_0 \fallingdotseq 0, \quad \frac{\rho V^2 S}{2} C_L = mg \tag{2.5-16}$$

と仮定すると,(2.2-45) 式および (2.2-46) 式より,

$$\begin{cases} X_u = -\dfrac{\rho V S}{m} C_D = -\dfrac{2g}{V} \cdot \dfrac{C_D}{C_L} \\[2mm] X_\alpha = -\dfrac{\rho V^2 S}{2m}\left(C_{D_\alpha} - \dfrac{C_L}{57.3}\right) = \dfrac{g}{57.3} - \dfrac{g C_{D_\alpha}}{C_L} \end{cases} \tag{2.5-17}$$

$$\begin{cases} \overline{Z}_u = -\dfrac{\rho S}{m} C_L \times 57.3 = -\dfrac{2g}{V^2} \times 57.3 \\[2mm] \overline{Z}_\alpha = -\dfrac{\rho V S}{2m} C_{L_\alpha} \times 57.3 = -\dfrac{g C_{L_\alpha}}{V C_L} \times 57.3 \end{cases} \tag{2.5-18}$$

と変形できる.これらを (2.5-10) 式に代入すると,バックサイドパラメータ $1/T_h$ は,揚力および抗力係数を用いて次のように表現できる.

$$\frac{1}{T_h} = -\overline{X}_u + \frac{X_\alpha - g/57.3}{\overline{Z}_\alpha}\overline{Z}_u = \frac{2g}{V}\left(\frac{C_D}{C_L} - \frac{C_{D_\alpha}}{C_{L_\alpha}}\right) = \frac{2g}{V}\left(\frac{C_D}{C_L} - \frac{dC_D}{dC_L}\right) \tag{2.5-19}$$

ここで抗力 D は,

$$D = \frac{1}{2}\rho V^2 S C_D(C_L) \tag{2.5-20}$$

これを速度で微分すると,

$$\frac{dD}{dV} = \rho V S C_D + \frac{1}{2}\rho V^2 S \frac{dC_D}{dC_L} \cdot \frac{dC_L}{dV} \tag{2.5-21}$$

水平直線飛行を考えると,

$$mg = \frac{1}{2}\rho V^2 S C_L, \quad \therefore C_L = \frac{2mg}{\rho V^2 S} \tag{2.5-22}$$

となるから,次の関係式を得る.

$$\rho V S = \frac{2mg}{V C_L}, \quad \frac{1}{2}\rho V^2 S = \frac{mg}{C_L}, \quad \frac{dC_L}{dV} = -\frac{4mg}{\rho V^3 S} = -\frac{2C_L}{V} \tag{2.5-23}$$

(2.5-23) 式を (2.5-21) 式に代入し，(2.5-19) 式を考慮すると次式を得る．

$$\frac{dD}{dV} = \frac{2mg}{V}\left(\frac{C_D}{C_L} - \frac{dC_D}{dC_L}\right) = m\frac{1}{T_h} \tag{2.5-24}$$

すなわち，dD/dV と $1/T_h$ は比例関係にあることがわかる．

一方，抗力係数 C_D は，機体の形状に依存する有害抗力係数 (揚力に依存しない抗力) と，誘導抗力係数 (揚力に依存する抗力) の和として次式で表される．

$$C_D = C_{D_0} + \frac{C_L^2}{\pi e A} \tag{2.5-25}$$

ここで，A は主翼の縦横比 (アスペクト比) と呼ばれるもので，A が大きいと細長い主翼となり，誘導抗力は小さくなる．また e は飛行機効率といい，0.8 程度の値である．

(2.5-25) 式を利用すると，(2.5-20) 式は (2.5-22) 式を考慮すると

$$D = \frac{1}{2}\rho V^2 S C_{D_0} + \frac{1}{2}\rho V^2 S \frac{C_L^2}{\pi e A} = \frac{1}{2}\rho V^2 S C_{D_0} + \frac{2m^2 g^2}{\rho V^2 S \pi e A} \tag{2.5-26}$$

となる．右辺第 1 項は有害抗力，第 2 項は誘導抗力である．

(2.5-26) 式を速度で微分すると

$$\frac{dD}{dV} = \rho V S C_{D_0} - \frac{4m^2 g^2}{\rho V^3 S \pi e A} = \rho V S \left(C_{D_0} - \frac{C_L^2}{\pi e A}\right) \tag{2.5-27}$$

を得る．これから，$dD/dV = 0$，すなわちバックサイドパラメータが 0 となるのは有害抗力 $(1/2)\rho V^2 S C_{D_0}$ と誘導抗力 $(1/2)\rho V^2 S C_L^2/(\pi e A)$ が等しくなるときであることがわかる．この様子を図 2.9 に示す．

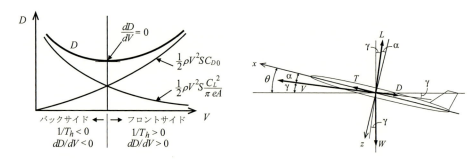

図 2.9　飛行経路安定 ($D \sim V$)　　　　図 2.10　直線定常飛行

次に，$C_L \sim C_D$ のグラフ上で考えてみる．図 2.10 のような上昇時の直線定常飛行時の釣合式を考えよう．図 2.10 から次のように表される．

$$\begin{cases} L + T\sin\alpha = W\cos\gamma \\ T\cos\alpha - D = W\sin\gamma \end{cases} \tag{2.5-28}$$

$$\therefore \gamma = \tan^{-1} \frac{T\cos\alpha - D}{L + T\sin\alpha} \tag{2.5-29}$$

ここで γ は飛行経路角であるが，エンジン推力 $T = 0$ の滑空飛行の場合を考えると次の降下角 $(-\gamma)$ の式が得られる．

$$-\gamma = \tan^{-1} \frac{D}{L} \fallingdotseq \frac{C_D}{C_L} \tag{2.5-30}$$

この式により，降下角 $(-\gamma)$ を C_L で微分すると次式を得る．

$$\frac{d(-\gamma)}{dC_L} = -\frac{1}{C_L}\left(\frac{C_D}{C_L} - \frac{dC_D}{dC_L}\right) = -\frac{V}{2gC_L} \cdot \frac{1}{T_h} \tag{2.5-31}$$

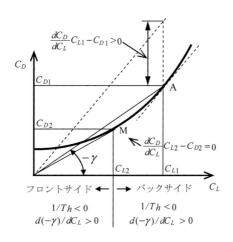

図 2.11　飛行経路安定 $(C_L \sim C_D)$

$C_L \sim C_D$ 上での飛行経路安定を図 2.11 に示す．図 2.11 において，降下角は原点から引いた直線の傾きで表される．また，(2.5-31) 式から

$$\frac{dC_D}{dC_L}C_L - C_D = -\frac{VC_L}{2g} \cdot \frac{1}{T_h} \tag{2.5-32}$$

の関係式が得られる．この値は図 2.11 の A 点では正となるので，バックサイドパラメータ $1/T_h$ が負 (不安定側) になることがわかる．一般に着陸進入のときは原点から引いた接線の点 M(C_D/C_L が最小となる点) よりも大きな C_L を使う機体が多く，この場合，降下角 $(-\gamma)$ を増すには操縦桿を引いて C_L(すなわち α) を大きくしなければならず，通常の操作と逆の操作になる．

一方，M 点より小さい C_L を使えば，降下角を増すには操縦桿を押す，すなわち自然な操作で機体をコントロールできる．しかし，C_L が小さいため速度が過大となり，タッチダウンの手前で引き起こし操作を行うと浮き上がってしまう危険性がある．着陸を容

易にする，すなわちバックサイド特性を改善するには，C_{D0} を増して $d(-\gamma)/dC_L$ を小さくするか，誘導抗力を減らすことで A 点の傾斜を小さくして $d(-\gamma)/dC_L$ を小さくするか，あるいはスロットル制御を行って直接飛行経路角を制御すること等が考えられる．

このように，着陸時など速度が小さくなると操縦は難しくなるが，この特性は図2.9に示したように，機体の抗力は通常速度が増すと増加するが，速度が非常に小さくなった場合にも抗力は増加するという航空機特有の現象である．

∽ 参考 ∽　長周期運動の 2 自由度近似式

長周期運動の性質をより理解するために，さらなる近似を行って 2 自由度近似にて検討してみよう．(2.5-2) 式の第 1，第 2 および第 4 式において，迎角 α の変化は小さいとし，X_α，$\overline{Z}_\alpha$ の項を省略し，$\dot{\alpha} \fallingdotseq 0$ とすると次式が得られる．

$$\dot{u} = X_u u - \frac{g}{57.3}\theta, \quad \dot{\theta} = -\overline{Z}_u u \tag{2.5-33}$$

(2.5-33) 式の第 1 式は，機首 (x 軸) 方向の加速度を表し，右辺の第 1 項は空気抵抗による減衰項，第 2 項は重力による減速力の項である．(2.5-33) 式の第 2 式は，z 軸方向の力の発生により α が変化しないように機体が回転することを示している．(2.5-33) 式の第 1 式を時間微分して第 2 式を利用すると次式を得る．

$$\ddot{u} - X_u \dot{u} - \frac{g}{57.3}\overline{Z}_u u = 0 \tag{2.5-34}$$

これから長周期運動の角振動数と減衰比は次のように得られる．

$$\omega_p^2 = -\frac{g}{57.3}\overline{Z}_u, \quad 2\zeta_p\omega_p = -X_u \tag{2.5-35}$$

ここで，

$$X_u = -\frac{\rho V S}{m}C_D, \quad \overline{Z}_u = -\frac{\rho S}{m}C_L \times 57.3, \quad m = \frac{\rho V^2 S C_L}{2g} \tag{2.5-36}$$

であるから，(2.5-35) 式に代入して次式を得る．

$$\omega_p = \sqrt{2}\frac{g}{V}, \quad \zeta_p = -\frac{V}{2\sqrt{2}g}X_u = \frac{1}{\sqrt{2}}\cdot\frac{C_D}{C_L} \tag{2.5-37}$$

次に，減衰を無視して運動の様子をみてみる．θ は高度 h を用いると

$$\frac{\theta}{57.3} = \frac{\dot{h}}{V} \tag{2.5-38}$$

と表されるから，(2.5-33) 式の第 1 式の右辺第 1 項の減衰項 X_u を無視した $\dot{u}$ の式に，(2.5-38) 式を用いて θ を消去すると次式が得られる．

$$V\dot{u} + g\dot{h} = 0 \tag{2.5-39}$$

いま，

$$\frac{d}{dt}\left(\frac{1}{2}V^2\right) = \frac{d}{dt}\left[\frac{1}{2}(u_0 + u)^2\right] = (u_0 + u)\dot{u} = V\dot{u} \tag{2.5-40}$$

に注意して (2.5-39) 式を積分すると

$$\frac{1}{2}V^2 + gh = \text{const.} \tag{2.5-41}$$

が得られる．これは，長周期運動が運動エネルギーと位置エネルギーとの交換であることを示している．

[例題 2.5-3] 例題 2.3-1 の大型民間旅客機について，長周期モードの 2 自由度近似による固有角振動数，減衰比，周期を求め，例題 2.5-1 および例題 2.3-1 の結果と比較せよ．

■**解答**■ (2.5-37) 式から

$$\omega_p = \sqrt{2}\frac{g}{V} = \sqrt{2} \times \frac{9.8}{86.8} = 0.160 \text{ [rad/s]}$$

$$\zeta_p = -\frac{V}{2\sqrt{2}g}X_u = -\frac{86.8}{2\sqrt{2}\times9.8}\times(-0.0207) = 0.0645$$

$$\therefore \omega_{dp} = \omega_p\sqrt{1-\zeta_p^2} = 0.160\sqrt{1-0.0645^2} = 0.160 \times 0.998 = 0.160 \text{ [rad/s]}$$

周期 $P = \dfrac{2\pi}{\omega_{dp}} = \dfrac{6.28}{0.160} = 39.3 \text{ [s]}$

まとめると，2 自由度近似では次のようになる．

$$\zeta_p = 0.0645, \quad \omega_p = 0.160 \text{ [rad/s]}, \quad P = 39.3 \text{ [s]}$$

これに対して，例題 2.5-1 の結果 (3 自由度近似) は下記．

$$\zeta_p = 0.0654, \quad \omega_p = 0.166 \text{ [rad/s]}, \quad P = 37.8 \text{ [s]}$$

また，例題 2.3-1 の結果 (M_q' を省略しない場合) は下記．

$$\zeta_p = 0.0813, \quad \omega_p = 0.131 \text{ [rad/s]}, \quad P = 47.9 \text{ [s]}$$

なお，(2.3-4) 式の 4 次の特性方程式 (厳密解) の結果は下記．

$$\zeta_p = 0.00923, \quad \omega_p = 0.129 \text{ [rad/s]}, \quad P = 48.7 \text{ [s]}$$

したがって，2 自由度近似は，3 自由度近似に近い値であるが，厳密解よりも周期は小さい結果となることがわかる．

2.6 ■ 短周期運動特性 ✈

本節では，縦系の運動モードのもう 1 つのモードである短周期モードの特性について述べる．2.3 節では s の 4 次式から近似解を求めたが，ここでは速度 u は一定として，2 自由度の近似解を導く．特性方程式は 2.3 節の近似式と同じであるが，各状態変数の応答式は簡単となる．短周期モードに関する設計基準については本節の 2 自由度近似が用いられる．

(1) 2 自由度短周期近似式

(2.2-34) 式で，$u=0, \theta_0=0$ と近似 ($\dot{u}$ の式は不要) すると，エレベータ舵角 δe による応答式は

$$\begin{cases} \dot{\alpha} = \overline{Z}_\alpha \alpha + q \qquad + \overline{Z}_{\delta e}\delta e \\ \dot{q} = M'_\alpha \alpha + M'_q q + M'_{\delta e}\delta e \\ \dot{\theta} = q \end{cases} \tag{2.6-1}$$

である．ピッチ角 θ も運動方程式には現れてこない (もちろん $\dot{\theta}=q$ の関係はある) ので除くと，縦の運動方程式が次の2自由度に変形できる．

$$\begin{bmatrix} \dot{\alpha} \\ \dot{q} \end{bmatrix} = \begin{bmatrix} \overline{Z}_\alpha & 1 \\ M'_\alpha & M'_q \end{bmatrix}\begin{bmatrix} \alpha \\ q \end{bmatrix} + \begin{bmatrix} \overline{Z}_{\delta e} \\ M'_{\delta e} \end{bmatrix}\delta e \tag{2.6-2}$$

これをラプラス変換すると次式が得られる．

$$\begin{bmatrix} s-\overline{Z}_\alpha & -1 \\ -M'_\alpha & s-M'_q \end{bmatrix}\begin{bmatrix} \alpha \\ q \end{bmatrix} = \begin{bmatrix} \overline{Z}_{\delta e} \\ M'_{\delta e} \end{bmatrix}\delta e \tag{2.6-3}$$

これから，以下に示す短周期近似式が得られる．まず，特性方程式は

$$\Delta_{\text{lon}} = s^2 + 2\zeta_{sp}\omega_{sp}s + \omega_{sp}^2 \tag{2.6-4}$$

$$\boxed{\begin{cases} \omega_{sp}^2 = M'_q \overline{Z}_\alpha - M'_\alpha \\ 2\zeta_{sp}\omega_{sp} = -M'_q - \overline{Z}_\alpha \end{cases}} \quad \text{[短周期モード (2自由度近似)]} \tag{2.6-5}$$

である．

次に，各状態変数の応答式は次のように表される．

$$\frac{\alpha}{\delta e} = \frac{\overline{Z}_{\delta e}s + \left(M'_{\delta e} - \overline{Z}_{\delta e}M'_q\right)}{s^2 + 2\zeta_{sp}\omega_{sp}s + \omega_{sp}^2} \tag{2.6-6}$$

$$\frac{\theta}{\delta e} = \frac{M'_{\delta e}\left(s + 1/T_{\theta_2}\right)}{s\left(s^2 + 2\zeta_{sp}\omega_{sp}s + \omega_{sp}^2\right)}, \quad \text{ただし，} \quad \frac{1}{T_{\theta_2}} = -\overline{Z}_\alpha + \frac{M'_\alpha}{M'_{\delta e}}\overline{Z}_{\delta e} \tag{2.6-7}$$

$$\frac{\gamma}{\delta e} = \frac{\theta-\alpha}{\delta e} = \frac{-\overline{Z}_{\delta e}s^2 + \overline{Z}_{\delta e}M'_q s + M'_{\delta e}/T_{\theta_2}}{s\left(s^2 + 2\zeta_{sp}\omega_{sp}s + \omega_{sp}^2\right)} \tag{2.6-8}$$

$$\frac{h}{\delta e} = \frac{V}{57.3s}\cdot\frac{\gamma}{\delta e}, \quad \Delta n_z = \frac{s^2}{g}\cdot\frac{h}{\delta e} = \frac{Vs}{57.3g}\cdot\frac{\gamma}{\delta e} \tag{2.6-9}$$

> ⇨ 参考 ⇨　　$\overline{Z}_{\delta e} \fallingdotseq 0$ の場合の応答式
>
> ここで，$\overline{Z}_{\delta e} \fallingdotseq 0$ と近似した場合には，各状態変数の応答式は次のようになる.
>
> $$\frac{\alpha}{\delta e} \fallingdotseq \frac{M'_{\delta e}}{s^2 + 2\zeta_{sp}\omega_{sp}s + \omega_{sp}^2} \tag{2.6-10}$$
>
> $$\frac{\theta}{\delta e} \fallingdotseq \frac{M'_{\delta e}\left(s + 1/T'_{\theta_2}\right)}{s\left(s^2 + 2\zeta_{sp}\omega_{sp}s + \omega_{sp}^2\right)}, \quad ただし，\quad \frac{1}{T'_{\theta_2}} = -\overline{Z}_\alpha \tag{2.6-11}$$
>
> $$\frac{\gamma}{\delta e} \fallingdotseq \frac{\theta - \alpha}{\delta e} = \frac{M'_{\delta e}/T'_{\theta_2}}{s\left(s^2 + 2\zeta_{sp}\omega_{sp}s + \omega_{sp}^2\right)} \tag{2.6-12}$$
>
> $$\frac{h}{\delta e} = \frac{V}{57.3s} \cdot \frac{\gamma}{\delta e}, \quad \frac{\Delta n_z}{\delta e} = \frac{s^2}{g} \cdot \frac{h}{\delta e} = \frac{Vs}{57.3g} \cdot \frac{\gamma}{\delta e} \tag{2.6-13}$$
>
> $$\frac{\alpha}{\theta} \fallingdotseq \frac{T'_{\theta_2}s}{1 + T'_{\theta_2}s}, \quad \frac{\gamma}{\theta} = 1 - \frac{\alpha}{\theta} \fallingdotseq \frac{1}{1 + T'_{\theta_2}s}, \quad \frac{\Delta n_z}{\theta} \fallingdotseq \frac{V}{57.3g} \cdot \frac{s}{1 + T'_{\theta_2}s} \tag{2.6-14}$$

(2) 姿勢制御の感度

姿勢制御の感度(control sensitivity) とは，単位操舵力当たりの初期ピッチ角加速度，すなわち姿勢制御の操縦を行ったときの応答量の大きさを表す量である. δe をステップ上に操舵した場合のピッチ角加速度の応答の初期値は，(2.6-7) 式を用いて $s \to \infty$ とすることで簡単に得ることができ次式で与えられる.

$$\left(\ddot{\theta}/\delta e\right)_{t=0} = M'_{\delta e} \tag{2.6-15}$$

操舵力を F で表し，操縦系統のギアリング(操舵力に対する舵角作動量) を $(\partial \delta e/\partial F)$ と書くと，姿勢制御の感度は次式で与えられる.

$$\left(\ddot{\theta}/F\right)_{t=0} = \left(\ddot{\theta}/\delta e\right)_{t=0} \cdot (\partial \delta e/\partial F) \tag{2.6-16}$$

(3) 操舵力の勾配

操舵力の勾配 (stick-force per g, F/n と表記) とは，トリム状態から荷重倍数 1(g) を出すのに必要な操舵力である. δe をステップ上に操舵した場合の荷重倍数応答の定常値(時間が十分経過した収束値) は，(2.6-8) および (2.6-9) 式において $s \to 0$ とすることで得ることができ，次式で与えられる.

$$\left(\Delta n_z/\delta e\right)_{s.s.} = \frac{V}{57.3g} \cdot \frac{M'_{\delta e}\left(1/T_{\theta_2}\right)}{\omega_{sp}^2} \tag{2.6-17}$$

これから，操舵力の勾配 (F/n) は次のように 3 通りに表される.

$$F/n = \frac{1}{\left(\Delta n_z/\delta e\right)_{s.s.}} \cdot \frac{1}{(\partial \delta e/\partial F)} = \frac{57.3}{(\partial \delta e/\partial F) M'_{\delta e}} \cdot \frac{\omega_{sp}^2}{(V/g) \cdot \left(1/T_{\theta_2}\right)} \tag{2.6-18}$$

$$F/n = \frac{57.3}{(\partial \delta e/\partial F)\cdot(\bar{\theta}/\delta e)_{t=0}} \cdot \frac{\omega_{sp}^2}{(V/g)\cdot(1/T_{\theta_2})} \quad ((2.6-15)\text{式利用}) \quad (2.6\text{-}19)$$

$$F/n = \frac{57.3}{(\partial \delta e/\partial F)\cdot(\bar{\theta}/\delta e)_{t=0}} \cdot \frac{\omega_{sp}^2}{n/\alpha} \quad (\text{後述}(2.6-23)\text{式利用}) \quad (2.6\text{-}20)$$

(4) 加速感度

加速感度(normal acceleration sensitivity, n/α と表記) とは，単位迎角あたりの荷重倍数の増加量の定常値である．(2.6-6) 式から

$$(\alpha/\delta e)_{s.s.} = \frac{M'_{\delta e} - \overline{Z}_{\delta e}M'_q}{\omega_{sp}^2} \quad (2.6\text{-}21)$$

であるから，(2.6-17) 式と組み合わせることにより n/α は

$$n/\alpha = \frac{(\Delta n_z/\delta e)_{s.s.}}{(\alpha/\delta e)_{s.s.}} \times 57.3 = \frac{(V/g)\cdot(1/T_{\theta_2})}{1-\left(\overline{Z}_{\delta e}/M'_{\delta e}\right)M'_q} \quad (2.6\text{-}22)$$

ここで，通常 $\overline{Z}_{\delta e}/M'_{\delta e}$ の値は小さいから

$$n/\alpha \fallingdotseq \frac{V}{g}\cdot\frac{1}{T_{\theta_2}} \quad [\text{G/rad}] \quad (2.6\text{-}23)$$

と近似できる．パイロットが飛行経路を変化させたい場合は，昇降舵を操作して迎角を変え，これによって生ずる揚力増分により垂直加速度を発生させる．したがって単位迎角あたりの荷重倍数 (揚力を機体重量で割った値) の増加量を表す加速感度 n/α は，縦の操縦性を支配する最も基本的なパラメータと言える．

加速感度 n/α は，他のパラメータとともに設計基準の中で使用される．1つは (2.6-20)

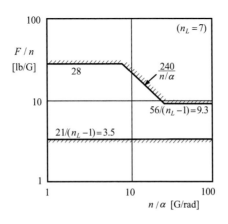

図 2.12　$F/n \sim n/\alpha$ 設計基準 (操縦桿式，レベル 1)

式に示した，操舵力の勾配 (F/n) との関係である．F/n と n/α に関する設計基準ついて，飛行性設計ハンドブック MIL-HDBK-1797 では図 2.12 の値が推奨されている．図 2.12 は操縦桿式の場合であるが，操縦輪式の場合を表 2.3 に操縦桿式と比較して示す．F/n と n/α に関する設計基準ついての考え方については，下記<参考>を参照のこと．

表 2.3　$F/n \sim n/\alpha$ 設計基準 (レベル 1)

操縦方式	最大グラディエント $(F/n)_{\max}$ [lb/G]	最小グラディエント $(F/n)_{\min}$ [lb/G]
操縦桿式	$\left(\dfrac{240}{n/\alpha}\right)$，ただし 28.0 以下か $\left(\dfrac{56}{n_{L-1}}\right)$ 以上 (*1)	$\left(\dfrac{21}{n_{L-1}}\right)$ および 3.0 のうち大きい方
操縦輪式	$\left(\dfrac{500}{n/\alpha}\right)$，ただし 120.0 以下か $\left(\dfrac{120}{n_{L-1}}\right)$ 以上	$\left(\dfrac{35}{n_{L-1}}\right)$ および 6.0 のうち大きい方

(*1) $n_L < 3$ に対して $(F/n)_{\max}$ は 28.0

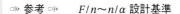

∿ 参考 ∿　　$F/n \sim n/\alpha$ 設計基準

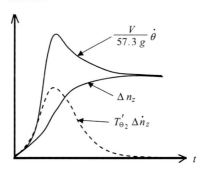

図 2.13　T'_{θ_2} が大きい応答

n/α が小さ過ぎる場合は，運動の垂直加速度を出すために必要な迎角増分が過大となってしまう．また，n/α が小さいと (2.6-23) 式から T_{θ_2} が大きいことに対応する．加速度 (荷重倍数の増分 Δn_z に g をかけたものが加速度) と姿勢角変化との関係を見てみると (2.6-14) 式から

$$\Delta n_z = \dfrac{V}{57.3g} \cdot \dfrac{\dot{\theta}}{1 + T'_{\theta_2}s}, \quad \therefore \dot{\theta} = \dfrac{57.3g}{V}\left(\Delta n_z + T'_{\theta_2} \Delta \dot{n}_z\right) \qquad (2.6\text{-}24)$$

となるから，適性な加速度応答をさせようとすると，図 2.12 に示すようにピッチ角速度 $\dot{\theta}$ は大きくオーバーシュートすることに対応する．なお，T'_{θ_2} は T_{θ_2} において $\overline{Z}_{\delta e} \fallingdotseq 0$ とした

68　第 2 章 ■ 縦系の機体運動

場合である．逆に，(2.6-14) 式から

$$\frac{\gamma}{\theta} \risingdotseq \frac{1}{1 + T'_{\theta_2} s} \tag{2.6-25}$$

の関係があり，T'_{θ_2} が大きいためにピッチ角速度に対する加速度変化が遅れることになる．これはパイロットが飛行経路角 (加速度を積分したものに等しい) を変化させるために，ピッチ角速度をオーバーシュートさせながら操縦するという難しい対応が必要となる．n/α は

$$\frac{n}{\alpha} \risingdotseq \frac{\rho V^2 S}{2W} C_{L_\alpha} \tag{2.6-26}$$

と表され，低速域では迎角の変化に対する垂直加速度が小さいために，n/α の値は小さくなる．このような低速域では加速度制御よりは姿勢角の制御が操縦の主体となる．(2.6-14) 式からピッチ角速度に対する迎角変化の定常値は

$$\left(\frac{\alpha}{\theta}\right)_{s.s.} = T'_{\theta_2} \tag{2.6-27}$$

であるから，T'_{θ_2} が大きい (n/α が小さい) 低速域では，迎角が大きくなり過ぎるのを避けるために，パイロットは操舵力に対する迎角の応答 α/F が一定となるようなギアリングを好む傾向がある．そして n/α が小さい時には必要な迎角変化を容易に実現できるように，α/F はその一定の値以上になるようにしておく必要がある．このとき

$$\frac{\alpha}{F} = \frac{1}{(n/\alpha) \cdot (F/n)} \geqq 一定 \tag{2.6-28}$$

の関係式から

$$F/n \leqq \frac{一定}{n/\alpha} \tag{2.6-29}$$

が得られる．(2.6-29) 式は，図 2.12 の n/α が小さい時の F/n の最大値を与える．

　n/α が大き過ぎる場合は，小さな迎角変化も大きな揚力変化をもたらすため，経路角の制御が難しくなる．一般的に高速域では迎角の変化に対する垂直加速度が大きいため，n/α の値は大きくなる．このような高速域では垂直加速度の制御が重要関心事であり，F/n が一定となるようなギアリングを好む傾向がある．そして n/α が大きい時に必要な加速度を容易に実現できるように，F/n はその一定値以下になるようにしておく必要がある．この F/n 一定の値は，n/α の大きいときの F/n 一定の最大値を与える．

　このように n/α には適切な範囲があり，これに対応して stick-force per g (F/n) も適正な範囲があることがわかる．さらに F/n が重すぎたり軽すぎないように上下限を加えたものが図 2.12 の設計基準である．stick-force per g (操舵力の勾配) は，定常旋回や引き起こし運動に重要なパラメータとなる．

(5) CAP

CAP (Control Anticipation Parameter) は，パイロットが経路角制御を行う場合，初期のピッチ角加速度応答を予測して操縦しているという仮定から考えられたパラメータである．(2.6-15) 式および (2.6-17) 式から，CAP は次のように 3 通りに表される．

$$CAP = \frac{(\ddot{\theta}/\delta e)_{t=0}}{(\Delta n_z/\delta e)_{s.s.}} \cdot \frac{1}{57.3} = \frac{\omega_{sp}^2}{(V/g) \cdot (1/T_{\theta_2})} \tag{2.6-30}$$

(2.6-23) 式を利用すると

$$CAP \fallingdotseq \frac{\omega_{sp}^2}{n/\alpha} \quad [(\text{rad/s})^2/(\text{G/rad})] \tag{2.6-31}$$

また，(2.6-20) 式を利用すると

$$CAP = \frac{\partial \delta e/\partial F}{57.3} (F/n) \cdot (\ddot{\theta}/\delta e)_{t=0} \tag{2.6-32}$$

となる．すなわち，CAP は操舵力の勾配 (F/n) と初期ピッチ応答量との積と考えることができる．

CAP に関する設計基準は，加速感度 (n/α) との関係において規定されており，MIL-HDBK-1797 では図 2.14 のような値 (カテゴリ A の場合) が推奨されている．その他のカテゴリおよび飛行機のクラスについては表 2.4 に示す．なお，図 2.14 の図を描くときは，表 2.5 の ω_{sp} の制限値にも注意する必要がある．

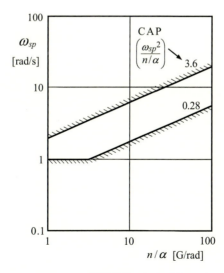

図 **2.14** $\omega_{sp}, CAP, n/\alpha$ 設計基準 (カテゴリ A，レベル 1)

表2.4 CAP および n/α (レベル1)

飛行状態カテゴリ	飛行機のクラス	CAP [(rad/s)²/G/rad)]	n/α [G/rad]
A	All	0.28 ～3.6	—
B		0.085～3.6	
C	I, II-C, IV	0.16 ～3.6	$n/\alpha \geqq 2.7$
	II-L, III		$n/\alpha \geqq 2.0$

∞ 参考 ∞　**CAP** について

　CAP は操舵力の勾配 (F/n) と初期ピッチ応答量との積で表されるから，**CAP** の値が小さい場合，F/n を適正な値に設定すると，初期のピッチ応答は緩慢となる．その結果大きな操舵力を使うようになりオーバーシュートし易くなる．逆に初期応答を適正にすると，F/n は軽くなる傾向がある．

　CAP の値が大きい場合，F/n を適正な値に設定すると，初期のピッチ応答は過敏になり，慎重な操縦が必要になる．また初期応答を適正にすると，F/n は重くなる傾向がある．

---

(6) 固有振動数および減衰比

ω_{sp} および ζ_{sp} について，MIL-HDBK-1797 では表2.5 の値が推奨されている．

表2.5 ω_{sp} および ζ_{sp}(レベル1)

飛行状態カテゴリ	飛行機のクラス	ω_{sp} [rad/s]	ζ_{sp}
A	All	$\omega_{sp} \geqq 1.0$	$\zeta_{sp} = 0.35 \sim 1.30$
B		—	$\zeta_{sp} = 0.30 \sim 2.0$
C	I, II-C, IV	$\omega_{sp} \geqq 0.87$	$\zeta_{sp} = 0.35 \sim 1.30$
	II-L, III	$\omega_{sp} \geqq 0.70$	

(7) $\omega_{sp} T_{\theta_2}$ に関する規定

　いま，$\overline{Z}_{\delta e} \fallingdotseq 0$ と仮定すると，(2.6-14) 式からピッチ角変化に対する迎角および経路角変化が次のように与えられる．

$$\frac{\gamma}{\theta} \fallingdotseq \frac{1}{1 + T'_{\theta_2} s} \tag{2.6-33}$$

この式から，ピッチ角を変化させたときの経路角変化の応答は，$\omega < 1/T'_{\theta_2}$ の周波数域ではゲインが1，$\omega > 1/T'_{\theta_2}$ ではゲインが下がることを示している．したがって，短周期の周波数 ω_{sp} が $1/T'_{\theta_2}$ よりも小さい場合には，操舵入力に対してピッチ角と飛行経路角が固有振動数 ω_{sp} の運動として同じ量 (ゲインが1) で，両者遅れなしに応答すること

になる．その結果，パイロットは応答が急であると感じ，機体をトリムさせるときの負担が増すことになる．このような背景から $\omega_{sp}T_{\theta_2}$ に関して，MIL-HDBK-1797 では表2.6 の値が推奨されている．

表2.6 $\omega_{sp}T_{\theta_2}$（レベル 1）

飛行状態カテゴリ	$\omega_{sp}T_{\theta_2}$ [rad]
A	$\omega_{sp}T_{\theta_2} \geqq 1.6$
B	$\omega_{sp}T_{\theta_2} \geqq 1.0$
C	$\omega_{sp}T_{\theta_2} \geqq 1.3$

(8) 操舵力

操舵力の勾配の他に，操舵力自体についても適正にする必要がある．特に，離着陸時においては操舵力の操縦性に及ぼす影響は大きいため，MIL-HDBK-1797 では表2.7 および表2.8 の値が推奨されている．

表2.7 離陸時操舵力（前輪式）

飛行機のクラス	引き [lb]	押し [lb]
I，IV-C	20	10
II-C，IV-L	30	10
II-L，III	50	20

表2.8 着陸時操舵力（レベル 1）

飛行機のクラス	引き [lb]
I，II-C，IV	35
II-L，III	50

(9) 縦の PIO

PIO (Pilot-Induced Oscillation) は，パイロットが航空機を精密に操縦しようとする結果発生するパイロットの意図に反した持続振動，すなわちパイロットを航空機のシステムの中に取り込んだ閉ループシステム (pilot-in-the-loop) での自励振動現象である．最新の MIL-HDBK-1797 においても，PIO を検討する手法がいまだ明確になっていないとしているが，定量的な検討が必要になった場合には次の方法を試行するよう推奨している．

「操舵入力に対するパイロット席での垂直加速度応答の位相遅れ量は，$180-14.3\omega_R$[deg] 以下であること．ただし，$1 < \omega_R < 10$ [rad/s] である．」

この 14.3 という数字は，パイロットモデルを次のように近似したことによるものである．

$$Y_p(j\omega) = K_p e^{-j0.25\omega}, \quad （位相 = -0.25\omega \times 57.3 = -14.3\omega） \tag{2.6-34}$$

72　第 2 章 ■ 縦系の機体運動

(10) 残留振動

　静穏な大気中において，パイロットのタスク達成を妨げるような持続残留振動は存在してはならず，MIL-HDBK-1797 では次の値が推奨されている．

　　レベル 1，2:　$(\Delta n_z)_{パイロット席} = \pm 0.02\,\mathrm{g}$ 以下　　　　　　　　　　　　　　　(2.6-35)

2.7 ■ エンジン推力変化に対する応答式　　　　✈

　前節までは，エレベータ操舵に対する機体運動特性について述べた．本節では，トリム状態からエンジン推力が微小変動した場合の，機体運動特性について述べる．

(1) エンジン推力応答の基礎式

　エンジン推力が変化した場合，機体にどのような運動が生じるかを解析するための基礎式を導出する．

　エンジン推力変化を δT と書き，質量 m の機体に x 軸方向にのみ力が働くと仮定すると，(2.2-34) 式の操舵 (δe および δf) 応答の基礎式において，操舵部の替わりに加速度 $\dot{u}$ の式の右辺に $\delta T \cos i_T / m$，第 2 式の $\dot{\alpha}$ の右辺に $-57.3\delta T \sin i_T / (mV)$ を加えると，次のスラスト応答の式が得られる．

$$
\begin{cases}
\dot{u} = X_u u + X_\alpha \alpha & -\dfrac{g\cos\theta_0}{57.3}\theta + \dfrac{\cos i_T}{m}\delta T \\[2mm]
\dot{\alpha} = \overline{Z}_u u + \overline{Z}_\alpha \alpha + q & -\dfrac{g\sin\theta_0}{V}\theta - 57.3\dfrac{\sin i_T}{mV}\delta T \\[2mm]
\dot{q} = M'_u u + M'_\alpha \alpha + M'_q q & + M'_\theta \theta \\[2mm]
\dot{\theta} = q
\end{cases}
\tag{2.7-1}
$$

ここでも簡単のため $\theta_0 = 0$，また $i_T = 0$ と仮定し，(2.7-1) 式をラプラス変換して変形すると次式を得る．

$$
\begin{bmatrix}
s - X_u & -X_\alpha & 0 & \dfrac{g}{57.3} \\[2mm]
-\overline{Z}_u & s - \overline{Z}_\alpha & -1 & 0 \\[2mm]
-M'_u & -M'_\alpha & s - M'_q & 0 \\[2mm]
0 & 0 & -1 & s
\end{bmatrix}
\begin{bmatrix} u \\ \alpha \\ q \\ \theta \end{bmatrix}
=
\begin{bmatrix} 1/m \\ 0 \\ 0 \\ 0 \end{bmatrix}
\delta T
\tag{2.7-2}
$$

この式から，エンジン推力変化に対する速度応答 $u/\delta T$ は次のように与えられる．

$$\frac{u}{\delta T} = \frac{\begin{vmatrix} \dfrac{1}{m} & -X_\alpha & 0 & \dfrac{g}{57.3} \\ 0 & s-\overline{Z}_\alpha & -1 & 0 \\ 0 & -M'_\alpha & s-M'_q & 0 \\ 0 & 0 & -1 & s \end{vmatrix}}{\Delta_{lon}} \tag{2.7-3}$$

ここで，右辺の分母は特性方程式の行列で，エレベータ操舵応答式の (2.3-4) 式と同じで

$$\Delta_{lon} = \begin{vmatrix} s-X_u & -X_\alpha & 0 & \dfrac{g}{57.3} \\ -\overline{Z}_u & s-\overline{Z}_\alpha & -1 & 0 \\ -M'_u & -M'_\alpha & s-M'_q & 0 \\ 0 & 0 & -1 & s \end{vmatrix} = \left(s^2 + 2\zeta_p\omega_p s + \omega_p^2\right)\left(s^2 + 2\zeta_{sp}\omega_{sp} s + \omega_{sp}^2\right) \tag{2.7-4}$$

と表される．ただし，(2.3-10) および (2.3-15) 式から

$$\omega_{sp}^2 \fallingdotseq M'_q\overline{Z}_\alpha - M'_\alpha, \qquad 2\zeta_{sp}\omega_{sp} \fallingdotseq -M'_q - \overline{Z}_\alpha \tag{2.7-5}$$

$$\omega_p^2 \fallingdotseq \frac{g}{57.3}\cdot\frac{M'_\alpha\overline{Z}_u - M'_u\overline{Z}_\alpha}{M'_q\overline{Z}_\alpha - M'_\alpha}, \qquad 2\zeta_p\omega_p \fallingdotseq -X_u - \frac{M'_u\left(X_\alpha - g/57.3\right)}{M'_q\overline{Z}_\alpha - M'_\alpha} \tag{2.7-6}$$

である．

さて，(2.7-3) 式から速度応答を求めると次のようになる．

$$\begin{aligned}
\frac{u}{\delta T} &= \frac{1}{m}\cdot\frac{s\left\{s^2 - (M'_q+\overline{Z}_\alpha)s + (M'_q\overline{Z}_\alpha - M'_\alpha)\right\}}{\Delta_{lon}} \\
&= \frac{1}{m}\cdot\frac{s\left(s^2 + 2\zeta_{sp}\omega_{sp} s + \omega_{sp}^2\right)}{\Delta_{lon}}
\end{aligned} \tag{2.7-7}$$

(2.7-7) 式の分子は短周期モードであるから，分母の短周期モードとキャンセルされ，次式が得られる．

$$\boxed{\frac{u}{\delta T} = \frac{1}{m}\cdot\frac{s}{s^2 + 2\zeta_p\omega_p s + \omega_p^2}} \qquad [u/\delta T \text{ は短周期モードが消える}] \tag{2.7-8}$$

同様に，(2.7-2) 式から次式が得られる．

$$\boxed{\frac{\alpha}{\delta T} = \frac{\overline{Z}_u}{m}\cdot\frac{s\left(s+1/T_{\alpha_2}\right)}{\Delta_{lon}}} \tag{2.7-9}$$

ここで，$\dfrac{1}{T_{\alpha_2}} = -M'_q + \dfrac{M'_u}{\overline{Z}_u}$ \hfill (2.7-10)

$$\boxed{\frac{\theta}{\delta T} = \frac{M'_u}{m}\cdot\frac{\left(s+1/T_{\theta_2}\right)}{\Delta_{lon}}} \tag{2.7-11}$$

ここで, $\quad \dfrac{1}{T_{\theta_2}} = -\overline{Z}_\alpha + \dfrac{\overline{Z}_u}{M'_u}M'_\alpha$ (2.7-12)

$$\boxed{\dfrac{\gamma}{\delta T} = -\dfrac{\overline{Z}_u}{m}\cdot\dfrac{\left(s^2 + 2\zeta_h\omega_h s + \omega_h^2\right)}{\Delta_{lon}}}$$ (2.7-13)

ここで, $\quad \begin{cases} \omega_h^2 = -M'_\alpha + \dfrac{M'_u}{\overline{Z}_u}\overline{Z}_\alpha \\[2mm] 2\zeta_h\omega_h = -M'_q \end{cases}$ (2.7-14)

なお, 次の関係式がある.

$$\dfrac{h}{\delta T} = \dfrac{V}{57.3s}\cdot\dfrac{\gamma}{\delta T}, \qquad \dfrac{\Delta n_z}{\delta T} = \dfrac{s^2}{g}\cdot\dfrac{h}{\delta T} = \dfrac{Vs}{57.3g}\cdot\dfrac{\gamma}{\delta T}$$ (2.7-15)

(2) エンジン推力応答の長周期近似式

エンジン推力変化による機体運動は, 基本的には周期の長い応答であるから, (2.7-1) 式で

$$M'_q = 0, \quad \dot{q} \fallingdotseq 0, \quad (\theta_0 = 0,\ i_T = 0)$$ (2.7-16)

と近似して整理すると, 運動方程式が次のように変形できる.

$$\begin{cases} \dot{u} = X_u u + X_\alpha \alpha \qquad\quad -\dfrac{g}{57.3}\theta + \dfrac{1}{m}\delta T \\[2mm] \dot{\alpha} = \overline{Z}_u u + \overline{Z}_\alpha \alpha + q \\[2mm] 0 = M'_u u + M'_\alpha \alpha \\[2mm] \dot{\theta} = q \end{cases}$$ (2.7-17)

$\dot{q} \fallingdotseq 0$ と仮定したので状態変数から q は除くと, 運動方程式はラプラス変換した形で次のように得られる.

$$\begin{bmatrix} s - X_u & -X_\alpha & \dfrac{g}{57.3} \\[2mm] -\overline{Z}_u & s - \overline{Z}_\alpha & -s \\[2mm] -M'_u & -M'_\alpha & 0 \end{bmatrix} \begin{bmatrix} u \\[1mm] \alpha \\[1mm] \theta \end{bmatrix} = \begin{bmatrix} 1/m \\[1mm] 0 \\[1mm] 0 \end{bmatrix}\delta T$$ (2.7-18)

特性方程式は次式で与えられる.

$$\Delta_{\text{lon}} = -M'_\alpha\left(s^2 + 2\zeta_p\omega_p s + \omega_p^2\right)$$ (2.7-19)

$$\omega_p^2 = -\dfrac{g}{57.3}\left(\overline{Z}_u - \dfrac{\overline{Z}_\alpha}{M'_\alpha}M'_u\right), \quad 2\zeta_p\omega_p = -X_u + \dfrac{X_\alpha - g/57.3}{M'_\alpha}M'_u$$ (2.7-20)

このとき, 各状態変数の応答式は以下のように表される.

$$\dfrac{u}{\delta T} = \dfrac{1}{m}\cdot\dfrac{s}{s^2 + 2\zeta_p\omega_p s + \omega_p^2}$$ (2.7-21)

$$\frac{\alpha}{\delta T} = -\frac{M_u'}{mM_\alpha'} \cdot \frac{s}{s^2 + 2\zeta_p\omega_p s + \omega_p^2} \tag{2.7-22}$$

$$\frac{\theta}{\delta T} = -\frac{M_u'}{mM_\alpha'} \cdot \frac{s + 1/T_{\theta_2}}{s^2 + 2\zeta_p\omega_p s + \omega_p^2} \tag{2.7-23}$$

$$\text{ここで,} \quad \frac{1}{T_{\theta_2}} = -\overline{Z}_\alpha + \frac{\overline{Z}_u}{M_u'}M_\alpha' \tag{2.7-24}$$

$$\frac{\gamma}{\delta T} = -\frac{M_u'}{mM_\alpha'} \cdot \frac{1}{T_{\theta_2}} \cdot \frac{1}{s^2 + 2\zeta_p\omega_p s + \omega_p^2} \tag{2.7-25}$$

2.8 ■ 縦系の外乱に対する応答式 ✈

　機体運動に対する外乱としては，突風 (gust) の他に，例えばエンジンの片発停止によるモーメント変化，機体形状が一部失われて空気力が変化した場合等も一種の外乱と考えられる．ここでは，外乱のうち最も基本的な特性である突風応答の基礎式についてまとめておく．

　いま，x 軸および z 軸の負の方向のガスト成分を u_g，w_g[m/s] とし，1.7 節の関係式に微小擾乱近似を適用すると，z 軸方向の突風は次のように表される．

$$\alpha_g \fallingdotseq 57.3\frac{w_g}{V}, \quad \dot\alpha \fallingdotseq 0 \tag{2.8-1}$$

したがって，2.2 節および 2.7 節の縦系の運動方程式において，右辺の空気力の項に突風成分を加えることにより，縦系の運動方程式が次のように得られる．

$$
\begin{cases}
\dot u = X_u(u + u_g) + X_\alpha\left(\alpha + \dfrac{57.3w_g}{V}\right) - \dfrac{g\cos\theta_0}{57.3}\theta + \dfrac{\cos i_T}{m}\delta T \\[2mm]
\dot\alpha = \overline{Z}_u(u + u_g) + \overline{Z}_\alpha\left(\alpha + \dfrac{57.3w_g}{V}\right) + q - \dfrac{g\sin\theta_0}{V}\theta + \overline{Z}_{\delta e}\delta e + \overline{Z}_{\delta f}\delta f - 57.3\dfrac{\sin i_T}{mV}\delta T \\[2mm]
\dot q = M_u'(u + u_g) + M_\alpha'\left(\alpha + \dfrac{57.3w_g}{V}\right) + M_q'q + M_\theta'\theta + M_{\delta e}'\delta e + M_{\delta f}'\delta f \\[2mm]
\dot\theta = q
\end{cases}
$$

$$\tag{2.8-2}$$

　行列表示では次のように表される．

$$\begin{bmatrix} \dot{u} \\ \dot{\alpha} \\ \dot{q} \\ \dot{\theta} \end{bmatrix} = \begin{bmatrix} X_u & X_\alpha & 0 & -\dfrac{g\cos\theta_0}{57.3} \\ \overline{Z}_u & \overline{Z}_\alpha & 1 & -\dfrac{g\sin\theta_0}{V} \\ M'_u & M'_\alpha & M'_q & M'_\theta \\ 0 & 0 & 1 & 0 \end{bmatrix} \begin{bmatrix} u \\ \alpha \\ q \\ \theta \end{bmatrix} + \begin{bmatrix} 0 & 0 & \dfrac{\cos i_T}{m} & X_u & \dfrac{57.3 X_\alpha}{V} \\ \overline{Z}_{\delta e} & \overline{Z}_{\delta f} & -\dfrac{57.3\sin i_T}{mV} & \overline{Z}_u & \dfrac{57.3 \overline{Z}_\alpha}{V} \\ M'_{\delta e} & M'_{\delta f} & 0 & M'_u & \dfrac{57.3 M'_\alpha}{V} \\ 0 & 0 & 0 & 0 & 0 \end{bmatrix} \begin{bmatrix} \delta e \\ \delta f \\ \delta T \\ u_g \\ w_g \end{bmatrix}$$

(2.8-3)

2.9 ■ 縦系の釣り合い式

航空機が安定に飛行するには，重心まわりにモーメントが釣り合っている必要がある．さらに，突風等の外乱による姿勢変化に対して安定を保つよう，姿勢変化によって発生する空気力が，姿勢を戻す方向になっていることが必要である．本節では，縦系の釣り合いに関する基礎式を導き，安定を保つための関係式について述べる．

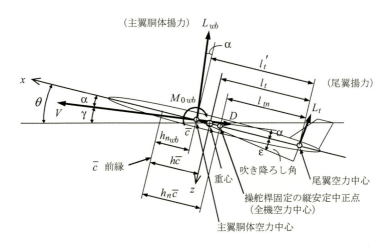

図 **2.15** 縦系の力の釣り合い

(1) 全機の揚力

図 2.15 から，全機の揚力 L は次式である．

$$L = L_{wb} + L_t \tag{2.9-1}$$

ここで，L_{wb} は主翼と胴体の揚力，L_t は尾翼の揚力で次式で表される．

$$\begin{cases} L_{wb} = \overline{q}Sa_{wb}\alpha \\ L_t = \overline{q}_t S_t \{a_t(\alpha - \varepsilon - i_t) + a_e\delta e\} \end{cases} \tag{2.9-2}$$

ただし，a_{wb}，a_t および a_e はそれぞれ主翼胴体，尾翼およびエレベータの**揚力傾斜**(単位迎角あたりの揚力変化で，全機では C_{L_α})，$\overline{q}$ および $\overline{q}_t$ はそれぞれ一様流および尾翼位置での動圧，ε は**吹下ろし角**，i_t は尾翼の取り付け角である．また，$\alpha = 0$ のときに $L_{wb} = 0$ と仮定している．このとき，(2.9-1) 式を $\overline{q}S$ で割って揚力係数 C_L で表すと次のようになる．

$$\begin{aligned} C_L &= a_{wb}\alpha + \frac{\overline{q}_t}{\overline{q}} \cdot \frac{S_t}{S}[a_t(\alpha - \varepsilon - i_t) + a_e\delta e] \\ &= a_{wb}\left[1 + \frac{\overline{q}_t}{\overline{q}} \cdot \frac{S_t}{S} \cdot \frac{a_t}{a_{wb}}\left(1 - \frac{\partial\varepsilon}{\partial\alpha}\right)\right]\alpha - \frac{\overline{q}_t}{\overline{q}} \cdot \frac{S_t}{S}[a_t(\varepsilon_0 + i_t) - a_e\delta e] \end{aligned} \tag{2.9-3}$$

ただし，

$$\varepsilon = \varepsilon_0 + \frac{\partial\varepsilon}{\partial\alpha}\alpha \tag{2.9-4}$$

であり，楕円翼で十分後方位置では次式で表される．

$$\frac{\partial\varepsilon}{\partial\alpha} = \frac{2C_{L_\alpha}}{\pi A} \tag{2.9-5}$$

全機の揚力係数は，(2.9-3) 式から次式となる．

$$\boxed{C_L = C_{L_0} + C_{L_\alpha}\alpha + C_{L_{\delta e}}\delta e} \quad \text{[全機の揚力係数]} \tag{2.9-6}$$

ただし，

$$\begin{cases} C_{L_0} = -\eta_t \dfrac{S_t}{S} a_t(\varepsilon_0 + i_t) \\ C_{L_\alpha} = a_{wb} + \eta_t \dfrac{S_t}{S} \cdot a_t\left(1 - \dfrac{\partial\varepsilon}{\partial\alpha}\right) = a_{wb}\left[1 + \eta_t \dfrac{S_t}{S} \cdot \dfrac{a_t}{a_{wb}}\left(1 - \dfrac{\partial\varepsilon}{\partial\alpha}\right)\right] \\ C_{L_{\delta e}} = \eta_t \dfrac{S_t}{S} a_e \end{cases} \tag{2.9-7}$$

ここで，η_t は**水平尾翼効率**(tail efficiency) と呼ばれ，次式で表される．

$$\eta_t = \frac{\overline{q}_t}{\overline{q}} \tag{2.9-8}$$

次に，零揚力状態を明確にするために (2.9-6) 式を次のように変形する．

$$C_L = C_{L_\alpha}(\alpha - \alpha_0) \tag{2.9-9}$$

$$\alpha_0 = -\frac{C_{L_0} + C_{L_{\delta e}}\delta e}{C_{L_\alpha}} = \eta_t \frac{S_t}{S} \cdot \frac{a_t(\varepsilon_0 + i_t) - a_e\delta e}{C_{L_\alpha}} \tag{2.9-10}$$

主翼胴体では $\alpha = 0$ のときに零揚力であるが，全機では $\alpha = \alpha_0$ のときに零揚力となる．すなわち，同じ迎角 α に対して全機の揚力係数は $C_{L_\alpha}\alpha_0$ だけ小さくなる．また，全機の揚力傾斜 C_{L_α} は，(2.9-7) 式から主翼胴体の揚力傾斜 a_{wb} に比べて増大する．

(2) 3次元翼の空力中心

ここで，重心まわりの頭上げモーメントを求める際に必要な，3次元翼の空力特性についてまとめておく．ここで考える3次元翼の平面形は，図 2.16 に示すように直線翼と仮定する．各翼断面の空力特性は，各翼断面の**翼弦長** c の前縁から 25%の位置 ($c/4$ と表記) に，モーメントが迎角変化によって一定値 $C_{m_{ac}}$ となる点があると仮定する．この点は**空力中心** (aerodynamic center ; ac と略記) と呼ばれる．実際，各翼断面 (2 次元翼) の空力中心は，亜音速では 25%付近にあるが，超音速では 50%付近まで後退する．

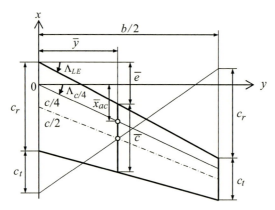

図 2.16 3 次元翼の平面図 ($\bar{y}$ 位置の断面が $\bar{c}$, $\bar{x}_{ac}$ 位置，$\bar{c}/4$ が空力中心)

3次元翼全体の空力中心位置を求めてみよう．図 2.16 において，y 軸に平行で $x = +d$ だけ離れた軸まわりのモーメントを計算する．各翼断面 (幅は Δy) のその軸まわりのモーメント ΔM_d は次式で表される．

$$\Delta M_d = \bar{q} c \Delta y \left[C_{m_{ac}} c - C_l (x_{ac} + d) \right] \tag{2.9-11}$$

ここで，x_{ac} は y 軸から各翼断面の空力中心 ($c/4$ ライン上の点) までの距離 (後方が正) である．各翼断面における $C_{m_{ac}}$ および C_l は翼幅 (スパン) 方向に一定と仮定 ($C_l = C_L$ とおく) する．また，図 2.16 から次の関係式が得られる．

$$c = c_r \left[1 - \frac{2(1-\lambda)}{b} y \right], \quad x_{ac} = y \tan \Lambda_{c/4} \tag{2.9-12}$$

ここで，$\lambda = c_t/c_r$ は翼の**先細比** (テーパ比) である．(2.9-11) 式を両翼に関して積分すると全体のモーメント M_d が次のように表される．

$$\begin{aligned}
M_d &= 2 \int_0^{b/2} \bar{q} \left[C_{m_{ac}} c^2 - C_L c(x_{ac} + d) \right] dy \\
&= 2\bar{q} \left[C_{m_{ac}} \int_0^{b/2} c^2 dy - C_L \tan \Lambda_{c/4} \int_0^{b/2} cy\, dy - C_L d \int_0^{b/2} c\, dy \right]
\end{aligned} \tag{2.9-13}$$

2.9 ■ 縦系の釣り合い式 　79

この式の右辺の積分を実行すると次のようになる.

$$\int_0^{b/2} c^2\,dy = c_r^2 \int_0^{b/2} \left[1 - \frac{4(1-\lambda)}{b}y + \frac{4(1-\lambda)^2}{b^2}y^2 \right] dy$$

$$= c_r^2 \left[\frac{b}{2} - \frac{4(1-\lambda)}{b}\cdot\frac{b^2}{8} + \frac{4(1-\lambda)^2}{b^2}\cdot\frac{b^3}{24} \right] = \frac{b}{6}c_r^2(1+\lambda+\lambda^2) \qquad (2.9\text{-}14)$$

$$\int_0^{b/2} cy\,dy = c_r \int_0^{b/2} \left[y - \frac{2(1-\lambda)}{b}y^2 \right] dy$$

$$= c_r \left[\frac{b^2}{8} - \frac{2(1-\lambda)}{b}\cdot\frac{b^3}{24} \right] = \frac{b^2}{24}c_r(1+2\lambda) \qquad (2.9\text{-}15)$$

$$\int_0^{b/2} c\,dy = c_r \int_0^{b/2} \left[1 - \frac{2(1-\lambda)}{b}y \right] dy$$

$$= c_r \left[\frac{b}{2} - \frac{2(1-\lambda)}{b}\cdot\frac{b^2}{8} \right] = \frac{b}{4}c_r(1+\lambda) = \frac{S}{2} \qquad (2.9\text{-}16)$$

ここで, S は主翼面積である. 主翼面積は図 2.16 に示すように, xy 平面上に投影した面積である. 機体を前方から見たときに主翼が水平面から上側に角度を持っている場合, この角度を**上反角**(dihedral angle) というが, 上反角があると翼幅 b は小さくなり, 翼面積も小さくなる. 直線翼の場合は (2.9-16) 式から次式で与えられる.

$$\boxed{S = \frac{b}{2}c_r(1+\lambda)} \quad \text{[翼面積の関係式]} \qquad (2.9\text{-}17)$$

ここで, **平均空力翼弦** $\bar{c}$ (Mean Aerodynamic Chord; MAC) を定義しておく. $\bar{c}$ は, 各翼断面の空力中心のモーメント $C_{m_{ac}}$(翼幅方向一定) の全翼での合計に等しくなる平均の翼弦である. すなわち,

$$2\int_0^{b/2} \bar{q}c^2 C_{m_{ac}}\,dy = \bar{q}S\bar{c}C_{m_{ac}}, \quad \therefore \bar{c} = \frac{2}{S}\int_0^{b/2} c^2\,dy \qquad (2.9\text{-}18)$$

(2.9-14) 式と (2.9-17) 式の関係式を用いると, $\bar{c}$ は次のように表される.

$$\boxed{\bar{c} = \frac{2}{3}c_r\frac{1+\lambda+\lambda^2}{1+\lambda} = \frac{2}{3}c_r\left(\lambda + \frac{1}{1+\lambda}\right)} \quad \text{[平均空力翼弦]} \qquad (2.9\text{-}19)$$

次に, $\bar{c}$ の翼幅方向の位置 $\bar{y}$ を定義しておく. $\bar{y}$ は, 各翼断面の揚力による x 軸まわりのモーメントの片翼での合計に等しくなる平均の $\bar{y}$ 方向位置である. すなわち,

$$\int_0^{b/2} \bar{q}cC_L y\,dy = \bar{q}S\frac{C_L}{2}\bar{y}, \quad \therefore \bar{y} = \frac{2}{S}\int_0^{b/2} cy\,dy \qquad (2.9\text{-}20)$$

(2.9-15) 式と (2.9-17) 式の関係式を用いると, $\bar{y}$ は次のように表される.

$$\boxed{\bar{y} = \frac{b}{6}\cdot\frac{1+2\lambda}{1+\lambda}} \quad \text{[$\bar{c}$ の翼幅方向位置]} \qquad (2.9\text{-}21)$$

したがって, $\bar{c}$ の空力中心 ($\bar{c}/4$ の点) の y 軸からの距離 $\bar{x}_{ac}$ は

$$\boxed{\overline{x}_{ac} = \overline{y}\tan\Lambda_{c/4} = \frac{b}{6}\cdot\frac{1+2\lambda}{1+\lambda}\tan\Lambda_{c/4}} \quad \text{[空力中心の x 位置]} \tag{2.9-22}$$

これらの関係式を用いて，全翼のモーメント (2.9-13) 式を $\overline{q}S\overline{c}$ で割ってモーメント係数で表すと，次のようになる．

$$
\begin{aligned}
(C_m)_d &= \frac{2}{S\overline{c}}\left[C_{m_{ac}}\int_0^{b/2}c^2\,dy - C_L\tan\Lambda_{c/4}\int_0^{b/2}cy\,dy - C_L d\int_0^{b/2}c\,dy\right]\\
&= \frac{2}{S\overline{c}}\left[\frac{S\overline{c}}{2}C_{m_{ac}} - \frac{S}{2}C_L\overline{y}\tan\Lambda_{c/4} - \frac{S}{2}C_L d\right]\\
&= C_{m_{ac}} - C_L\frac{\overline{x}_{ac}+d}{\overline{c}} \tag{2.9-23}
\end{aligned}
$$

いま，(2.9-23) 式において，$d=-\overline{x}_{ac}$ とおくと，全翼のモーメント係数が翼断面の空力中心におけるモーメント係数 $C_{m_{ac}}$（迎角変化で不変）に一致する．すなわち，$\overline{x}_{ac}$ が全翼の空力中心であることがわかる．

(3) 縦安定中正点

さて，図 2.15 に戻って，機体の重心まわり頭上げモーメント M_{cg} を求める．M_{cg} は図 2.15 から次式で与えられる．

$$M_{cg} = M_{0_{wb}} + L_{wb}(h-h_{n_{wb}})\overline{c} - L_t l_t \tag{2.9-24}$$

ここで，$M_{0_{wb}}$ は主翼胴体空力中心まわりのモーメントであり，一定値である．なお，尾翼空力中心まわりのモーメントは省略している．モーメント式 (2.9-24) 式に (2.9-2) 式を代入すると

$$M = M_{0_{wb}} + \overline{q}Sa_{wb}\alpha(h-h_{n_{wb}})\overline{c} - \overline{q}_t S_t\left[a_t(\alpha-\varepsilon-i_t)+a_e\delta e\right]l_t \tag{2.9-25}$$

となる．この式を $\overline{q}S\overline{c}$ で割ってモーメント係数で表すと，(2.9-4) 式を考慮して次のように表せる．

$$
\begin{aligned}
(C_m)_{cg} &= C_{m_{0_{wb}}} + a_{wb}\alpha(h-h_{n_{wb}}) - \eta_t\frac{S_t l_t}{S\overline{c}}\left[a_t\left(\alpha-\varepsilon_0-\frac{\partial\varepsilon}{\partial\alpha}\alpha-i_t\right)+a_e\delta e\right]\\
&= C_{m_{0_{wb}}} + \eta_t\frac{S_t l_t}{S\overline{c}}a_t(\varepsilon_0+i_t) + \left[a_{wb}(h-h_{n_{wb}}) - \eta_t\frac{S_t l_t}{S\overline{c}}a_t\left(1-\frac{\partial\varepsilon}{\partial\alpha}\right)\right]\alpha\\
&\quad - \eta_t\frac{S_t l_t}{S\overline{c}}a_e\delta e \tag{2.9-26}
\end{aligned}
$$

ここで，次式の水平尾翼容積比 (horizontal-tail volume ratio) を定義する．

$$V_H = \frac{S_t l_t}{S\overline{c}} \tag{2.9-27}$$

$$V_H' = \frac{S_t l_t'}{S\overline{c}} = \frac{S_t\left[l_t+(h-h_{n_{wb}})\overline{c}\right]}{S\overline{c}} = V_H - \frac{S_t}{S}(h_{n_{wb}}-h) \tag{2.9-28}$$

$$V_{Hn} = \frac{S_t l_{tn}}{S\overline{c}} = \frac{S_t\left[l_t-(h_n-h)\overline{c}\right]}{S\overline{c}} = V_H - \frac{S_t}{S}(h_n-h) = V_H' - \frac{S_t}{S}(h_n-h_{n_{wb}}) \tag{2.9-29}$$

これらの関係式を用いて，(2.9-26) 式の右辺第 3 項を C_{m_α} と定義し，次のように変形する．

$$C_{m_\alpha} = -a_{wb}\left[(h_{n_{wb}} - h) + \eta_t V_H \frac{a_t}{a_{wb}}\left(1 - \frac{\partial \varepsilon}{\partial \alpha}\right)\right]$$

$$= -a_{wb}\left[(h_{n_{wb}} - h) + \eta_t V_H' \frac{a_t}{a_{wb}}\left(1 - \frac{\partial \varepsilon}{\partial \alpha}\right) + \eta_t \frac{S_t}{S}(h_{n_{wb}} - h)\frac{a_t}{a_{wb}}\left(1 - \frac{\partial \varepsilon}{\partial \alpha}\right)\right]$$

$$= -a_{wb}\left[1 + \eta_t \frac{S_t}{S} \cdot \frac{a_t}{a_{wb}}\left(1 - \frac{\partial \varepsilon}{\partial \alpha}\right)\right](h_{n_{wb}} - h) - \eta_t V_H' a_t \left(1 - \frac{\partial \varepsilon}{\partial \alpha}\right) \qquad (2.9\text{-}30)$$

ここで，(2.9-7) 式の C_{L_α} を用いると，(2.9-30) 式はつぎのように表せる．

$$C_{m_\alpha} = -C_{L_\alpha}(h_{n_{wb}} - h) - \eta_t V_H' a_t \left(1 - \frac{\partial \varepsilon}{\partial \alpha}\right)$$

$$= -C_{L_\alpha}\left[h_{n_{wb}} + \eta_t V_H' \frac{a_t}{C_{L_\alpha}}\left(1 - \frac{\partial \varepsilon}{\partial \alpha}\right) - h\right] = -C_{L_\alpha}(h_n - h) \qquad (2.9\text{-}31)$$

ただし，

$$\boxed{h_n = h_{n_{wb}} + \eta_t V_H' \frac{a_t}{C_{L_\alpha}}\left(1 - \frac{\partial \varepsilon}{\partial \alpha}\right)} \quad \text{[縦安定中正点]} \qquad (2.9\text{-}32)$$

このとき，(2.9-26) 式の重心まわりのモーメント係数は

$$\boxed{(C_m)_{cg} = C_{m_0} + C_{m_\alpha}\alpha + C_{m_{\delta e}}\delta e} \quad \text{[重心まわりのモーメント]} \qquad (2.9\text{-}33)$$

ただし，

$$\boxed{\begin{cases} C_{m_0} = C_{m_{0wb}} + \eta_t V_H a_t(\varepsilon_0 + i_t) \\[2mm] C_{m_\alpha} = -a_{wb}\left[(h_{n_{wb}} - h) + \eta_t V_H \dfrac{a_t}{a_{wb}}\left(1 - \dfrac{\partial \varepsilon}{\partial \alpha}\right)\right] = -C_{L_\alpha}(h_n - h) \\[2mm] C_{m_{\delta e}} = -\eta_t V_H a_e \end{cases}} \qquad (2.9\text{-}34)$$

ここで，h は重心位置，h_n は重心がその位置のときに C_{m_α} が 0 になる位置を表す．h_n は迎角変化によって生ずる揚力変化の作用点であり，昇降舵固定での**縦安定中正点** (stick-fixed neutral point) という．この点は，迎角に依存しない全機のモーメントであり，いわば全機の空力中心であるが，通常は空力中心という言い方よりも昇降舵固定の縦安定中正点と呼ばれる．なお，(2.9-34) 式の $(h_n - h)$ は昇降舵固定の**静安定余裕** (stick-fixed static margin) と呼ばれる．

(4) 縦安定中性点におけるの力の釣り合い

縦安定中性点 h_n におけるの力の釣り合いについて，図 2.17 で確認しておこう．h_n の点は迎角変化によって生ずる揚力変化の作用点である．迎角による揚力変化分のみを考えると，この揚力変化によって h_n の点のまわりのモーメント釣り合いは変化しないから次式

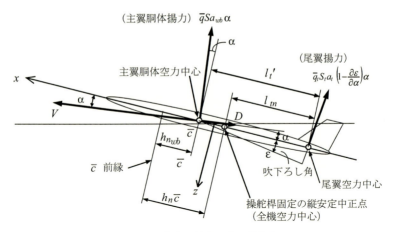

図 2.17 縦安定中性点の力の釣り合い

$$\bar{q} S a_{wb} \alpha (h_n - h_{n_{wb}}) \bar{c} = \bar{q}_t S_t a_t \left(1 - \frac{\partial \varepsilon}{\partial \alpha}\right) \alpha l_{tn} \tag{2.9-35}$$

が成り立つ．(2.9-35) 式を変形すると次のように表される．

$$a_{wb}(h_n - h_{n_{wb}}) = \eta_t \frac{S_t l_{tn}}{S \bar{c}} a_t \left(1 - \frac{\partial \varepsilon}{\partial \alpha}\right) \tag{2.9-36}$$

ここで，$l_{tn} = l'_t - (h_n - h_{n_{wb}}) \bar{c}$ を考慮してさらに変形すると

$$\left\{ a_{wb} + \eta_t \frac{S_t}{S} a_t \left(1 - \frac{\partial \varepsilon}{\partial \alpha}\right) \right\} (h_n - h_{n_{wb}}) = \eta_t V'_H a_t \left(1 - \frac{\partial \varepsilon}{\partial \alpha}\right) \tag{2.9-37}$$

となる．左辺の { } は (2.9-7) 式の全機の C_{L_α} であるから，結局次式を得る．

$$h_n = h_{n_{wb}} + \eta_t V'_H \frac{a_t}{C_{L_\alpha}} \left(1 - \frac{\partial \varepsilon}{\partial \alpha}\right) \tag{2.9-38}$$

これは (2.9-32) 式の縦安定中性点の式である．すなわち，縦安定中性点は，その点まわりのモーメントが迎角によって変化しない点（$C_{m_\alpha}=0$）であり，迎角変化で生じた揚力はこの点に作用する．したがって，この点よりも前方に重心があれば，外乱等で姿勢が変化し，その結果揚力が増加した場合に頭下げのモーメントが生じ，機体を元の姿勢に戻すように働く．

> **[例題 2.9-1]** いま簡単のため，主翼胴体と尾翼の揚力傾斜が同じ，水平尾翼効率が 1，また吹下ろしは省略，すなわち，$a_{wb} = a_t$，$\bar{q} = \bar{q}_t$，$(1 - \partial \varepsilon / \partial \alpha) = 1$ と仮定したとき，水平尾翼容積比 V'_H と縦安定中性点 h_n の関係式を求めよ．また，横軸 h_n，縦軸 V'_H として図示せよ．

> **■解答■** 縦安定中性点 h_n では，迎角変化での揚力変化によるモーメントが釣り合うから
> $$S(h_n - h_{n_{wb}}) \bar{c} = S_t l_{tn}, \quad \therefore h_n - h_{n_{wb}} = \frac{S_t l_{tn}}{S \bar{c}} = V_{H_n}$$

一方，(2.9-29) 式から，$V_{H_n} = V'_H - \frac{S_t}{S}(h_n - h_{n_{wb}})$ であるから

$$h_n - h_{n_{wb}} = V_{H_n} = V'_H - \frac{S_t}{S}(h_n - h_{n_{wb}}),$$

$$\therefore V'_H = \left(1 + \frac{S_t}{S}\right)(h_n - h_{n_{wb}})$$

を得る．これは，(2.9-37) 式に条件式を代入しても得られる．ここで，水平尾翼容積比 V_{H_n} および V'_H の尾翼空力中心までの距離は，それぞれ，縦安定中性点および主翼胴体空力中心からである．(なお，縦安定中性点は重心とは無関係であるから，重心からの水平尾翼容積比 V_H は用いない．)

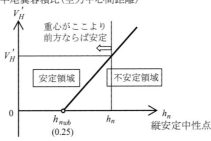

図 2.18　V'_H と h_n との関係

(5) モーメントと揚力および迎角との関係

次に，$(C_m)_{cg}$ を (2.9-10) 式の α_0 を用いて次のように表す．

$$(C_m)_{cg} = C'_{m_0} + C_{m_\alpha}(\alpha - \alpha_0) \tag{2.9-39}$$

このとき，C'_{m_0} は (2.9-33) 式より次のようになる．

$$\begin{aligned}
C'_{m_0} &= C_{m_0} + C_{m_{\delta e}}\delta e + C_{m_\alpha}\alpha_0 \\
&= C_{m_{0_{wb}}} + \eta_t V_H [a_t(\varepsilon_0 + i_t) - a_e \delta e] \\
&\quad - a_{wb}\left[(h_{n_{wb}} - h) + \eta_t V_H \frac{a_t}{a_{wb}}(1 - \frac{\partial \varepsilon}{\partial \alpha})\right]\eta_t \frac{S_t}{S}\frac{a_t(\varepsilon_0 + i_t) - a_e \delta e}{C_{L_\alpha}} \\
&= C_{m_{0_{wb}}} + \left[C_{L_\alpha}\frac{l_t}{\bar{c}} - a_{wb}(h_{n_{wb}} - h) - \eta_t V_H a_t(1 - \frac{\partial \varepsilon}{\partial \alpha})\right]\eta_t \frac{S_t}{S}\frac{a_t(\varepsilon_0 + i_t) - a_e \delta e}{C_{L_\alpha}} \\
&= C_{m_{0_{wb}}} + \left[a_{wb}\frac{l_t}{\bar{c}} + \eta_t V_H a_t(1 - \frac{\partial \varepsilon}{\partial \alpha}) - a_{wb}(h_{n_{wb}} - h) - \eta_t V_H a_t(1 - \frac{\partial \varepsilon}{\partial \alpha})\right] \\
&\quad \times \eta_t \frac{S_t}{S}\frac{a_t(\varepsilon_0 + i_t) - a_e \delta e}{C_{L_\alpha}} \\
&= C_{m_{0_{wb}}} + a_{wb}\eta_t V'_H \frac{a_t(\varepsilon_0 + i_t) - a_e \delta e}{C_{L_\alpha}} \tag{2.9-40}
\end{aligned}$$

$\alpha = \alpha_0$ で $C_L = 0$ であるから，(2.9-10) 式から

$$(\alpha)_{C_L=0} = \alpha_0 = \eta_t \frac{S_t}{S} \cdot \frac{a_t(\varepsilon_0 + i_t) - a_e \delta e}{C_{L_\alpha}} \tag{2.9-41}$$

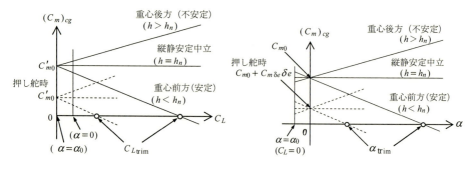

図 2.19 $(C_m)_{cg}$ と C_L との関係   図 2.20 $(C_m)_{cg}$ と α との関係

と表すと，(2.9-40) 式は次のようにも書ける．

$$C'_{m_0} = C_{m_{0wb}} + a_{wb} \frac{l'_t}{\bar{c}} \cdot (\alpha)_{C_L=0} \tag{2.9-42}$$

このとき，(2.9-9) 式および (2.9-34) 式を用いると，(2.9-39) 式は次のように表せる．

$$\begin{aligned}(C_m)_{cg} &= C'_{m_0} + C_{m_\alpha}(\alpha - \alpha_0) = C'_{m_0} + C_{m_\alpha}\frac{C_L}{C_{L_\alpha}} \\ &= C'_{m_0} - C_L(h_n - h) \\ &= C'_{m_0} - (h_n - h)C_{L_0} - (h_n - h)C_{L_\alpha}\alpha - (h_n - h)C_{L_{\delta e}}\delta e \end{aligned} \tag{2.9-43}$$

一方，(2.9-33) 式から次式が得られる．

$$(C_m)_{cg} = C_{m_0} + C_{m_\alpha}\alpha + C_{m_{\delta e}}\delta e = C_{m_0} - (h_n - h)C_{L_\alpha}\alpha + C_{m_{\delta e}}\delta e \tag{2.9-44}$$

(2.9-43) 式と (2.9-44) 式とから C'_{m_0} と C_{m_0} を比較すると次のようである．C'_{m_0} は $C_L = 0$ における全機のモーメントであり，重心 h が変化しても $C_L = 0$ では $(C_m)_{cg} = C'_{m_0}$ となる．そして $h = h_n$ のときには $C'_{m_0} = C_{m_0} + C_{m_{\delta e}}\delta e$ であり，このとき $\delta e = 0$ では $C'_{m_0} = C_{m_0}$ となる．$\alpha = 0$ と $\alpha = \alpha_0$ の時の違い等は図 2.19 および図 2.20 を参照のこと．

(6) 縦安定中正点の求め方

縦安定中正点 h_n は次のように求めることができる．いま釣り合い飛行を考えると，次式が成り立つ．

$$\begin{cases} C_{Ltrim} = C_{L_0} + C_{L_\alpha}\alpha + C_{L\delta e}\delta e_{trim} \\ C_{mtrim} = C_{m_0} + C_{m_\alpha}\alpha + C_{m_{\delta e}}\delta e_{trim} = 0 \end{cases} \tag{2.9-45}$$

この第 2 式と $C_{m_\alpha} = -C_{L_\alpha}(h_n - h)$ の関係式を用いると，トリム舵角と迎角の関係が次のように得られる．

$$\boxed{\delta e_{trim} = -\frac{C_{m_0} + C_{m_\alpha}\alpha}{C_{m_{\delta e}}} = -\frac{C_{m_0}}{C_{m_{\delta e}}} + \frac{C_{L_\alpha}(h_n - h)}{C_{m_{\delta e}}}\alpha} \quad [\delta e_{trim} \sim \alpha] \tag{2.9-46}$$

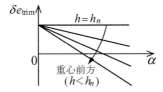

図 2.21 δe_{trim} と α との関係

図 2.21 に δe_{trim} と α との関係を示す．重心が縦安定中正点よりも前方にあると α に対する傾斜は負になる．(2.9-46) 式は，ある迎角 α に対して，重心まわりのモーメントが釣り合うためのエレベータ舵角 δe_{trim} であり，この式は機体が水平定常飛行状態であることを前提としている．もし機体がピッチ角速度のある運動している場合には，他の空力安定微係数が影響するので，ここでは水平飛行状態を仮定する．このとき

$$C_{L_{\text{trim}}} = \frac{2W}{\rho V^2 S} \tag{2.9-47}$$

である．機体重量 W に対して速度 V を決めると，水平飛行での揚力係数 $C_{L_{\text{trim}}}$ が決まる．(2.9-45) 式の第 1 式にトリム舵角 (2.9-46) 式を用いると

$$\begin{aligned} C_{L_{\text{trim}}} &= C_{L_0} + C_{L_\alpha}\alpha + C_{L_{\delta e}}\frac{-C_{m_0} + C_{L_\alpha}(h_n - h)\alpha}{C_{m_{\delta e}}} \\ &= \left(C_{L_0} - \frac{C_{m_0} C_{L_{\delta e}}}{C_{m_{\delta e}}}\right) + C_{L_\alpha}\left\{1 + \frac{C_{L_{\delta e}}(h_n - h)}{C_{m_{\delta e}}}\right\}\alpha \end{aligned} \tag{2.9-48}$$

となる．この式から水平飛行時の迎角 α_{trim}

$$\alpha_{\text{trim}} = \frac{C_{L_{\text{trim}}} - (C_{L_0} - C_{m_0} C_{L_{\delta e}}/C_{m_{\delta e}})}{C_{L_\alpha}\{1 + C_{L_{\delta e}}(h_n - h)/C_{m_{\delta e}}\}} \tag{2.9-49}$$

が得られる．この α_{trim} を (2.9-46) 式の α に代入すると，水平飛行時の釣り合い舵角 δe_{trim} が得られる．これを α_{trim} で微分すると次の関係式を得る．

$$\boxed{\frac{\partial \delta e_{\text{trim}}}{\partial \alpha_{\text{trim}}} = \frac{C_{L_\alpha}(h_n - h)}{C_{m_{\delta e}}}} \quad [\partial \delta e_{\text{trim}}/\partial \alpha_{\text{trim}} \sim h_n] \tag{2.9-50}$$

縦安定中正点 h_n は，図 2.22 のように種々の重心位置 h での (2.9-50) 式の値をプロットすることにより得られる．

実際の飛行試験では，迎角のデータは得られない場合が多いため，速度 V に対するトリム舵角 δe_{trim} のデータを用いる．(2.9-47) 式により速度データから揚力係数 $C_{L_{\text{trim}}}$ を求めて，δe_{trim} と $C_{L_{\text{trim}}}$ との関係から縦安定中正点 h_n を求める．δe_{trim} と $C_{L_{\text{trim}}}$ との関係は次のように得られる．(2.9-45) 式の第 1 式に C_{m_α} を掛け，第 2 式に C_{L_α} を掛けて，第 2 式から第 1 式を引くことにより α を消去すると，$C_{m_\alpha} = -C_{L_\alpha}(h_n - h)$ を用いて次のように δe_{trim} を $C_{L_{\text{trim}}}$ で表すことができる．

$$\begin{cases} C_{m_\alpha} C_{L_0} + C_{m_\alpha} C_{L_\alpha} \alpha + C_{m_\alpha} C_{L_{\delta e}} \delta e_{\text{trim}} = C_{m_\alpha} C_{L\text{trim}} \\ C_{m_0} C_{L_\alpha} + C_{m_\alpha} C_{L_\alpha} \alpha + C_{m_{\delta e}} C_{L_\alpha} \delta e_{\text{trim}} = 0 \end{cases} \quad (2.9\text{-}51)$$

$$\therefore \delta e_{\text{trim}} = -\frac{C_{m_0} C_{L_\alpha} + C_{m_\alpha}(C_{L\text{trim}} - C_{L_0})}{C_{m_{\delta e}} C_{L_\alpha} - C_{m_\alpha} C_{L_{\delta e}}} = -\frac{C_{m_0} - (C_{L\text{trim}} - C_{L_0})(h_n - h)}{C_{m_{\delta e}} + C_{L_{\delta e}}(h_n - h)} \quad (2.9\text{-}52)$$

この式を $C_{L\text{trim}}$ で微分すると次式が得られる．

$$\boxed{\frac{\partial \delta e_{\text{trim}}}{\partial C_{L\text{trim}}} = \frac{h_n - h}{C_{m_{\delta e}} + C_{L_{\delta e}}(h_n - h)}} \quad [\partial \delta e_{\text{trim}} / \partial C_{L\text{trim}} \sim h_n] \quad (2.9\text{-}53)$$

縦安定中正点 h_n は，図2.23 のように種々の重心位置 h での (2.9-53) 式の値をプロットすることにより得ることができる．

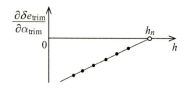

図 2.22 $h_n \sim \partial \delta e_{\text{trim}}/\partial \alpha_{\text{trim}}$

図 2.23 $h_n \sim \partial \delta e_{\text{trim}}/\partial C_{L\text{trim}}$

なお，次の関係式

$$\frac{C_{L_{\delta e}}}{C_{m_{\delta e}}} = -\frac{\bar{c}}{l_t}, \quad C_{L_\alpha}(h_n - h_{n_{wb}}) = \eta_t V'_H a_t \left(1 - \frac{\partial \varepsilon}{\partial \alpha}\right), \quad V'_H = V_H - \frac{S_t}{S}(h_{n_{wb}} - h)$$

$$\therefore C_{L_\alpha}(h_n - h_{n_{wb}}) = \eta_t \frac{S_t l_t}{S\bar{c}} a_t \left(1 - \frac{\partial \varepsilon}{\partial \alpha}\right) - \eta_t \frac{S_t}{S} a_t \left(1 - \frac{\partial \varepsilon}{\partial \alpha}\right)(h_{n_{wb}} - h) \quad (2.9\text{-}54)$$

を用いると，トリム時の揚力傾斜は (2.9-44) 式から次のように表される．

$$\begin{aligned}
(C_{L_\alpha})_{\text{trim}} &= C_{L_\alpha} \left\{ 1 + \frac{C_{L_{\delta e}}(h_n - h)}{C_{m_{\delta e}}} \right\} = C_{L_\alpha} + C_{L_\alpha} \frac{C_{L_{\delta e}}}{C_{m_{\delta e}}}(h_n - h_{n_{wb}}) + C_{L_\alpha} \frac{C_{L_{\delta e}}}{C_{m_{\delta e}}}(h_{n_{wb}} - h) \\
&= \left[a_{wb} + \eta_t \frac{S_t}{S} a_t \left(1 - \frac{\partial \varepsilon}{\partial \alpha}\right) \right] + \left[-\eta_t \frac{S_t}{S} a_t \left(1 - \frac{\partial \varepsilon}{\partial \alpha}\right) + \eta_t \frac{S_t}{S} a_t \left(1 - \frac{\partial \varepsilon}{\partial \alpha}\right)(h_{n_{wb}} - h) \right] \frac{\bar{c}}{l_t} \\
&\quad - C_{L_\alpha}(h_{n_{wb}} - h) \frac{\bar{c}}{l_t} \\
&= a_{wb} + \left[\eta_t \frac{S_t}{S} a_t \left(1 - \frac{\partial \varepsilon}{\partial \alpha}\right) - C_{L_\alpha} \right](h_{n_{wb}} - h) \frac{\bar{c}}{l_t} = a_{wb} \left[1 - (h_{n_{wb}} - h) \frac{\bar{c}}{l_t} \right] \quad (2.9\text{-}55)
\end{aligned}$$

これから，トリム時においては，重心 h が主翼胴体の空力中心 $h_{n_{wb}}$ にあると，揚力傾斜は主翼胴体の揚力傾斜 a_{wb} に等しくなり，重心が $h_{n_{wb}}$ より前にあると揚力傾斜は a_{wb} より小さくなることがわかる．

(7) 操縦中正点

操縦桿を引き，引き起こし運動 (マニューバ運動) をした場合について考える．1 G 増加するのに必要なエレベータ舵角が 0 ($\delta e/\Delta n_z = 0$) となる重心位置 h_m を，昇降舵固定の**操縦中正点** (stick-fixed maneuver piont) という．

(2.6-5) 式，(2.6-7) 式～(2.6-9) 式から，$\Delta n_z/\delta e$ は次式で与えられる．

$$\frac{\Delta n_z}{\delta e} = \frac{V}{57.3g} \cdot \frac{-\overline{Z}_{\delta e}s^2 + \overline{Z}_{\delta e}M_q's + M_{\delta e}'/T_{\theta_2}}{s^2 + 2\zeta_{sp}\omega_{sp}s + \omega_{sp}^2} \tag{2.9-56}$$

$$\begin{cases} \omega_{sp}^2 = M_q'\overline{Z}_\alpha - M_\alpha' \\ 2\zeta_{sp}\omega_{sp} = -M_q' - \overline{Z}_\alpha \end{cases}, \qquad \frac{1}{T_{\theta_2}} = -\overline{Z}_\alpha + \frac{M_\alpha'}{M_{\delta e}'}\overline{Z}_{\delta e} \tag{2.9-57}$$

(2.9-56) 式および (2.9-57) 式から，1 G 増加するのに必要なエレベータ舵角の定常値が次式で得られる．

$$\left(\frac{\delta e}{\Delta n_z}\right)_{s.s.} = \frac{57.3g}{V} \cdot \frac{\omega_{sp}^2}{M_{\delta e}'/T_{\theta_2}} = -\frac{57.3g}{V} \cdot \frac{M_q'\overline{Z}_\alpha - M_\alpha'}{M_{\delta e}'\overline{Z}_\alpha - \overline{Z}_{\delta e}M_\alpha'} \tag{2.9-58}$$

次に，(2.9-58) 式の各空力微係数について考える．いま，簡単のため，$C_{L\dot\alpha}$ を省略すると，

$$\begin{aligned}
\omega_{sp}^2 = M_q'\overline{Z}_\alpha - M_\alpha' &\fallingdotseq M_q\overline{Z}_\alpha - M_\alpha \\
&= -\frac{\rho VS\overline{c}^2 C_{m_q}}{4I_y} \cdot \frac{\rho VSC_{L_\alpha} \times 57.3}{2m} - \frac{\rho V^2 S\overline{c}C_{m_\alpha} \times 57.3}{2I_y} \\
&= \frac{\rho V^2 S\overline{c} \times 57.3}{2I_y}\left(-C_{m_\alpha} - \frac{\rho S\overline{c}}{4m}C_{L_\alpha}C_{m_q}\right) = \frac{\rho V^2 S\overline{c} \times 57.3}{2I_y}C_{L_\alpha}\left(h_n - \frac{\rho S\overline{c}}{4m}C_{m_q} - h\right)
\end{aligned} \tag{2.9-59}$$

となる．この式は次のように表すことができる．

$$\omega_{sp}^2 \fallingdotseq \frac{\rho V^2 S\overline{c} \times 57.3}{2I_y}C_{L_\alpha}(h_m - h) \tag{2.9-60}$$

ただし，

$$\boxed{h_m = h_n - \frac{\rho S\overline{c}}{4m}C_{m_q}} \quad \text{[操縦中正点]} \tag{2.9-61}$$

であり，h_m は昇降舵固定の操縦中正点である．(2.9-60) 式の $(h_m - h)$ は操縦時の安定余裕を表し，昇降舵固定 (stick-fixed) の**マニューバマージン** (maneuver margin) と呼ばれる．$C_{L_{\delta e}}$ を省略すると，n G で飛行している機体では次の関係式が成り立つ．

$$n \fallingdotseq \frac{\rho V^2 SC_{L_\alpha}\alpha}{2W}, \quad \therefore \frac{n}{\alpha} \fallingdotseq \frac{\rho V^2 S \times 57.3}{2W}C_{L_\alpha} \quad \text{[G/rad]} \tag{2.9-62}$$

したがって，(2.9-60) 式と (2.9-62) 式から次式を得る．

$$\boxed{\frac{\omega_{sp}^2}{n/\alpha} \fallingdotseq \frac{W\overline{c}}{I_y}(h_m - h)} \quad \text{[CAP～マニューバマージン]} \tag{2.9-63}$$

この式の左辺は，(2.6-31) 式で述べた CAP の式であり，マニューバマージンに比例することがわかる．また，

$$M_{\delta e}\overline{Z}_\alpha = -\frac{\rho V^2 S \overline{c} \times 57.3}{2I_y}C_{m_{\delta e}} \cdot \frac{\rho V S \times 57.3}{2m}C_{L_\alpha} \tag{2.9-64}$$

であるから，(2.9-60) 式を用いると

$$\frac{\omega_{sp}^2}{M_{\delta e}\overline{Z}_\alpha} = \frac{\frac{\rho V^2 S \overline{c} \times 57.3}{2I_y}C_{L_\alpha}(h_m-h)}{-\frac{\rho V^2 S \overline{c} \times 57.3}{2I_y}C_{m_{\delta e}} \cdot \frac{\rho V S \times 57.3}{2m}C_{L_\alpha}} = -\frac{2m}{\rho V S \times 57.3} \cdot \frac{h_m-h}{C_{m_{\delta e}}} \tag{2.9-65}$$

となる．この関係式を用いると，(2.9-58) 式から近似的に次のように表される．

$$\boxed{\left(\frac{\delta e}{\Delta n_z}\right)_{s.s.} \doteqdot \frac{57.3g}{V} \cdot \frac{\omega_{sp}^2}{M_{\delta e}\overline{Z}_\alpha} = -\frac{2mg}{\rho V^2 S} \cdot \frac{h_m-h}{C_{m_{\delta e}}}} \tag{2.9-66}$$

これから，重心 h が h_m に等しいときに $\delta e/\Delta n_z = 0$，すなわち，1 G 増加するのに必要なエレベータ舵角の定常値は 0 となる．

[例題 2.9-2] 水平尾翼容積比 V_H' と縦安定中性点 h_n の関係図が，例題 2.9-1 のように求まったとする．このとき，(2.9-63) 式の CAP とマニューバマージンの関係式を用いて，図 2.14 の CAP に関する設計基準 CAP $\geqq 0.28$ を満足するように，重心最後方条件として，例題 2.9-1 の横軸 h_n，縦軸 V_H' の図の中に記入せよ．

■解答■ (2.9-63) 式を CAP に関する設計基準を適用すると，次式を得る．

$$CAP = \frac{\omega_{sp}^2}{n/\alpha} \doteqdot \frac{W\overline{c}}{I_y}(h_m-h) \geqq 0.28$$

変形すると次式を得る．

$$h_m - h = \left(h_n - \frac{\rho S \overline{c}}{4m}C_{m_q}\right) - h \geqq \frac{0.28 I_y}{W\overline{c}}$$

この関係式を，図 2.18 に書き込むと，図 2.24 のようになる．

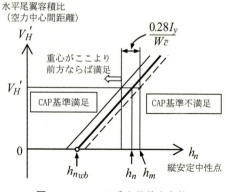

図 **2.24** CAP の重心最後方条件

2.10 ■ 本章のまとめ ✈

　本章では，機体が縦系のみ運動していると仮定して，機体運動の基礎式を導出した．釣り合い飛行状態から小さく変動した場合の運動方程式を，微小擾乱という近似を用いて簡単化し，ラプラス変換を用いて機体応答の解析式を得た．この応答式を用いて，機体運動特性が空力安定微係数とどういう関係にあるかを考察することができる．

　縦系の運動には，長周期モードと短周期モードという2つの運動モードがあり，これらの特性に関する設計基準について述べた．安定に飛行するためには，重心まわりのモーメントが釣り合い，さらに外乱による変動に対しても安定となっている必要がある．このときに重要な役割を果たす，縦安定中性点および操縦中性点について述べた．

＞＞演習問題2＜＜

2.1 例題 2.3-1 のデータを用いて，重心が 25%から 35%MAC に後方移動した場合の C_{m_α} および M'_α の値を求めよ．

2.2 問 2.1 で求めた 35%MAC での M'_α の値を用いて，長周期モードの固有角振動数 ω_p を求めよ．

2.3 長周期モードが不安定条件 $\omega_p^2 = 0$ となる M'_α の値を求めよ．この M'_α の値は，重心が何%MAC のときに対応するか．

2.4 問 2.1 で求めた 35%MAC での M'_α の値を用いて，短周期モードの固有角振動数 ω_{sp} を求めよ．

2.5 短周期モードが $\omega_{sp}^2 = 0$ となる M'_α の値を求めよ．この M'_α の値は，重心が何%MAC のときに対応するか．

2.6 例題 2.4-1 において，エレベータに対する速度応答 $u/\delta e$ は次のように得られた．
$$\frac{u}{\delta e} = -0.00413 \frac{(s+1.93)(s-7.49)}{(s^2+2\zeta_p\omega_p s+\omega_p^2)(s^2+2\zeta_{sp}\omega_{sp}s+\omega_{sp}^2)}$$
この伝達関数において，エレベータのステップ入力 (押し 1°) に対する u の応答の初期値と最終値を求めよ．その結果，速度はどうなるか．ただし，$\omega_p^2\omega_{sp}^2 = 0.0124$ とする．(ステップ応答の初期値と最終値については A.10 節参照．)

2.7 例題 2.4-2 において，エレベータに対する迎角応答 $\alpha/\delta e$ は次のように得られた．
$$\frac{\alpha}{\delta e} = -0.0344 \frac{(s+17.6)(s+0.104-j0.160)(s+0.104+j0.160)}{(s^2+2\zeta_p\omega_p s+\omega_p^2)(s^2+2\zeta_{sp}\omega_{sp}s+\omega_{sp}^2)}$$
この伝達関数において，エレベータのステップ入力 (押し 1°) に対する α の応答の初期値と最終値を求めよ．その結果，迎角はどうなるか．ただし，$\omega_p^2\omega_{sp}^2 = 0.0124$ とする．

2.8 例題 2.4-3 において，エレベータに対するピッチ角応答 $\theta/\delta e$ は次のように得られた．
$$\frac{\theta}{\delta e} = -0.606 \frac{(s+0.0519)(s+0.575)}{(s^2+2\zeta_p\omega_p s+\omega_p^2)(s^2+2\zeta_{sp}\omega_{sp}s+\omega_{sp}^2)}$$

90 第 2 章 ■ 縦系の機体運動

この伝達関数において，エレベータのステップ入力 (押し 1°) に対する θ の応答の初期値と最終値を求めよ．その結果，ピッチ角はどうなるか．ただし，$\omega_p^2 \omega_{sp}^2 = 0.0124$ とする．

2.9 例題 2.4-4 において，エレベータに対する飛行経路角応答 $\gamma/\delta e$ は次のように得られた．

$$\frac{\gamma}{\delta e} = 0.0344 \frac{(s+0.0074)(s+3.18)(s-3.18)}{(s^2 + 2\zeta_p \omega_p s + \omega_p^2)(s^2 + 2\zeta_{sp}\omega_{sp}s + \omega_{sp}^2)}$$

この伝達関数において，エレベータのステップ入力 (押し 1°) に対する γ の応答の初期値と最終値を求めよ．その結果，飛行経路角はどうなるか．ただし，$\omega_p^2 \omega_{sp}^2 = 0.0124$ とする．

2.10 バックサイドパラメータ $1/T_h$ が負になると，いわゆるバックサイド操縦領域になり，操縦桿を引いて機首上げ操作を行うと速度の減少とともに高度も減少するという通常とは逆の応答となる．この特性を物理的に説明せよ．

2.11 長周期運動の 2 自由度近似によれば，固有角振動数 ω_p は機体の重量や空力係数によらず，速度 V のみによって $\omega_p = \sqrt{2}g/V$ で表される．この近似における運動について述べよ．

2.12 例題 2.3-1 の機体データにより，短周期運動の ω_{sp}, ζ_{sp}, $1/T_{\theta_2}$, n/α および CAP の値を求めよ．

2.13 問 2.12 で求めた機体の ω_{sp}, ζ_{sp}, $1/T_{\theta_2}$, n/α および CAP の値から設計基準に関する評価を行え．ただし，飛行機のクラスは大型大重量機，また飛行状態カテゴリは離着陸とする．

第3章

横・方向系の機体運動

本章では，微小擾乱を仮定して横・方向運動における4次の線形微分方程式を導く．この方程式をラプラス変換を用いて線形の連立1次方程式に変換し，この式からエルロンおよびラダー舵角を操舵した場合の機体運動特性を評価する解析式を導く．次に，この解析式を用いて実際に運動特性を評価する方法について述べる．

3.1 ■ 横・方向系の機体運動基礎式

横運動 (横滑り β と横転運動 p) および方向運動 (機首を左右に振る回転運動 r) の3個の状態量と姿勢を表すロール角 ϕ(バンク角) の変化による横・方向系の運動について考える．

まず，第1章の6自由度の運動方程式から，横・方向系の運動に関係する式を整理してみる．y軸方向の力の運動方程式は (1.4-1) 式から

$$\dot{v} = -\frac{r}{57.3}u + \frac{p}{57.3}w + g\cos\theta\sin\phi + \frac{\rho V^2 S}{2m}C_y \tag{3.1-1}$$

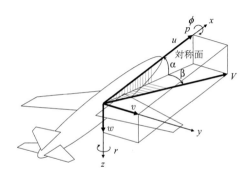

図 **3.1** 横・方向系の運動

である．ここで，V は機体速度，u, v, および w は 3 軸方向の機体速度成分 ($\dot{v}$ は v の時間微分)，p はロール角速度，r はヨー角速度，θ はピッチ角，m は機体質量，g は重力加速度，ρ は空気密度，S は主翼面積，C_y は y 軸方向の空気力の無次元係数である．また，速度と迎角および横滑り角との関係は (1.7-1) 式から

$$u = V\cos\beta\cos\alpha, \quad v = V\sin\beta, \quad w = V\cos\beta\sin\alpha \tag{3.1-2}$$

である．いま，迎角 α は大きな値まで考え，横滑り角 β は小さな値とすると，(3.1-2) 式から次の関係式が得られる．

$$\frac{u}{V} \fallingdotseq \cos\alpha, \quad \frac{v}{V} \fallingdotseq \frac{\beta}{57.3}, \quad \frac{w}{V} \fallingdotseq \sin\alpha \tag{3.1-3}$$

これを (3.1-1) 式に代入すると，迎角が大きい場合にも適用できる y 軸方向の力の運動方程式として次式が得られる．

$$\boxed{\dot{\beta} = -r\cos\alpha + p\sin\alpha + \frac{57.3g}{V}\cos\theta\sin\phi + \frac{\rho VS}{2m}C_y \times 57.3} \quad [\alpha \text{ 大，} \beta \text{ 微小な場合}]$$

$$\tag{3.1-4}$$

この式は，後述する高迎角での横・方向特性の検討に用いられる．

次に，x 軸および z 軸まわりのモーメントの運動方程式は (1.4-4) 式から

$$\boxed{\begin{cases} \dot{p} = \left(\dfrac{L}{I_x} + \dfrac{I_{xz}}{I_x}\cdot\dfrac{N}{I_z}\right)\bigg/\left(1 - \dfrac{I_{xz}^2}{I_x I_z}\right) \\[3mm] \dot{r} = \left(\dfrac{N}{I_z} + \dfrac{I_{xz}}{I_z}\cdot\dfrac{L}{I_x}\right)\bigg/\left(1 - \dfrac{I_{xz}^2}{I_x I_z}\right) \end{cases}} \tag{3.1-5}$$

$$\begin{cases} L = (I_y - I_z)\cdot\dfrac{qr}{57.3} + I_{xz}\dfrac{pq}{57.3} + \dfrac{\rho V^2 Sb}{2} \times 57.3 \cdot C_l \\[3mm] N = (I_x - I_y)\cdot\dfrac{pq}{57.3} - I_{xz}\dfrac{qr}{57.3} + \dfrac{\rho V^2 Sb}{2} \times 57.3 \cdot C_n \end{cases} \tag{3.1-6}$$

である．ここで，I_x, I_y および I_z は 3 軸まわりの慣性モーメント，I_{xz} は慣性乗積，q はピッチ角速度，b は翼幅，C_l および C_n はそれぞれ x 軸および z 軸まわりの空気力がつくるモーメントの無次元係数である．なお，57.3 は 3 軸まわりの角速度 p, q, r を deg/s の単位で表すための換算用の数字である．

さて，本章では横・方向系のみの運動を考えるので，縦系の状態量である迎角，ピッチ角および機体速度成分を次のようにおく．

$$u = u_0, \quad w = w_0, \quad \theta = \theta_0, \quad \alpha = \alpha_0 \tag{3.1-7}$$

ここで，添字 0 は一定を表す．このとき，(3.1-1) 式は次のようになる．

$$\dot{v} = -\frac{r}{57.3}u_0 + \frac{p}{57.3}w_0 + g\cos\theta_0\sin\phi + \frac{\rho V^2 S}{2m}C_y \tag{3.1-8}$$

また，オイラー角，迎角，横滑り角，機体速度，荷重倍数およびセンサーの式は 1.6 節および 1.7 節より次のようになる．

$$\dot{\psi} = \frac{r}{\cos\theta_0 \cos\phi}, \qquad \dot{\theta} = 0, (q = r\tan\phi), \qquad \dot{\phi} = p + \frac{r\tan\theta_0}{\cos\phi} \qquad (3.1\text{-}9)$$

$$\alpha_0 = 57.3\tan^{-1}\frac{w_0}{u_0}, \qquad \beta = 57.3\sin^{-1}\frac{v}{V}, \qquad V = \sqrt{u_0^2 + v^2 + w_0^2} \qquad (3.1\text{-}10)$$

$$u_0 = V\cos\beta\cos\alpha_0, \qquad v = V\sin\beta, \qquad w_0 = V\cos\beta\sin\alpha_0 \qquad (3.1\text{-}11)$$

$$n_y = \frac{\rho V^2 S}{2W}C_y, \qquad n_{ysen} = n_y + \frac{l_{sen}}{57.3g}\dot{r}, \qquad \beta_{sen} = \beta + \frac{l_{sen}}{V}r \qquad (3.1\text{-}12)$$

無次元空力係数 C_y，C_l および C_n は 1.8 節より次のようになる．

$$\begin{cases} C_y = C_{y_\beta}\beta + C_{y_{\delta r}}\delta r \\ C_l = C_{l_\beta}\beta + \dfrac{b}{2V}\left(C_{l_p}\dfrac{p}{57.3} + C_{l_r}\dfrac{r}{57.3}\right) + C_{l_{\delta a}}\delta a + C_{l_{\delta r}}\delta r \\ C_n = C_{n_\beta}\beta + \dfrac{b}{2V}\left(C_{n_p}\dfrac{p}{57.3} + C_{n_r}\dfrac{r}{57.3}\right) + C_{n_{\delta a}}\delta a + C_{n_{\delta r}}\delta r + \dfrac{CG-25}{100}\cdot\dfrac{\overline{c}}{b}C_y \end{cases} \qquad (3.1\text{-}13)$$

3.2 ■ 横・方向系の微小擾乱運動方程式 ✈

　縦系の場合と同様に，横・方向系の運動を解析的に検討する際に必要な，微小擾乱運動方程式を導く．この方程式を用いて，横・方向系の運動特性を比較的簡単に解析することができる．

(1) 微小擾乱による近似

　釣り合い状態 $(u_0, w_0, \theta_0, \alpha_0)$ からの微小擾乱運動を考える．

$$V \fallingdotseq u_0, \qquad \alpha_0 \fallingdotseq \frac{57.3w_0}{V}, \qquad \beta \fallingdotseq \frac{57.3v}{V}, \qquad \sin\phi \fallingdotseq \frac{\phi}{57.3} \qquad (3.2\text{-}1)$$

とし，w_0，q も微小と考える．まず，(3.1-5) 式，(3.1-6) 式および (3.1-8) 式は次のように変形できる．

$$\begin{cases} \dot{v} = -\dfrac{r}{57.3}u_0 + \dfrac{p}{57.3}w_0 + \dfrac{g\cos\theta_0}{57.3}\phi + \dfrac{\rho V^2 S}{2m}C_y \\ \dot{p} = \dfrac{\rho V^2 Sb \times 57.3}{2}\left(\dfrac{C_l}{I_x} + \dfrac{I_{xz}}{I_x}\cdot\dfrac{C_n}{I_z}\right)\bigg/\left(1 - \dfrac{I_{xz}^2}{I_x I_z}\right) \\ \dot{r} = \dfrac{\rho V^2 Sb \times 57.3}{2}\left(\dfrac{C_n}{I_z} + \dfrac{I_{xz}}{I_z}\cdot\dfrac{C_l}{I_x}\right)\bigg/\left(1 - \dfrac{I_{xz}^2}{I_x I_z}\right) \end{cases} \qquad (3.2\text{-}2)$$

　さて，空力係数 C_y，C_l および C_n は (3.1-13) 式で表されるが，その式の右辺の空力安定微係数は次式で定義されるものである．

94　第 3 章 ■ 横・方向系の機体運動

$$
\begin{cases}
C_{y_\beta} = \dfrac{\partial C_y}{\partial \beta} \\[3mm]
C_{y_{\delta r}} = \dfrac{\partial C_y}{\partial \delta r}
\end{cases},
\begin{cases}
C_{l_\beta} = \dfrac{\partial C_l}{\partial \beta} \\[3mm]
C_{l_p} = \dfrac{\partial C_l}{\partial \{pb/(2V \times 57.3)\}} \\[3mm]
C_{l_r} = \dfrac{\partial C_l}{\partial \{rb/(2V \times 57.3)\}} \\[3mm]
C_{l_{\delta a}} = \dfrac{\partial C_l}{\partial \delta a} \\[3mm]
C_{l_{\delta r}} = \dfrac{\partial C_l}{\partial \delta r}
\end{cases},
\begin{cases}
C_{n_\beta} = \dfrac{\partial C_n}{\partial \beta} \\[3mm]
C_{n_p} = \dfrac{\partial C_n}{\partial \{pb/(2V \times 57.3)\}} \\[3mm]
C_{n_r} = \dfrac{\partial C_n}{\partial \{rb/(2V \times 57.3)\}} \\[3mm]
C_{n_{\delta a}} = \dfrac{\partial C_n}{\partial \delta a} \\[3mm]
C_{n_{\delta r}} = \dfrac{\partial C_n}{\partial \delta r}
\end{cases}
\tag{3.2-3}
$$

(2) 有次元の空力安定微係数

さて，以下に定義する有次元の空力安定微係数を求める．有次元の空力安定微係数は実際の運動を数値的に理解するのに便利である．(3.2-3) 式を用いると有次元の空力安定微係数は以下のように表される．

$$
\begin{cases}
Y_\beta = \dfrac{\partial}{\partial \beta}\left[\dfrac{\rho V^2 S}{2m} C_y\right] = \dfrac{\rho V^2 S}{2m} C_{y_\beta} \\[3mm]
Y_{\delta r} = \dfrac{\partial}{\partial \delta r}\left[\dfrac{\rho V^2 S}{2m} C_y\right] = \dfrac{\rho V^2 S}{2m} C_{y_{\delta r}}
\end{cases}
\tag{3.2-4}
$$

$$
\begin{cases}
L_\beta = \dfrac{\partial}{\partial \beta}\left[\dfrac{\rho V^2 Sb}{2I_x} \times 57.3 \cdot C_l\right] = \dfrac{\rho V^2 Sb}{2I_x} C_{l_\beta} \times 57.3 \\[3mm]
L_{\delta a} = \dfrac{\partial}{\partial \delta a}\left[\dfrac{\rho V^2 Sb}{2I_x} \times 57.3 \cdot C_l\right] = \dfrac{\rho V^2 Sb}{2I_x} C_{l_{\delta a}} \times 57.3 \\[3mm]
L_{\delta r} = \dfrac{\partial}{\partial \delta r}\left[\dfrac{\rho V^2 Sb}{2I_x} \times 57.3 \cdot C_l\right] = \dfrac{\rho V^2 Sb}{2I_x} C_{l_{\delta r}} \times 57.3
\end{cases}
\tag{3.2-5a}
$$

$$
\begin{cases}
L_p = \dfrac{\partial}{\partial p}\left[\dfrac{\rho V^2 Sb}{2I_x} \times 57.3 \cdot C_l\right] = \dfrac{\rho V Sb^2}{4I_x} C_{l_p} \\[3mm]
L_r = \dfrac{\partial}{\partial r}\left[\dfrac{\rho V^2 Sb}{2I_x} \times 57.3 \cdot C_l\right] = \dfrac{\rho V Sb^2}{4I_x} C_{l_r}
\end{cases}
\tag{3.2-5b}
$$

$$
\begin{cases}
N_\beta = \dfrac{\partial}{\partial \beta}\left[\dfrac{\rho V^2 Sb}{2I_z} \times 57.3 \cdot C_n\right] = \dfrac{\rho V^2 Sb}{2I_z} C_{n_\beta} \times 57.3 \\[3mm]
N_{\delta a} = \dfrac{\partial}{\partial \delta a}\left[\dfrac{\rho V^2 Sb}{2I_z} \times 57.3 \cdot C_n\right] = \dfrac{\rho V^2 Sb}{2I_z} C_{n_{\delta a}} \times 57.3 \\[3mm]
N_{\delta r} = \dfrac{\partial}{\partial \delta r}\left[\dfrac{\rho V^2 Sb}{2I_z} \times 57.3 \cdot C_n\right] = \dfrac{\rho V^2 Sb}{2I_z} C_{n_{\delta r}} \times 57.3
\end{cases}
\tag{3.2-6a}
$$

$$
\begin{cases}
N_p = \dfrac{\partial}{\partial p}\left[\dfrac{\rho V^2 Sb}{2I_z} \times 57.3 \cdot C_n\right] = \dfrac{\rho V Sb^2}{4I_z} C_{n_p} \\[3mm]
N_r = \dfrac{\partial}{\partial r}\left[\dfrac{\rho V^2 Sb}{2I_z} \times 57.3 \cdot C_n\right] = \dfrac{\rho V Sb^2}{4I_z} C_{n_r}
\end{cases}
\tag{3.2-6b}
$$

3.2 ■ 横・方向系の微小擾乱運動方程式   95

これらの関係式を用いると，(3.2-2) 式の運動方程式右辺の空力項は次のように表すことができる.

$$\begin{cases} \dfrac{\rho V^2 S}{2m} C_y = Y_\beta \beta + Y_{\delta r} \delta r \\[2mm] \dfrac{\rho V^2 S b}{2I_x} \times 57.3 \cdot C_l = L_\beta \beta + L_p p + L_r r + L_{\delta a} \delta a + L_{\delta r} \delta r \\[2mm] \dfrac{\rho V^2 S b}{2I_z} \times 57.3 \cdot C_n = N_\beta \beta + N_p p + N_r r + N_{\delta a} \delta a + N_{\delta r} \delta r \end{cases} \tag{3.2-7}$$

したがって，(3.2-2) 式の運動方程式は次のように書ける.

$$\begin{cases} \dot{v} = -\dfrac{r}{57.3} u_0 + \dfrac{p}{57.3} w_0 + \dfrac{g\cos\theta_0}{57.3}\phi + Y_\beta \beta + Y_{\delta r}\delta r \\[2mm] \left(1 - \dfrac{I_{xz}^2}{I_x I_z}\right)\dot{p} = L_\beta \beta + L_p p + L_r r + L_{\delta a}\delta a + L_{\delta r}\delta r \\[2mm] \qquad\qquad + \dfrac{I_{xz}}{I_x}\left(N_\beta \beta + N_p p + N_r r + N_{\delta a}\delta a + N_{\delta r}\delta r\right) \\[2mm] \left(1 - \dfrac{I_{xz}^2}{I_x I_z}\right)\dot{r} = N_\beta \beta + N_p p + N_r r + N_{\delta a}\delta a + N_{\delta r}\delta r \\[2mm] \qquad\qquad + \dfrac{I_{xz}}{I_z}\left(L_\beta \beta + L_p p + L_r r + L_{\delta a}\delta a + L_{\delta r}\delta r\right) \end{cases} \tag{3.2-8}$$

この式の 1 番目の式の両辺に 57.3/V をかけて

$$\frac{u_0}{V} \fallingdotseq 1, \qquad \alpha_0 \fallingdotseq \frac{57.3 w_0}{V}, \qquad \beta \fallingdotseq \frac{57.3 v}{V} \tag{3.2-9}$$

とおくと，

$$\dot{\beta} = -r + \frac{\alpha_0}{57.3}p + \frac{g\cos\theta_0}{V}\phi + \frac{57.3 Y_\beta}{V}\beta + \frac{57.3 Y_{\delta r}}{V}\delta r \tag{3.2-10}$$

となる．ここでこの式の右辺の係数を新たに次のように置く.

$$\boxed{\frac{57.3 Y_\beta}{V} = \overline{Y}_\beta, \quad \frac{57.3 Y_{\delta r}}{V} = \overline{Y}_{\delta r}} \quad [\overline{Y}_i \text{の定義}] \tag{3.2-11}$$

このとき，(3.2-10) 式は次のように表される.

$$\dot{\beta} = -r + \frac{\alpha_0}{57.3}p + \frac{g\cos\theta_0}{V}\phi + \overline{Y}_\beta\beta + \overline{Y}_{\delta r}\delta r \tag{3.2-12}$$

この式の右辺の有次元空力安定微係数は次式となる.

$$\overline{Y}_\beta = \frac{\rho V S}{2m}C_{y\beta}\times 57.3, \quad \overline{Y}_{\delta r} = \frac{\rho V S}{2m}C_{y\delta r}\times 57.3 \tag{3.2-13}$$

一方，(3.2-8) 式の第 2 式と第 3 式において

$$L'_k = \left(L_k + \frac{I_{xz}}{I_x}N_k\right)\Big/\left(1 - \frac{I_{xz}^2}{I_x I_z}\right), \quad (\text{ただし}, \; k = \beta, p, r, \delta a, \delta r) \tag{3.2-14}$$

$$N'_k = \left(N_k + \frac{I_{xz}}{I_z}L_k\right)\Big/\left(1 - \frac{I_{xz}^2}{I_x I_z}\right), \quad (\text{ただし}, \; k = \beta, p, r, \delta a, \delta r) \tag{3.2-15}$$

96 第3章 ■ 横・方向系の機体運動

とおけば，x 軸および z 軸まわりのモーメントの運動方程式は

$$\begin{cases} \dot{p} = L'_\beta \beta + L'_p p + L'_r r + L'_{\delta a} \delta a + L'_{\delta r} \delta r \\ \dot{r} = N'_\beta \beta + N'_p p + N'_r r + N'_{\delta a} \delta a + N'_{\delta r} \delta r \end{cases} \tag{3.2-16}$$

となる．ここで，右辺の有次元空力安定微係数は**プライムド微係数** (primed derivative) と呼ばれる．微小攪乱でのオイラー角は (3.1-9) 式から次式となる．

$$\dot{\psi} = \frac{r}{\cos\theta_0}, \quad \dot{\theta} = 0, \ (q = r\phi/57.3), \quad \dot{\phi} = p + r\tan\theta_0 \tag{3.2-17}$$

(3) 微小攪乱運動方程式のまとめ

以上まとめると，(3.2-12) 式，(3.2-16) 式および (3.2-17) 式より状態変数 β, p, r, ϕ の微小攪乱運動方程式が次のように得られる．

[横・方向系の微小攪乱運動方程式]

$$\begin{cases} \dot{\beta} = \overline{Y}_\beta \beta + \dfrac{\alpha_0}{57.3} p - r + \dfrac{g\cos\theta_0}{V}\phi + \overline{Y}_{\delta r}\delta r \\ \dot{p} = L'_\beta \beta + L'_p p + L'_r r \quad\quad\quad + L'_{\delta a}\delta a + L'_{\delta r}\delta r \\ \dot{r} = N'_\beta \beta + N'_p p + N'_r r \quad\quad\quad + N'_{\delta a}\delta a + N'_{\delta r}\delta r \\ \dot{\phi} = p + r\tan\theta_0 \end{cases} \tag{3.2-18}$$

[微小攪乱運動方程式 (行列表示)]

$$\begin{bmatrix} \dot{\beta} \\ \dot{p} \\ \dot{r} \\ \dot{\phi} \end{bmatrix} = \begin{bmatrix} \overline{Y}_\beta & \dfrac{\alpha_0}{57.3} & -1 & \dfrac{g\cos\theta_0}{V} \\ L'_\beta & L'_p & L'_r & 0 \\ N'_\beta & N'_p & N'_r & 0 \\ 0 & 1 & \tan\theta_0 & 0 \end{bmatrix} \begin{bmatrix} \beta \\ p \\ r \\ \phi \end{bmatrix} + \begin{bmatrix} 0 & \overline{Y}_{\delta r} \\ L'_{\delta a} & L'_{\delta r} \\ N'_{\delta a} & N'_{\delta r} \\ 0 & 0 \end{bmatrix} \begin{bmatrix} \delta a \\ \delta r \end{bmatrix} \tag{3.2-19}$$

この式の右辺の有次元空力安定微係数もまとめて以下に示す．

$$\begin{cases} \overline{Y}_\beta = \dfrac{\rho V S}{2m} C_{y\beta} \times 57.3 \quad [1/s] \\ \overline{Y}_{\delta r} = \dfrac{\rho V S}{2m} C_{y\delta r} \times 57.3 \quad [1/s] \end{cases} \tag{3.2-20}$$

$$\begin{cases} L'_\beta = \dfrac{\rho V^2 S b}{2\tilde{I}_x}\left(C_{l\beta} + \dfrac{I_{xz}}{I_z}C_{n\beta}\right) \times 57.3 \quad [1/s^2] \\ L'_{\delta a} = \dfrac{\rho V^2 S b}{2\tilde{I}_x}\left(C_{l\delta a} + \dfrac{I_{xz}}{I_z}C_{n\delta a}\right) \times 57.3 \quad [1/s^2] \ , \\ L'_{\delta r} = \dfrac{\rho V^2 S b}{2\tilde{I}_x}\left(C_{l\delta r} + \dfrac{I_{xz}}{I_z}C_{n\delta r}\right) \times 57.3 \quad [1/s^2] \end{cases} \begin{cases} L'_p = \dfrac{\rho V S b^2}{4\tilde{I}_x}\left(C_{lp} + \dfrac{I_{xz}}{I_z}C_{np}\right) \quad [1/s] \\ L'_r = \dfrac{\rho V S b^2}{4\tilde{I}_x}\left(C_{lr} + \dfrac{I_{xz}}{I_z}C_{nr}\right) \quad [1/s] \end{cases}$$

$$\tag{3.2-21}$$

$$\begin{cases} N'_\beta = \dfrac{\rho V^2 Sb}{2\widetilde{I}_z}\left(C_{n_\beta} + \dfrac{I_{xz}}{I_x}C_{l_\beta}\right) \times 57.3 \quad [1/s^2] \\[3mm] N'_{\delta a} = \dfrac{\rho V^2 Sb}{2\widetilde{I}_z}\left(C_{n_{\delta a}} + \dfrac{I_{xz}}{I_x}C_{l_{\delta a}}\right) \times 57.3 \quad [1/s^2] \;, \\[3mm] N'_{\delta r} = \dfrac{\rho V^2 Sb}{2\widetilde{I}_z}\left(C_{n_{\delta r}} + \dfrac{I_{xz}}{I_x}C_{l_{\delta r}}\right) \times 57.3 \quad [1/s^2] \end{cases} \begin{cases} N'_p = \dfrac{\rho V Sb^2}{4\widetilde{I}_z}\left(C_{n_p} + \dfrac{I_{xz}}{I_x}C_{l_p}\right) \quad [1/s] \\[3mm] N'_r = \dfrac{\rho V Sb^2}{4\widetilde{I}_z}\left(C_{n_r} + \dfrac{I_{xz}}{I_x}C_{l_r}\right) \quad [1/s] \end{cases}$$

(3.2-22)

ただし，$\widetilde{I}_x = I_x\left(1 - \dfrac{I_{xz}^2}{I_x I_z}\right)$, $\widetilde{I}_z = I_z\left(1 - \dfrac{I_{xz}^2}{I_x I_z}\right)$ である．

重心位置が 25%MAC と異なる場合には，次式で換算できる．

$$\begin{cases} C_{n_\beta} = \left(C_{n_\beta}\right)_{25\%} + \dfrac{CG-25}{100}\cdot\dfrac{\overline{c}}{b}C_{y_\beta} \\[3mm] C_{n_{\delta r}} = \left(C_{n_{\delta r}}\right)_{25\%} + \dfrac{CG-25}{100}\cdot\dfrac{\overline{c}}{b}C_{y_{\delta r}} \end{cases}$$

(3.2-23)

また，荷重倍数およびセンサーの式は次のようになる．

$$\Delta n_y = \dfrac{\rho V^2 S}{2W}C_y = \dfrac{V}{57.3g}\left(\overline{Y}_\beta\beta + \overline{Y}_{\delta r}\delta r\right)$$

(3.2-24)

$$\begin{cases} \beta_{sen} = \beta + \dfrac{l_{sen}}{V}r \\[3mm] \Delta n_{y_{sen}} = \Delta n_y + \dfrac{l_{sen}}{57.3g}\dot{r} \\[3mm] \qquad = \dfrac{V}{57.3g}\left(\overline{Y}_\beta\beta + \overline{Y}_{\delta r}\delta r\right) + \dfrac{l_{sen}}{57.3g}\left(N'_\beta\beta + N'_p p + N'_r r + N'_{\delta a}\delta a + N'_{\delta r}\delta r\right) \end{cases}$$

(3.2-25)

⊱ **参考** ⊰

ここで用いる無次元空力安定微係数の単位も再度まとめておくと，(1.8-11) 式から以下のようになる．

静安定微係数：C_{y_β}, $C_{y_{\delta r}}$, C_{l_β}, $C_{l_{\delta a}}$, $C_{l_{\delta r}}$, C_{n_β}, $C_{n_{\delta a}}$, $C_{n_{\delta r}}$ ⇒ [1/deg]

動安定微係数：C_{l_p}, C_{l_r}, C_{n_p}, C_{n_r} ⇒ [1/rad]

また，空気密度 ρ [kgf·s²/m⁴]，真対気速度 V [m/s]，質量 m [kgf·s²/m] = W [kgf]/9.8，慣性モーメント I_x, I_z [kgf·m·s²]，慣性乗積 I_{xz} [kgf·m·s²]，翼面積 S [m²]，翼幅 b [m] である．舵角 δa, δr の単位は [deg] を使用し，舵角の正の方向は x 軸，z 軸まわりのモーメント C_l, C_n が負になる方向と定義する．

⊱ **参考** ⊰

横・方向系の運動は複雑であるので，運動を支配する (3.2-18) 式の右辺の各項の物理的な意味合いを把握しておこう．図 3.2 および図 3.3 は機体に働く空気力をわかり易くするため

に，機体に対して空気が当たっている状態を示している．

- $\overline{Y}_\beta$：機体が右に滑った場合 ($\beta > 0$)，図 3.2 から空気が右側から胴体および垂直尾翼に当たり，左側の向きに空気力を発生することがわかる．これに相当する項が (3.2-18) 式の 1 番目の式の $\overline{Y}_\beta \beta (<0)$ である．

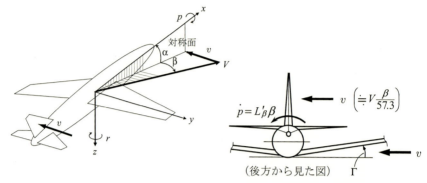

図 3.2　横滑り角 β の影響図 (1)　　　　図 3.3　横滑り角 β の影響図 (2)

- L'_β：機体が右に滑った場合 ($\beta > 0$)，図 3.3 から主翼の**上反角** Γ があると右から空気が当たると左ロールするようにモーメントが働く，また垂直尾翼が胴体の上側にあるためにやはり左ロールするようにモーメントが働く．これに相当する項が (3.2-18) 式の 2 番目の式の $L'_\beta \beta (<0)$ であり，この横滑りを止める微係数 L'_β は**上反角効果** (dihedral effect) と呼ばれる．なお，上反角効果は主翼が後退角を持つ場合にも同様な効果を持つ．

- N'_β：機体が右に滑った場合 ($\beta > 0$)，図 3.2 から右から空気が垂直尾翼に当たることにより機首を右の振るモーメントが発生する．これに相当する項が (3.2-18) 式の 3 番目の式の $N'_\beta \beta (>0)$ であり，この横滑りを抑える微係数 N'_β は**方向安定** (directional stability) と呼ばれる．

- $(\alpha_0/57.3)p$：右にロール運動 ($p > 0$) した場合，図 3.2 から迎角 α がある状態で x 軸まわりに回転すると，その迎角の分だけ横滑り角が増加する．これに相当する項が (3.2-18) 式の 1 番目の式の $(\alpha_0/57.3)p$ である．したがって，大きな迎角で x 軸まわりにロールすると大きな横滑りを生じるので注意が必要である．

- L'_p：右にロール運動 ($p > 0$) した場合，図 3.2 からわかるようにロールすると，主翼および尾翼が回転する方向から空気力を受けて，回転を止める方向にモーメントが発生する．これに相当する項が (3.2-18) 式の 2 番目の式の $L'_p p(<0)$ であり，このロール運動を抑える微係数 L'_p は**ロールダンピング** (roll damping) と呼ばれる．

- N'_p：右にロール運動 ($p > 0$) した場合，主翼が回転するために右の翼の迎角が増加して揚力ベクトルが前方に傾く．左の翼は反対に揚力ベクトルが後方に傾く．これによ

り機首を左に向けるモーメントを発生する．これに相当する項が (3.2-18) 式の 3 番目の式の $N'_p p(<0)$ である．なお，垂直尾翼にも左側の方向に空気力が発生するため，機首を右にむけるモーメント (主翼とは逆方向) を発生するが小さいため，通常 $N'_p < 0$ である．

- L'_r：機首を右に振る運動 ($r > 0$) をした場合，左の翼の流速が増加して揚力が大きくなる．右の翼は反対に揚力が減少する．これにより右にロールするモーメントを発生する．また，垂直尾翼に右側の方向に空気力が生じるため，これも右にロールするモーメントを発生する．これらに相当する項が (3.2-18) 式の 2 番目の式の $L'_r r(>0)$ である．

- N'_r：機首を右に振る運動 ($r > 0$) をした場合，垂直尾翼に右側の方向に空気力が生じるため，ヨー運動を抑える方向にモーメントを発生する．また，左の翼の流速が増加して揚力が大きくなる結果，誘導抗力が増加し，右の翼では逆に誘導抗力が減少するため，これもヨー運動を抑える方向にモーメントを発生する．これらに相当する項が (3.2-18) 式の 3 番目の式の $N'_r r(<0)$ であり，このヨー運動を抑える微係数 N'_r は**ヨーダンピング** (yaw damping) と呼ばれる．

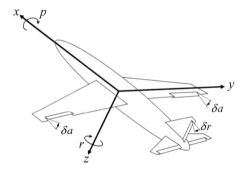

図 3.4　舵の効き

- $L'_{\delta a}$：エルロン舵角 δa の正は図 3.4 のように操舵した場合である．このとき，左ロールの運動が生じる．したがって，$L'_{\delta a} < 0$ であり，この微係数は**エルロンの効き**と呼ばれる．

- $N'_{\delta a}$：エルロン舵角 δa を正の方向に操舵して左ロールをさせようとすると，右の翼の揚力が増えて誘導抗力が増加し，左の翼は逆に誘導抗力が減少する．これにより機首を右に振るモーメント ($N'_{\delta a} > 0$) を出す．一方，主翼からの流れが垂直尾翼に影響を与えてヨーモーメントを発生する．結局 $N'_{\delta a}$ の符号は正負どちらにもなることに注意が必要である．

- $\overline{Y}_{\delta r}$：ラダー舵角 δr の正は図 3.4 のように操舵した場合である．このとき垂直尾翼の右側の方向に空気力が生じる．したがって，$\overline{Y}_{\delta r} > 0$ である．

- $L'_{\delta r}$：ラダー舵角 δr を正の方向に操舵すると，垂直尾翼の右側の方向に空気力が生じる

が，垂直尾翼が x 軸よりも上側にあるため右ロールのモーメントが発生する．したがって，$L'_{\delta r} > 0$ である．

$N'_{\delta r}$：ラダー舵角 δr を正の方向に操舵すると，垂直尾翼の右側の方向に空気力が生じ，機首を左に振るモーメントを発生する．したがって，$N'_{\delta r} < 0$ であり，この微係数はラダーの効きと呼ばれる．

3.3 ■ 横・方向系の運動モード特性の近似式 ✈

釣り合い状態 $(u_0, w_0, \theta_0, \alpha_0)$ からの微小擾乱運動を考える．微分方程式で表された微小擾乱運動方程式を直接時間領域で解くのではなく，縦系と同様に，ラプラス変換を用いて1次方程式へ変換し，コントロール舵面入力に対する状態変数の応答をラプラスの s の関数として求める．この関数により，横・方向系の運動特性が空力安定微係数とどのように関わっているかを考察することができる．

(1) 微分方程式から1次方程式への変換

エルロンおよびラダー舵角に対する応答を解析するための基礎式は (3.2-19) 式であり，再び書くと次式である．

$$
\begin{bmatrix} \dot{\beta} \\ \dot{p} \\ \dot{r} \\ \dot{\phi} \end{bmatrix} = \begin{bmatrix} \overline{Y}_\beta & \dfrac{\alpha_0}{57.3} & -1 & \dfrac{g\cos\theta_0}{V} \\ L'_\beta & L'_p & L'_r & 0 \\ N'_\beta & N'_p & N'_r & 0 \\ 0 & 1 & \tan\theta_0 & 0 \end{bmatrix} \begin{bmatrix} \beta \\ p \\ r \\ \phi \end{bmatrix} + \begin{bmatrix} 0 & \overline{Y}_{\delta r} \\ L'_{\delta a} & L'_{\delta r} \\ N'_{\delta a} & N'_{\delta r} \\ 0 & 0 \end{bmatrix} \begin{bmatrix} \delta a \\ \delta r \end{bmatrix} \tag{3.3-1}
$$

縦系のときと同様に，この微小擾乱運動方程式をラプラス変換して変形すると次式を得る．

$$
\begin{bmatrix} s - \overline{Y}_\beta & -\dfrac{\alpha_0}{57.3} & 1 & -\dfrac{g\cos\theta_0}{V} \\ -L'_\beta & s - L'_p & -L'_r & 0 \\ -N'_\beta & -N'_p & s - N'_r & 0 \\ 0 & -1 & -\tan\theta_0 & s \end{bmatrix} \begin{bmatrix} \beta \\ p \\ r \\ \phi \end{bmatrix} = \begin{bmatrix} 0 & \overline{Y}_{\delta r} \\ L'_{\delta a} & L'_{\delta r} \\ N'_{\delta a} & N'_{\delta r} \\ 0 & 0 \end{bmatrix} \begin{bmatrix} \delta a \\ \delta r \end{bmatrix} \tag{3.3-2}
$$

この式を用いて，横・方向系の運動モード特性や操舵応答特性を理解し易いように近似解析式を導出していく．ただし，簡単のため，$\tan\theta_0 \fallingdotseq \theta_0/57.3$，$\cos\theta_0 \fallingdotseq 1$ と仮定する．このとき，(3.3-2) 式は次のようになる．

$$
\begin{bmatrix}
s - \overline{Y}_\beta & -\dfrac{\alpha_0}{57.3} & 1 & -\dfrac{g}{V} \\[2mm]
-L'_\beta & s - L'_p & -L'_r & 0 \\[2mm]
-N'_\beta & -N'_p & s - N'_r & 0 \\[2mm]
0 & -1 & -\dfrac{\theta_0}{57.3} & s
\end{bmatrix}
\begin{bmatrix}
\beta \\ p \\ r \\ \phi
\end{bmatrix}
=
\begin{bmatrix}
0 & \overline{Y}_{\delta r} \\
L'_{\delta a} & L'_{\delta r} \\
N'_{\delta a} & N'_{\delta r} \\
0 & 0
\end{bmatrix}
\begin{bmatrix}
\delta a \\ \delta r
\end{bmatrix}
\tag{3.3-3}
$$

この式が，横・方向系応答の解析式を得るための基礎式である．

(2) 横・方向系の運動モード

以後の解析式の導出には次のような条件を仮定する．

$$
\begin{cases}
\left| N'_\beta \right| \gg \left| \overline{Y}_\beta N'_r \right|, \quad \left| L'_\beta \right| \gg \left| \overline{Y}_\beta L'_r \right|, \quad \left| L'_p N'_r \right| \gg \left| N'_p L'_r \right| \\[2mm]
\left| L'_p \right| \gg \left| L'_r \alpha_0 / 57.3 + (g/V)\theta_0 / 57.3 \right|, \quad \left| N'_r \right| \gg \left| N'_p \theta_0 / 57.3 \right| \\[2mm]
\left| L'_\beta \right| \gg \left| \overline{Y}_\beta L'_p \alpha_0 / 57.3 \right|, \quad \left| L'_{\delta a} \right| \gg \left| N'_{\delta a} \alpha_0 / 57.3 \right|, \quad \left| L'_r \right| \gg \left| \overline{Y}_\beta \alpha_0 / 57.3 \right| \\[2mm]
\left| L'_\beta \right| \gg \left| \overline{Y}_\beta L'_p \theta_0 / 57.3 \right|, \quad \left| L'_{\delta a} \right| \gg \left| N'_{\delta a} \theta_0 / 57.3 \right|, \quad \left| L'_r \right| \gg \left| \overline{Y}_\beta \theta_0 / 57.3 \right| \\[2mm]
\left| L'_\beta \right| \gg \left| N'_\beta \alpha_0 / 57.3 \right|, \quad \left| L'_\beta \right| \gg \left| N'_\beta \theta_0 / 57.3 \right|, \quad \left| N'_{\delta r} L'_\beta \right| \gg \left| L'_{\delta r} N'_\beta \right| \\[2mm]
\left| N'_{\delta r} L'_p \right| \gg \left| L'_{\delta r} N'_p \right| \approx \left| L'_{\delta r} (N'_p - g/V + N'_r \alpha_0 / 57.3) \right|, \quad \left| N'_{\delta r} L'_p \right| \gg \left| \overline{Y}_{\delta r} L'_p N'_r \right|
\end{cases}
\tag{3.3-4}
$$

ここではまず，横・方向系の運動モード特性について考える．横・方向系の運動には3つのモードがある．それらは，(3.3-3) 式の左辺の行列を行列式に変換して0とおいた**横・方向系運動の特性方程式**から得られる．この行列式を以下 Δ_{lat}(lat は横・方向系を表す lateral-directional の略記) と書く．

$$
\Delta_{lat} =
\begin{vmatrix}
s - \overline{Y}_\beta & -\dfrac{\alpha_0}{57.3} & 1 & -\dfrac{g}{V} \\[2mm]
-L'_\beta & s - L'_p & -L'_r & 0 \\[2mm]
-N'_\beta & -N'_p & s - N'_r & 0 \\[2mm]
0 & -1 & -\dfrac{\theta_0}{57.3} & s
\end{vmatrix}
= 0
\tag{3.3-5}
$$

この特性方程式をラプラス変数 s について解くことにより，横・方向系の運動モード特性を解析することができる．(3.3-5) 式を展開すると

$$
\Delta_{lat} = As^4 + Bs^3 + Cs^2 + Ds + E = 0
\tag{3.3-6}
$$

を得る．ただし，

102　第3章 ■ 横・方向系の機体運動

$$\begin{cases} A = 1 \\ B = -\overline{Y}_\beta - L'_p - N'_r \\ C = N'_\beta - L'_\beta \alpha_0/57.3 + \overline{Y}_\beta(L'_p + N'_r) + L'_p N'_r - N'_p L'_r \\ D = -N'_\beta\left\{L'_p + L'_r\alpha_0/57.3 + (g/V)\theta_0/57.3\right\} \\ \qquad + L'_\beta(N'_p - g/V + N'_r\alpha_0/57.3) - \overline{Y}_\beta(L'_p N'_r - N'_p L'_r) \\ E = \left\{L'_\beta(N'_r - N'_p\theta_0/57.3) - N'_\beta(L'_r - L'_p\theta_0/57.3)\right\}g/V \end{cases} \tag{3.3-7}$$

である．(3.3-6) 式は s に関する 4 次方程式で，次の 3 つの運動モードに分解される．

・ダッチロールモード (dutch roll mode)

　　比較的周期の短い振動運動で，ロール運動とヨー運動とが組み合わさった複雑な
　　運動である．このモードは飛行性の善し悪しに関係する．

・ロールモード (roll mode)

　　比較的周期の短い非振動運動で，エルロンによるロール運動がこのモードである．

・スパイラルモード (spiral mode)

　　周期の長い非振動運動で，若干の発散は許容される．

　さて，これらの運動モードを具体的に求めてみよう．(3.3-4) 式の仮定から (3.3-7) 式
は次のように簡単化できる．

$$\begin{cases} A = 1 \\ B = -\overline{Y}_\beta - L'_p - N'_r \\ C \fallingdotseq N'_\beta - L'_\beta \alpha_0/57.3 + L'_p(\overline{Y}_\beta + N'_r) \\ D \fallingdotseq -N'_\beta L'_p + L'_\beta(N'_p - g/V + N'_r\alpha_0/57.3) \\ E \fallingdotseq \left\{L'_\beta N'_r - N'_\beta(L'_r - L'_p\theta_0/57.3)\right\}g/V \end{cases} \tag{3.3-8}$$

　通常スパイラルモード根は小さい (ここで根が小さいとは，複素数根 s の絶対値 $|s|$ が
小さい意味で用いる) ので，(3.3-6) 式の $s^4 \sim s^2$ の項を省略すると，原点近くにある小さ
いスパイラルモード根として次式を得る．

$$s = -\frac{1}{T_s} \fallingdotseq -\frac{\dfrac{g}{V}\left(\dfrac{L'_\beta}{N'_\beta}N'_r - L'_r + L'_p\theta_0/57.3\right)}{-L'_p + \dfrac{L'_\beta}{N'_\beta}\left(N'_p - g/V + N'_r\alpha_0/57.3\right)} \tag{3.3-9}$$

　ロール応答の時定数を決めるロールモード根は，ロールのみの 1 自由度応答と仮定す
ると (3.3-3) 式から

$$s = -\frac{1}{T_R} \fallingdotseq L'_p \tag{3.3-10}$$

と表される．したがって，(3.3-9) 式のスパイラルモード根と (3.3-10) 式のロールモード根とから s の 2 次式を作ると次のようになる．

$$\left(s + \frac{1}{T_s}\right) \cdot \left(s + \frac{1}{T_R}\right) = s^2 + \left(\frac{1}{T_s} - L'_p\right)s - \frac{L'_p}{T_s} \tag{3.3-11}$$

この式の右辺の s の係数において，第 1 項はスパイラルモードの小さい根であったから省略すると次のように近似できる．

$$\left(s + \frac{1}{T_s}\right) \cdot \left(s + \frac{1}{T_R}\right) \fallingdotseq s^2 - L'_p s - \frac{L'_p}{T_s} \tag{3.3-12}$$

この式に，さらに (3.3-6) 式の 4 次式を作り出すため，定数項を考慮して 2 次方程式を掛けると

$$\left(s + \frac{1}{T_s}\right) \cdot \left(s + \frac{1}{T_R}\right) \cdot \left[s^2 - (\overline{Y}_\beta + N'_r)s + \left\{N'_\beta - \frac{L'_\beta}{L'_p}(N'_p - g/V + N'_r\alpha_0/57.3)\right\}\right]$$

$$\fallingdotseq \left(s^2 - L'_p s - \frac{L'_p}{T_s}\right) \cdot \left[s^2 - (\overline{Y}_\beta + N'_r)s + \left\{N'_\beta - \frac{L'_\beta}{L'_p}(N'_p - g/V + N'_r\alpha_0/57.3)\right\}\right]$$

$$= s^4 - (\overline{Y}_\beta + L'_p + N'_r)s^3$$

$$+ \left[-\frac{L'_p}{T_s} + L'_p(\overline{Y}_\beta + N'_r) + N'_\beta - \frac{L'_\beta}{L'_p}(N'_p - g/V + N'_r\alpha_0/57.3)\right]s^2$$

$$+ \left[\frac{L'_p}{T_s}(\overline{Y}_\beta + N'_r) - N'_\beta L'_p + L'_\beta(N'_p - g/V + N'_r\alpha_0/57.3)\right]s$$

$$+ \left\{L'_\beta N'_r - N'_\beta\left(L'_r - L'_p\theta_0/57.3\right)\right\}g/V \tag{3.3-13}$$

となるが，(3.3-8) 式を用いると

$$\left(s + \frac{1}{T_s}\right) \cdot \left(s + \frac{1}{T_R}\right) \cdot \left[s^2 - (\overline{Y}_\beta + N'_r)s + \left\{N'_\beta - \frac{L'_\beta}{L'_p}(N'_p - g/V + N'_r\alpha_0/57.3)\right\}\right]$$

$$\fallingdotseq As^4 + Bs^3 + \left\{C + L'_\beta\alpha_0/57.3 - \frac{L'_p}{T_s} - \frac{L'_\beta}{L'_p}(N'_p - g/V + N'_r\alpha_0/57.3)\right\}s^2$$

$$+ \left\{D + \frac{L'_p}{T_s}(\overline{Y}_\beta + N'_r)\right\}s + E \tag{3.3-14}$$

を得る．この式と (3.3-6) 式を比較すると，s^4 の係数，s^3 の係数および定数項が一致し，また s^2 の係数のうち C 以外は大きくなく，また s の係数のうち D 以外も大きくはない．そこで (3.3-14) 式を (3.3-6) 式の近似とする．これをまとめると次のように表される．

$$\boxed{\Delta_{lat} = \left(s + \frac{1}{T_s}\right)\left(s + \frac{1}{T_R}\right)\left(s^2 + 2\zeta_d\omega_{nd}s + \omega_{nd}^2\right)} \tag{3.3-15}$$

ただし，

$$\begin{cases} \omega_{nd}^2 \fallingdotseq N_\beta' - \dfrac{L_\beta'}{L_p'}\left(N_p' - \dfrac{g}{V} + N_r'\dfrac{\alpha_0}{57.3}\right) \\ 2\zeta_d\omega_{nd} \fallingdotseq -\overline{Y}_\beta - N_r' \end{cases}$$ [ダッチロールモード近似解] (3.3-16)

$$\begin{cases} \dfrac{1}{T_R} \fallingdotseq -L_p' \\ \dfrac{1}{T_s} \fallingdotseq \dfrac{\dfrac{g}{V}\left(\dfrac{L_\beta'}{N_\beta'}N_r' - L_r' + L_p'\dfrac{\theta_0}{57.3}\right)}{-L_p' + \dfrac{L_\beta'}{N_\beta'}\left(N_p' - \dfrac{g}{V} + N_r'\dfrac{\alpha_0}{57.3}\right)} \end{cases}$$ [ロール, スパイラルモード近似解] (3.3-17)

である.

[例題 3.3-1] 大型民間旅客機の諸元データおよび空力データ[11] を以下のように仮定したとき,横・方向運動モード特性を求めよ.

——<機体諸元>——

重量 $W = 255,000$ [kgf]	高度 $h=1500$ [ft]
翼面積 $S = 511$ [m²]	空気密度 $\rho = 0.11952$ [kgf·s²/m⁴]
翼幅 $b = 59.64$ [m]	等価対気速度 $V_{KEAS} = 165$ [ktEAS]
重心位置 $CG = 25\%\overline{c}$	真対気速度 $V = 86.8$ [m/s]
慣性モーメント	迎角 $\alpha = 5.6°$
$I_x = 1898,000$ [kgf·m·s²]	エレベータ舵角 $\delta e = -2.0°$
$I_z = 5959,200$ [kgf·m·s²]	フラップ舵角 $\delta f = 20°$
$I_z = 114,100$ [kgf·m·s²]	

——<空力安定微係数>——

[無次元微係数]	[有次元微係数]
$C_{y_\beta} = -0.0168$ [1/deg]	$\overline{Y}_\beta = -0.0980$ [1/s]
$C_{y_{\delta r}} = 0.00305$ [1/deg]	$\overline{Y}_{\delta r} = 0.01780$ [1/s]
$C_{l_\beta} = -0.00386$ [1/deg]	$L_\beta' = -1.580$ [1/s²]
$C_{l_{\delta a}} = -0.000800$ [1/deg]	$L_{\delta a}' = -0.333$ [1/s²]
$C_{l_{\delta r}} = 0.000120$ [1/deg]	$L_{\delta r}' = 0.0347$ [1/s²]
$C_{l_p} = -0.450$ [1/rad]	$L_p' = -1.124$ [1/s]
$C_{l_r} = 0.1010$ [1/rad]	$L_r' = 0.237$ [1/s]
$C_{n_\beta} = 0.00262$ [1/deg]	$N_\beta' = 0.315$ [1/s²]
$C_{n_{\delta a}} = -0.000110$ [1/deg]	$N_{\delta a}' = -0.0209$ [1/s²]
$C_{n_{\delta r}} = -0.00190$ [1/deg]	$N_{\delta r}' = -0.250$ [1/s²]
$C_{n_p} = -0.1210$ [1/rad]	$N_p' = -0.1172$ [1/s]
$C_{n_r} = -0.300$ [1/rad]	$N_r' = -0.233$ [1/s]

3.3 ■ 横・方向系の運動モード特性の近似式　　105

■解答■　(3.3-16) 式による近似式から

$$\omega_{nd}^2 \fallingdotseq N_\beta' - \frac{L_\beta'}{L_p'}\left(N_p' - \frac{g}{V} + N_r'\frac{\alpha_0}{57.3}\right) = 0.315 - \frac{-1.580}{-1.124}\times\left(-0.1172 - \frac{9.8}{86.8} - 0.233\times\frac{5.6}{57.3}\right)$$

$$= 0.315 - 1.406\times(-0.1172 - 0.1129 - 0.0228) = 0.315 + 0.356 = 0.671$$

$$\therefore \omega_{nd} = 0.819 \ [\text{rad/s}]$$

$$2\zeta_d\omega_{nd} \fallingdotseq -\overline{Y}_\beta - N_r' = 0.0980 + 0.233 = 0.331$$

$$\therefore \zeta_d = \frac{2\zeta_d\omega_{nd}}{2\omega_{nd}} = \frac{0.331}{2\times0.819} = 0.202$$

$$\therefore \omega_{nd}\sqrt{1-\zeta_d^2} = 0.819\sqrt{1-0.202^2} = 0.802 \ [\text{rad/s}]$$

次に，$\theta_0 = \alpha_0$ と仮定して，(3.3-17) 式による近似式から，

$$\frac{1}{T_s} \fallingdotseq \frac{\dfrac{g}{V}\left(\dfrac{L_\beta'}{N_\beta'}N_r' - L_r' + L_p'\dfrac{\theta_0}{57.3}\right)}{-L_p' + \dfrac{L_\beta'}{N_\beta'}\left(N_p' - \dfrac{g}{V} + N_r'\dfrac{\alpha_0}{57.3}\right)} = \frac{\dfrac{9.8}{86.8}\times\left(\dfrac{-1.580}{0.315}\times(-0.233) - 0.237 - 1.124\times\dfrac{5.6}{57.3}\right)}{1.124 + \dfrac{-1.580}{0.315}\times\left(-0.1172 - \dfrac{9.8}{86.8} - 0.233\times\dfrac{5.6}{57.3}\right)}$$

$$= \frac{0.1129\times(1.1687 - 0.237 - 0.1098)}{1.124 - 5.016\times(-0.1172 - 0.1129 - 0.02277)} = \frac{0.09279}{2.392} = 0.0388$$

$$\frac{1}{T_R} \fallingdotseq -L_p' = 1.124$$

これらをまとめると

$$s = -\frac{1}{T_s} = -0.0388, \quad s = -\frac{1}{T_R} = -1.124, \quad s = -\zeta_d\omega_{nd}\pm j\omega_{nd}\sqrt{1-\zeta_d^2} = -0.166\pm j\,0.802$$

となる．一方，(3.3-1) 式の 4 次の特性方程式 (厳密解) を解くと

$$s = -\frac{1}{T_s} = -0.0364, \quad s = -\frac{1}{T_R} = -1.225, \quad s = -\zeta_d\omega_{nd}\pm j\omega_{nd}\sqrt{1-\zeta_d^2} = -0.0968\pm j\,0.771$$

となり，減衰比が近似解ではやや大きくでているが，固有角振動数や周期はほぼ良い値を示すことがわかる．

　☞ **参考** ☞　　**他文献の運動モードの近似式について**

　横・方向系の運動モードの近似式として，次のような式を与えている文献がある (McRuer[13])．実際計算してみると，下記に示すように精度が悪いので注意が必要である．

$$\omega_{nd}^2 \fallingdotseq N_\beta' = 0.315, \quad \therefore \omega_{nd} = 0.561 \ [\text{rad/s}]$$

$$2\zeta_d\omega_{nd} \fallingdotseq -\overline{Y}_\beta - N_r' - \frac{L_\beta'}{N_\beta'}\left(N_p' - \frac{g}{V}\right) = -0.823, \quad \therefore \zeta_d = -0.735$$

$$\therefore \omega_{nd}\sqrt{1-\zeta_d^2} = 0.380 \ [\text{rad/s}]$$

$$\frac{1}{T_R} \fallingdotseq -L_p' + \frac{L_\beta'}{N_\beta'}\left(N_p' - \frac{g}{V}\right) = 2.28, \qquad \frac{1}{T_s} \fallingdotseq T_R\frac{g}{V}\left(\frac{L_\beta'}{N_\beta'}N_r' - L_r'\right) = 0.0461$$

よって

$$s = -\frac{1}{T_s} = -0.0461, \quad s = -\frac{1}{T_R} = -2.28,$$

$$s = -\zeta_d \omega_{nd} \pm j\omega_{nd}\sqrt{1-\zeta_d^2} = 0.412 \pm j\,0.380$$

である．これに対して，厳密解は

$$s = -\frac{1}{T_s} = -0.0364, \quad s = -\frac{1}{T_R} = -1.225,$$

$$s = -\zeta_d \omega_{nd} \pm j\omega_{nd}\sqrt{1-\zeta_d^2} = -0.0968 \pm j\,0.771$$

であり，ロールモードとダッチロールの根が大きく違っていることがわかる．(ダッチロールの根は不安定となってしまう．)

3.4 ■ エルロン操舵応答の近似式

前節では，外乱を受けた後，または操舵をした後に発生する固有の運動モード (ダッチロール，ロールおよびスパイラルモード) の解析式を求めた．本節では，エルロンを操舵した場合の運動特性の解析近似式を導出する．

図 3.5 は，実際にエルロンを操舵した場合の，6 自由度運動シミュレーション結果である．なぜこのような応答になるのか，改善するにはどうしたら良いかは，前節および本節で求める解析近似式により，空力安定微係数との関係を理解することが重要である．

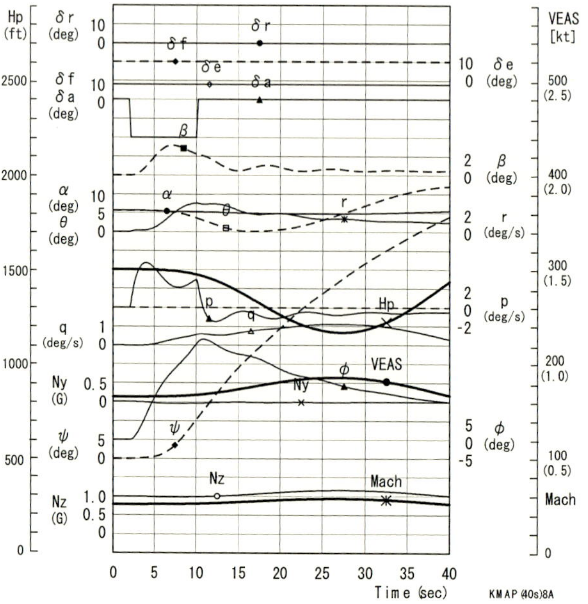

図 3.5　エルロン操舵応答

(1) エルロンに対する横滑り角応答 $\beta/\delta a$

δa に対する β の応答は，(3.3-3) 式から次式で表される．

$$\frac{\beta}{\delta a} = \frac{\begin{vmatrix} 0 & -\dfrac{\alpha_0}{57.3} & 1 & -\dfrac{g}{V} \\ L'_{\delta a} & s-L'_p & -L'_r & 0 \\ N'_{\delta a} & -N'_p & s-N'_r & 0 \\ 0 & -1 & -\dfrac{\theta_0}{57.3} & s \end{vmatrix}}{\Delta_{lat}} \tag{3.4-1}$$

この右辺の分子の行列式は，特性方程式の行列 Δ_{lat} の第 1 列を (3.3-3) 式の右辺の操舵行列の第 1 列 (エルロン δa に関する要素) で置き換えることで得られる．この分子を $N^{\beta}_{\delta a}$ と書くと

$$N^{\beta}_{\delta a} = A_\beta s^2 + B_\beta s + C_\beta \tag{3.4-2}$$

$$\begin{cases} A_\beta = -N'_{\delta a} + L'_{\delta a}\alpha_0/57.3 \\ B_\beta = N'_{\delta a}\left\{L'_p + L'_r\alpha_0/57.3 + (g/V)\theta_0/57.3\right\} - L'_{\delta a}(N'_p - g/V + N'_r\alpha_0/57.3) \\ C_\beta = \left\{N'_{\delta a}(L'_r - L'_p\theta_0/57.3) - L'_{\delta a}(N'_r - N'_p\theta_0/57.3)\right\}g/V \end{cases} \tag{3.4-3}$$

である．ここで，(3.3-4) 式を仮定すると (3.4-3) 式は次のように近似できる．

$$\begin{cases} A_\beta = -N'_{\delta a} + L'_{\delta a}\alpha_0/57.3 \\ B_\beta \fallingdotseq N'_{\delta a}L'_p - L'_{\delta a}(N'_p - g/V + N'_r\alpha_0/57.3) \\ C_\beta \fallingdotseq \left\{N'_{\delta a}(L'_r - L'_p\theta_0/57.3) - L'_{\delta a}N'_r\right\}g/V \end{cases} \tag{3.4-4}$$

この式を (3.4-2) 式に代入し変形すると次式のようになる．

$$\frac{N^{\beta}_{\delta a}}{-N'_{\delta a} + L'_{\delta a}\alpha_0/57.3} = s^2 + \frac{N'_{\delta a}L'_p - L'_{\delta a}(N'_p - g/V + N'_r\alpha_0/57.3)}{-N'_{\delta a} + L'_{\delta a}\alpha_0/57.3}s$$
$$+ \frac{g}{V} \cdot \frac{N'_{\delta a}(L'_r - L'_p\theta_0/57.3) - L'_{\delta a}N'_r}{-N'_{\delta a} + L'_{\delta a}\alpha_0/57.3} \tag{3.4-5}$$

これは s の 2 次方程式であるから，根の公式により解を求めることができる．しかし，それを式で表すと複雑になるので，さらに次のように近似する．通常 $N^{\beta}_{\delta a} = 0$ の 1 つの根は小さいので，s^2 の項を省略して次式を得る．

$$s \fallingdotseq \frac{g}{V} \cdot \frac{L'_r - L'_p\dfrac{\theta_0}{57.3} - \dfrac{L'_{\delta a}}{N'_{\delta a}}N'_r}{-L'_p + \dfrac{L'_{\delta a}}{N'_{\delta a}}\left(N'_p - \dfrac{g}{V} + N'_r\dfrac{\alpha_0}{57.3}\right)} \tag{3.4-6}$$

これを 1 つの根とし，他の根を (3.4-5) 式の定数項に合うように決めると次式となる．

108　第 3 章 ■ 横・方向系の機体運動

$$\left[s - \frac{g}{V} \cdot \frac{L'_r - L'_p \frac{\theta_0}{57.3} - \frac{L'_{\delta a}}{N'_{\delta a}} N'_r}{-L'_p + \frac{L'_{\delta a}}{N'_{\delta a}} \left(N'_p - \frac{g}{V} + N'_r \frac{\alpha_0}{57.3}\right)}\right] \times \left[s - \frac{N'_{\delta a} \cdot \left\{-L'_p + \frac{L'_{\delta a}}{N'_{\delta a}} \left(N'_p - \frac{g}{V} + N'_r \frac{\alpha_0}{57.3}\right)\right\}}{-N'_{\delta a} + L'_{\delta a} \alpha_0/57.3}\right]$$

$$= s^2 - \left[\frac{g}{V} \cdot \frac{L'_r - L'_p \frac{\theta_0}{57.3} - \frac{L'_{\delta a}}{N'_{\delta a}} N'_r}{-L'_p + \frac{L'_{\delta a}}{N'_{\delta a}} \left(N'_p - \frac{g}{V} + N'_r \frac{\alpha_0}{57.3}\right)} + \frac{N'_{\delta a} \cdot \left\{-L'_p + \frac{L'_{\delta a}}{N'_{\delta a}} \left(N'_p - \frac{g}{V} + N'_r \frac{\alpha_0}{57.3}\right)\right\}}{-N'_{\delta a} + L'_{\delta a} \alpha_0/57.3}\right] s$$

$$+ \frac{g}{V} \cdot \frac{N'_{\delta a} \left(L'_r - L'_p \frac{\theta_0}{57.3}\right) - L'_{\delta a} N'_r}{-N'_{\delta a} + L'_{\delta a} \alpha_0/57.3} \tag{3.4-7}$$

ここで，この式の右辺の s の係数の 1 番目の要素は (3.4-6) 式で小さいと仮定している
ので省略すると，(3.4-7) 式は (3.4-5) 式に一致する．このようにして，δa に対する β の
応答は次式で与えられる．

$$\boxed{\frac{\beta}{\delta a} = \left(-N'_{\delta a} + L'_{\delta a} \frac{\alpha_0}{V}\right) \cdot \frac{\left(s + 1/T_{\beta_1}\right)\left(s + 1/T_{\beta_2}\right)}{\Delta_{lat}}} \tag{3.4-8}$$

ただし，

$$\boxed{\begin{cases} \dfrac{1}{T_{\beta_1}} \fallingdotseq \dfrac{g}{V} \cdot \dfrac{-L'_r + L'_p \frac{\theta_0}{57.3} + \frac{L'_{\delta a}}{N'_{\delta a}} N'_r}{-L'_p + \frac{L'_{\delta a}}{N'_{\delta a}} \left(N'_p - \frac{g}{V} + N'_r \frac{\alpha_0}{57.3}\right)} \\[6mm] \dfrac{1}{T_{\beta_2}} \fallingdotseq \dfrac{-L'_p + \frac{L'_{\delta a}}{N'_{\delta a}} \left(N'_p - \frac{g}{V} + N'_r \frac{\alpha_0}{57.3}\right)}{1 - \frac{L'_{\delta a}}{N'_{\delta a}} \cdot \frac{\alpha_0}{57.3}} \end{cases}} \tag{3.4-9}$$

[例題 3.4-1]　　例題 3.3-1 の大型民間旅客機について，エルロンに対する応答 $\beta/\delta a$ を
求めよ．

■解答■　δa に対する β の応答の近似式は，$\theta_0 = \alpha_0$ として，(3.4-9) 式から

$$\frac{1}{T_{\beta_1}} \fallingdotseq \frac{g}{V} \cdot \frac{-L'_r + L'_p \frac{\theta_0}{57.3} + \frac{L'_{\delta a}}{N'_{\delta a}} N'_r}{-L'_p + \frac{L'_{\delta a}}{N'_{\delta a}} \left(N'_p - \frac{g}{V} + N'_r \frac{\alpha_0}{57.3}\right)}$$

$$= \frac{9.8}{86.8} \times \frac{-0.237 - 1.124 \times \frac{5.6}{57.3} + \frac{-0.333}{-0.0209}(-0.233)}{1.124 + \frac{-0.333}{-0.0209}\left(-0.1172 - \frac{9.8}{86.8} - 0.233 \times \frac{5.6}{57.3}\right)}$$

$$= 0.1129 \times \frac{-0.237 - 0.1098 - 3.712}{1.124 + 15.93 \times (-0.1172 - 0.1129 - 0.0228)} = 0.1129 \times \frac{-4.059}{-2.905} = 0.158$$

$$\frac{1}{T_{\beta_2}} \fallingdotseq \frac{-L'_p + \frac{L'_{\delta a}}{N'_{\delta a}} \left(N'_p - \frac{g}{V} + N'_r \frac{\alpha_0}{57.3}\right)}{1 - \frac{L'_{\delta a}}{N'_{\delta a}} \cdot \frac{\alpha_0}{57.3}} = \frac{-2.905}{1 - \frac{-0.333}{-0.0209} \times \frac{5.6}{57.3}} = \frac{-2.905}{-0.5572} = 5.21$$

よって，(3.4-8) 式から次式が得られる．

$$\frac{\beta}{\delta a} = \left(-N'_{\delta a} + L'_{\delta a}\frac{\alpha_0}{V}\right) \cdot \frac{(s+1/T_{\beta_1})(s+1/T_{\beta_2})}{\Delta_{lat}}$$

$$= (0.0209 - 0.333 \times \frac{5.6}{57.3}) \cdot \frac{(s+0.158)(s+5.21)}{\Delta_{lat}} = -0.0116\frac{(s+0.158)(s+5.21)}{\Delta_{lat}}$$

一方，(3.3-3) 式の厳密解を解くと $(\alpha_0 = \theta_0 = 5.6°$ として$)$

$$\frac{\beta}{\delta a} = -0.0118\frac{(s+0.153)(s+5.05)}{\Delta_{lat}}$$

となり，近似解はほぼ良い値を示すことがわかる．図 3.6 に厳密解の極 (応答の分母の根で × 印) と零点 (分子の根で ○ 印) の配置および $\beta/(-\delta a)$ の周波数特性を示す．なお，極は $-0.0364, -1.225$ および $-0.0968 \pm j 0.771$ で各応答で共通である．

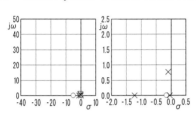
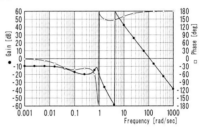

図 3.6

> ∽ 参考 ∽　他文献の $\beta/\delta a$ の近似式について
>
> δa に対する β の応答の近似式は (3.4-8) 式および (3.4-9) 式であるが，次のような式を与えている文献もある (McRuer[13])．実際計算してみると下記に示すように精度が悪いので注意が必要である．
>
> $$\frac{1}{T_{\beta_1}} \fallingdotseq \frac{g}{V} \cdot \frac{-L'_r + \frac{L'_{\delta a}}{N'_{\delta a}}N'_r}{-L'_p + \frac{L'_{\delta a}}{N'_{\delta a}}\left(N'_p - \frac{g}{V}\right)} = \frac{9.8}{86.8} \times \frac{-0.237 + \frac{-0.333}{-0.0209}(-0.233)}{1.124 + \frac{-0.333}{-0.0209}\left(-0.1172 - \frac{9.8}{86.8}\right)}$$
>
> $$= 0.1129 \times \frac{-0.237 - 3.712}{1.124 - 3.666} = 0.1129 \times \frac{-3.949}{-2.542} = 0.1754$$
>
> $$\frac{1}{T_{\beta_2}} \fallingdotseq -L'_p + \frac{L'_{\delta a}}{N'_{\delta a}}\left(N'_p - \frac{g}{V}\right) = 1.124 - 3.666 = -2.54$$
>
> そして，
>
> $$\frac{\beta}{\delta a} = \frac{-N'_{\delta a}(s+1/T_{\beta_1})(s+1/T_{\beta_2})}{\Delta_{lat}} = 0.0209\frac{(s+0.175)(s-2.54)}{\Delta_{lat}}$$
>
> となる．一方，(3.3-3) 式の厳密解を解くと $(\alpha_0 = \theta_0 = 5.6°$ として$)$
>
> $$\frac{\beta}{\delta a} = -0.0118\frac{(s+0.153)(s+5.05)}{\Delta_{lat}}$$
>
> であり，他文献の近似解はかなり違った値を示すことがわかる．(分子の根の 1 つが右半面に生じている．これは迎角の影響であり，他文献の近似式が迎角を 0 と仮定していることによる．)

(2) エルロンに対するロール角速度応答 $p/\delta a$

δa に対する p の応答の分子 $N_{\delta a}^p$ は，(3.3-3) 式から

$$N_{\delta a}^p = A_p s^3 + B_p s^2 + C_p s + D_p \tag{3.4-10}$$

$$\begin{cases} A_p = L'_{\delta a} \\ B_p = N'_{\delta a} L'_r - L'_{\delta a}(\overline{Y}_\beta + N'_r) \\ C_p = -N'_{\delta a}(L'_\beta + \overline{Y}_\beta L'_r) + L'_{\delta a}(N'_\beta + \overline{Y}_\beta N'_r) \\ D_p = (N'_{\delta a} L'_\beta - L'_{\delta a} N'_\beta)(g/V)\theta_0/57.3 \end{cases} \tag{3.4-11}$$

である．ここで，(3.3-4) 式を仮定すると，(3.4-11) 式は次のように近似できる．

$$\begin{cases} A_p = L'_{\delta a} \\ B_p = N'_{\delta a} L'_r - L'_{\delta a}(\overline{Y}_\beta + N'_r) \\ C_p \fallingdotseq -N'_{\delta a} L'_\beta + L'_{\delta a} N'_\beta \\ D_p = (N'_{\delta a} L'_\beta - L'_{\delta a} N'_\beta)(g/V)\theta_0/57.3 \end{cases} \tag{3.4-12}$$

この式を (3.4-10) 式に代入し変形すると次式のようになる．

$$\frac{N_{\delta a}^p}{L'_{\delta a}} = s^3 + \left(-\overline{Y}_\beta - N'_r + \frac{N'_{\delta a}}{L'_{\delta a}}L'_r\right)s^2 + \left(N'_\beta - \frac{N'_{\delta a}}{L'_{\delta a}}L'_\beta\right)s - \left(N'_\beta - \frac{N'_{\delta a}}{L'_{\delta a}}L'_\beta\right)\frac{g}{V}\cdot\frac{\theta_0}{57.3} \tag{3.4-13}$$

この式の定数項は小さいので，根の 1 つは小さい．したがって，s^3 および s^2 の項はさらに小さいので省略して次式を得る．

$$s \fallingdotseq \frac{g}{V}\cdot\frac{\theta_0}{57.3} \tag{3.4-14}$$

これを 1 つの根として，(3.4-13) 式を次のように展開する．

$$\left(s - \frac{g}{V}\cdot\frac{\theta_0}{57.3}\right)\left\{s^2 + \left(-\overline{Y}_\beta - N'_r + \frac{N'_{\delta a}}{L'_{\delta a}}L'_r\right)s + \left(N'_\beta - \frac{N'_{\delta a}}{L'_{\delta a}}L'_\beta\right)\right\}$$

$$= s^3 + \left(-\frac{g}{V}\cdot\frac{\theta_0}{57.3} - \overline{Y}_\beta - N'_r + \frac{N'_{\delta a}}{L'_{\delta a}}L'_r\right)s^2$$

$$+ \left\{-\frac{g}{V}\cdot\frac{\theta_0}{57.3}\cdot\left(-\overline{Y}_\beta - N'_r + \frac{N'_{\delta a}}{L'_{\delta a}}L'_r\right) + \left(N'_\beta - \frac{N'_{\delta a}}{L'_{\delta a}}L'_\beta\right)\right\}s - \left(N'_\beta - \frac{N'_{\delta a}}{L'_{\delta a}}L'_\beta\right)\frac{g}{V}\cdot\frac{\theta_0}{57.3} \tag{3.4-15}$$

この式の右辺において，s^2 の項の第 1 の要素は小さい根として得られたものであるから省略し，また s の項の第 1 の要素も第 2 の要素に比較して小さいので省略すると，(3.4-15) 式は (3.4-13) 式に一致する．このようにして，δa に対する p の応答は次式で与えられる．

3.4 ■ エルロン操舵応答の近似式　111

$$\frac{p}{\delta a} = \frac{L'_{\delta a}\left(s+1/T_p\right)\left(s^2+2\zeta_p\omega_p s+\omega_p^2\right)}{\Delta_{lat}} \tag{3.4-16}$$

ただし,

$$\begin{cases} \dfrac{1}{T_p} \fallingdotseq -\dfrac{g}{V}\cdot\dfrac{\theta_0}{57.3} \\[3mm] \omega_p^2 \fallingdotseq N'_\beta - \dfrac{N'_{\delta a}}{L'_{\delta a}}L'_\beta \\[3mm] 2\zeta_p\omega_p \fallingdotseq -\overline{Y}_\beta - N'_r + \dfrac{N'_{\delta a}}{L'_{\delta a}}L'_r \end{cases} \tag{3.4-17}$$

[例題 3.4-2]　例題 3.3-1 の大型民間旅客機について, エルロンに対する応答 $p/\delta a$ を求めよ.

■解答■　δa に対する p の応答の近似式は, $\theta_0 = \alpha_0$ として, (3.4-17) 式から

$$\frac{1}{T_p} \fallingdotseq -\frac{g}{V}\cdot\frac{\theta_0}{57.3} = \frac{9.8}{86.8}\times\frac{5.6}{57.3} = -0.0110$$

$$\omega_p^2 \fallingdotseq N'_\beta - \frac{N'_{\delta a}}{L'_{\delta a}}L'_\beta = 0.315 - \frac{-0.0209}{-0.333}\times(-1.580) = 0.315 + 0.099 = 0.414$$

$$\therefore \omega_p = 0.643 \text{ [rad/s]}$$

$$2\zeta_p\omega_p \fallingdotseq -\overline{Y}_\beta - N'_r + \frac{N'_{\delta a}}{L'_{\delta a}}L'_r = 0.0980 + 0.233 + \frac{-0.0209}{-0.333}\times 0.237$$

$$= 0.0980 + 0.233 + 0.0149 = 0.346$$

$$\zeta_p = \frac{2\zeta_p\omega_p}{2\omega_p} = \frac{0.346}{2\times 0.643} = 0.269$$

$$\omega_p\sqrt{1-\zeta_p^2} = 0.643\sqrt{1-0.269^2} = 0.619 \text{ [rad/s]}$$

よって, (3.4-16) 式から

$$\frac{p}{\delta a} = \frac{L'_{\delta a}\left(s+1/T_p\right)\left(s+\zeta_p\omega_p s - j\omega_p\sqrt{1-\zeta_p^2}\right)\left(s+\zeta_p\omega_p s + j\omega_p\sqrt{1-\zeta_p^2}\right)}{\Delta_{lat}}$$

$$= -0.333\frac{(s-0.0110)(s+0.177-j0.618)(s+0.177+j0.618)}{\Delta_{lat}}$$

一方, (3.3-3) 式の厳密解を解くと ($\theta_0 = 5.6°$ として)

$$\frac{p}{\delta a} = -0.333\frac{(s-0.0104)(s+0.178-j0.641)(s+0.178+j0.641)}{\Delta_{lat}}$$

となり, 近似解は良い値を示すことがわかる. 図 3.7 に厳密解の極と零点配置および $p/(-\delta a)$ の周波数特性を示す. 右半面に零点が 1 個あるため, 定常値 (周波数が 0) の位相は 180° であることがわかる.

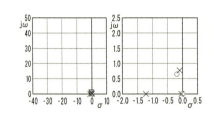
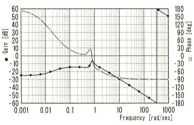

図 3.7

(3) エルロンに対するヨー角速度応答 $r/\delta a$

δa に対する r の応答の分子 $N_{\delta a}^r$ は,（3.3-3）式から

$$N_{\delta a}^r = A_r s^3 + B_r s^2 + C_r s + D_r \tag{3.4-18}$$

$$\begin{cases} A_r = N'_{\delta a} \\ B_r = -N'_{\delta a}(\overline{Y}_\beta + L'_p) + L'_{\delta a} N'_p \\ C_r = N'_{\delta a}(\overline{Y}_\beta L'_p - L'_\beta \alpha_0/57.3) - L'_{\delta a}(\overline{Y}_\beta N'_p - N'_\beta \alpha_0/57.3) \\ D_r = (-N'_{\delta a} L'_\beta + L'_{\delta a} N'_\beta) g/V \end{cases} \tag{3.4-19}$$

である．この式を (3.4-18) 式に代入し変形すると

$$\begin{aligned}\frac{N_{\delta a}^r}{N'_{\delta a}} &= s^3 + \left(-\overline{Y}_\beta - L'_p + \frac{L'_{\delta a}}{N'_{\delta a}} N'_p\right) s^2 \\ &\quad + \left\{\overline{Y}_\beta L'_p - L'_\beta \alpha_0/57.3 - \frac{L'_{\delta a}}{N'_{\delta a}}(\overline{Y}_\beta N'_p - N'_\beta \alpha_0/57.3)\right\} s + \left(-L'_\beta + \frac{L'_{\delta a}}{N'_{\delta a}} N'_\beta\right) g/V \end{aligned}$$
$$\tag{3.4-20}$$

この右辺の 3 次式を 1 次式と 2 次式に分解することを考える．いま 3 次式の 1 つの根を $-a$ として

$$\frac{N_{\delta a}^r}{N'_{\delta a}} = s^3 + Bs^2 + Cs + D = (s+a)\left\{s^2 + (B-a)s + \frac{D}{a}\right\} \tag{3.4-21}$$

とおくと，s^3 の項，s^2 の項および定数項が一致し，また

$$C = a(B-a) + \frac{D}{a}, \quad \therefore a^3 - Ba^2 + Ca - D = 0 \tag{3.4-22}$$

のとき s の項が一致する．(3.4-20) 式に対応する B, C および D は同程度の値を持ち，B は負であるから

$$B \fallingdotseq -C, \quad D \fallingdotseq C, \quad a = kC \tag{3.4-23}$$

と仮定して (3.4-22) 式を満たす k の値を求めると，ほぼ $k \fallingdotseq 1$ となる．そこで, (3.4-20) 式の根の 1 つとして

$$a \fallingdotseq C = \overline{Y}_\beta L'_p - L'_\beta \alpha_0/57.3 - \frac{L'_{\delta a}}{N'_{\delta a}}(\overline{Y}_\beta N'_p - N'_\beta \alpha_0/57.3) \tag{3.4-24}$$

と仮定して (3.4-20) 式を次のように分解してみる.

$$\left\{ s + \overline{Y}_\beta L'_p - L'_\beta \alpha_0/57.3 - \frac{L'_{\delta a}}{N'_{\delta a}}(\overline{Y}_\beta N'_p - N'_\beta \alpha_0/57.3) \right\}$$

$$\times \left[s^2 + \left\{ -\overline{Y}_\beta - L'_p + \frac{L'_{\delta a}}{N'_{\delta a}}N'_p - \overline{Y}_\beta L'_p + L'_\beta \alpha_0/57.3 + \frac{L'_{\delta a}}{N'_{\delta a}}(\overline{Y}_\beta N'_p - N'_\beta \alpha_0/57.3) \right\} s \right.$$
$$\left. + \frac{\left(-L'_\beta + \frac{L'_{\delta a}}{N'_{\delta a}}N'_\beta\right)g/V}{\overline{Y}_\beta L'_p - L'_\beta \alpha_0/57.3 - \frac{L'_{\delta a}}{N'_{\delta a}}(\overline{Y}_\beta N'_p - N'_\beta \alpha_0/57.3)} \right]$$

$$= s^3 + \left(-\overline{Y}_\beta - L'_p + \frac{L'_{\delta a}}{N'_{\delta a}}N'_p \right)s^2 + \left[\left\{ \overline{Y}_\beta L'_p - L'_\beta \alpha_0/57.3 - \frac{L'_{\delta a}}{N'_{\delta a}}(\overline{Y}_\beta N'_p - N'_\beta \alpha_0/57.3) \right\} \right.$$

$$\times \left\{ -\overline{Y}_\beta - L'_p + \frac{L'_{\delta a}}{N'_{\delta a}}N'_p - \overline{Y}_\beta L'_p + L'_\beta \alpha_0/57.3 + \frac{L'_{\delta a}}{N'_{\delta a}}(\overline{Y}_\beta N'_p - N'_\beta \alpha_0/57.3) \right\}$$

$$\left. + \frac{\left(-L'_\beta + \frac{L'_{\delta a}}{N'_{\delta a}}N'_\beta\right)g/V}{\overline{Y}_\beta L'_p - L'_\beta \alpha_0/57.3 - \frac{L'_{\delta a}}{N'_{\delta a}}(\overline{Y}_\beta N'_p - N'_\beta \alpha_0/57.3)} \right] s + \left(-L'_\beta + \frac{L'_{\delta a}}{N'_{\delta a}}N'_\beta \right)g/V \tag{3.4-25}$$

この式を (3.4-20) 式の 3 次式と比較すると, s^3 の項, s^2 の項および定数項が一致し, s の項で (3.4-20) 式と異なっている要素の合計の値は大きくないので, (3.4-25) 式の展開式を採用する. このようにして, δa に対する r の応答は次式で与えられる.

$$\boxed{\frac{r}{\delta a} = \frac{N'_{\delta a}(s + 1/T_r)(s^2 + 2\zeta_r \omega_r s + \omega_r^2)}{\Delta_{lat}}} \tag{3.4-26}$$

ただし,

$$\boxed{\begin{cases} \dfrac{1}{T_r} \fallingdotseq \overline{Y}_\beta L'_p - L'_\beta \cdot \dfrac{\alpha_0}{57.3} - \dfrac{L'_{\delta a}}{N'_{\delta a}}\left(\overline{Y}_\beta N'_p - N'_\beta \cdot \dfrac{\alpha_0}{57.3}\right) \\[2mm] \omega_r^2 \fallingdotseq \dfrac{g}{V} \cdot \dfrac{-L'_\beta + \frac{L'_{\delta a}}{N'_{\delta a}}N'_\beta}{1/T_r} \\[2mm] 2\zeta_r \omega_r \fallingdotseq -\overline{Y}_\beta - L'_p + \dfrac{L'_{\delta a}}{N'_{\delta a}}N'_p - \dfrac{1}{T_r} \end{cases}} \tag{3.4-27}$$

[例題 3.4-3] 例題 3.3-1 の大型民間旅客機について, エルロンに対する応答 $r/\delta a$ を求めよ.

■解答■ δa に対する r の応答の近似式は (3.4-27) 式から

$$\frac{1}{T_r} \fallingdotseq \overline{Y}_\beta L'_p - L'_\beta \cdot \frac{\alpha_0}{57.3} - \frac{L'_{\delta a}}{N'_{\delta a}}\left(\overline{Y}_\beta N'_p - N'_\beta \cdot \frac{\alpha_0}{57.3}\right) = (-0.0980) \times (-1.124)$$

$$- 1.580 \times \frac{5.6}{57.3} - \frac{-0.333}{-0.0209} \times \left\{(-0.0980) \times (-0.1172) - 0.315 \times \frac{5.6}{57.3}\right\}$$

$$= 0.1101 + 0.1544 - 15.93 \times (0.0115 - 0.0308) = 0.572$$

$$\omega_r^2 \fallingdotseq \frac{g}{V} \cdot \frac{-L'_\beta + \frac{L'_{\delta a}}{N'_{\delta a}} N'_\beta}{1/T_r}$$

$$= \frac{9.8}{86.8} \times \frac{1.580 + \frac{-0.333}{-0.0209} \times 0.315}{0.572} = 0.1129 \times \frac{1.580 + 5.019}{0.572} = 1.302$$

$$\therefore \omega_r = 1.141 \text{ [rad/s]}$$

$$2\zeta_r\omega_r \fallingdotseq -\overline{Y}_\beta - L'_p + \frac{L'_{\delta a}}{N'_{\delta a}} N'_p - \frac{1}{T_r} = 0.0980 + 1.124 + \frac{-0.333}{-0.0209} \times (-0.1172) - 0.572$$

$$= 0.0980 + 1.124 - 1.867 - 0.572 = -1.217$$

$$\therefore \zeta_r = \frac{2\zeta_r\omega_r}{2\omega_r} = \frac{-1.217}{2 \times 1.141} = -0.533$$

$$\therefore \omega_r\sqrt{1-\zeta_r^2} = 1.141\sqrt{1-0.533^2} = 0.965 \text{ [rad/s]}$$

よって,(3.4-26) 式から

$$\frac{r}{\delta a} = \frac{N'_{\delta a}(s+1/T_r)\left(s+\zeta_r\omega_r - j\omega_r\sqrt{1-\zeta_r^2}\right)\left(s+\zeta_r\omega_r + j\omega_r\sqrt{1-\zeta_r^2}\right)}{\Delta_{lat}}$$

$$= -0.0209\frac{(s+0.572)(s-0.609 - j0.965)(s-0.609 + j0.965)}{\Delta_{lat}}$$

一方,(3.3-3) 式の厳密解を解くと ($\alpha_0 = 5.6°$ として)

$$\frac{r}{\delta a} = -0.0209\frac{(s+0.578)(s-0.612 - j0.953)(s-0.612 + j0.953)}{\Delta_{lat}}$$

となり,近似解は良い値を示すことがわかる.図 3.8 に厳密解の極と零点配置および $r/(-\delta a)$ の周波数特性を示す.

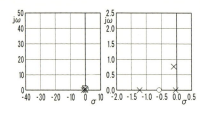 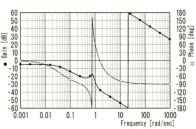

図 **3.8**

> ∞ 参考 ∞　　他文献の $r/\delta a$ の近似式について
>
> 　δa に対する r の応答の近似式は (3.4-26) 式および (3.4-27) 式であるが, 他文献 (McRuer[13]) では $N_{\delta a} = 0$ を仮定しており本例題には利用できない.

(4) エルロンに対するロール角応答 $\phi/\delta a$

　δa に対する ϕ の応答の分子 $N_{\delta a}^{\phi}$ は, (3.3-3) 式から

$$N_{\delta a}^{\phi} = A_{\phi} s^2 + B_{\phi} s + C_{\phi} \tag{3.4-28}$$

$$\begin{cases} A_{\phi} = L'_{\delta a} + N'_{\delta a}\theta_0/57.3 \\ B_{\phi} = N'_{\delta a}\left\{L'_r - (\overline{Y}_{\beta} + L'_p)\theta_0/57.3\right\} - L'_{\delta a}(\overline{Y}_{\beta} + N'_r - N'_p\theta_0/57.3) \\ C_{\phi} = -N'_{\delta a}\left\{L'_{\beta} + \overline{Y}_{\beta}(L'_r - L'_p\theta_0/57.3)\right\} + L'_{\delta a}\left\{N'_{\beta} + \overline{Y}_{\beta}(N'_r - N'_p\theta_0/57.3)\right\} \end{cases} \tag{3.4-29}$$

である. なお, $(\alpha_0/57.3)\cdot(\theta_0/57.3)$ の項は省略した. (3.3-4) 式を仮定すると, (3.4-29) 式は次のように近似できる.

$$\begin{cases} A_{\phi} \fallingdotseq L'_{\delta a} \\ B_{\phi} \fallingdotseq N'_{\delta a}(L'_r - L'_p\theta_0/57.3) - L'_{\delta a}(\overline{Y}_{\beta} + N'_r) \\ C_{\phi} \fallingdotseq -N'_{\delta a}L'_{\beta} + L'_{\delta a}N'_{\beta} \end{cases} \tag{3.4-30}$$

この式を (3.3-28) 式に代入し変形すると次式のようになる.

$$N_{\delta a}^{\phi} = L'_{\delta a}\left[s^2 + \left\{-\overline{Y}_{\beta} - N'_r + \frac{N'_{\delta a}}{L'_{\delta a}}(L'_r - L'_p\theta_0/57.3)\right\}s + \left(N'_{\beta} - \frac{N'_{\delta a}}{L'_{\delta a}}L'_{\beta}\right)\right] \tag{3.4-31}$$

　このようにして, δa に対する ϕ の応答は次式で与えられる.

$$\boxed{\frac{\phi}{\delta a} = \frac{L'_{\delta a}\left(s^2 + 2\zeta_{\phi}\omega_{\phi}s + \omega_{\phi}^2\right)}{\Delta_{lat}}} \tag{3.4-32}$$

ただし,

$$\boxed{\begin{cases} \omega_{\phi}^2 \fallingdotseq N'_{\beta} - \dfrac{N'_{\delta a}}{L'_{\delta a}}L'_{\beta} \\ 2\zeta_{\phi}\omega_{\phi} \fallingdotseq -\overline{Y}_{\beta} - N'_r + \dfrac{N'_{\delta a}}{L'_{\delta a}}\left(L'_r - L'_p\dfrac{\theta_0}{57.3}\right) \end{cases}} \tag{3.4-33}$$

[例題 3.4-4]　　例題 3.3-1 の大型民間旅客機について, エルロンに対する応答 $\phi/\delta a$ を求めよ.

■解答■　δa に対する ϕ の応答の近似式は (3.4-33) 式から

$$\omega_\phi^2 \fallingdotseq N'_\beta - \frac{N'_{\delta a}}{L'_{\delta a}}L'_\beta = 0.315 - \frac{-0.0209}{-0.333} \times (-1.580) = 0.315 + 0.099 = 0.414$$

$$\therefore \omega_\phi = 0.643 \text{ [rad/s]}$$

$\theta_0 = \alpha_0$ として，

$$2\zeta_\phi \omega_\phi \fallingdotseq -\overline{Y}_\beta - N'_r + \frac{N'_{\delta a}}{L'_{\delta a}}\left(L'_r - L'_p \frac{\theta_0}{57.3}\right)$$

$$= 0.0980 + 0.233 + \frac{-0.0209}{-0.333} \times \left(0.237 + 1.124 \times \frac{5.6}{57.3}\right)$$

$$= 0.0980 + 0.233 + 0.0218 = 0.353$$

$$\zeta_\phi = \frac{2\zeta_\phi \omega_\phi}{2\omega_\phi} = \frac{0.353}{2 \times 0.643} = 0.274$$

$$\omega_{d\phi} = \omega_\phi \sqrt{1 - \zeta_\phi^2} = 0.643\sqrt{1 - 0.274^2} = 0.618 \text{ [rad/s]}$$

よって，(3.4-32) 式から

$$\frac{\phi}{\delta a} = \frac{L'_{\delta a}\left(s^2 + 2\zeta_\phi \omega_\phi s + \omega_\phi^2\right)}{\Delta_{lat}} = -0.333\frac{(s+\zeta_\phi\omega_\phi - j\omega_{d\phi})(s+\zeta_\phi\omega_\phi + j\omega_{d\phi})}{\Delta_{lat}}$$

$$= -0.333\frac{(s+0.177 - j0.618)(s+0.177 + j0.618)}{\Delta_{lat}}$$

一方，(3.3-3) 式の厳密解を解くと ($\theta_0 = 5.6°$ として)

$$\frac{\phi}{\delta a} = -0.335\frac{(s+0.170 - j0.641)(s+0.170 + j0.641)}{\Delta_{lat}}$$

となり，近似解は良い値を示すことがわかる．この $\phi/\delta a$ は θ_0 の影響が小さいため，本書の近似式において θ_0 を 0 とした他文献 (McRuer[13]) の結果とほとんど同じとなる．また，$p/\delta a$ の応答の分子の根は，原点近くの小さな根以外は θ_0 の影響を受けないため，θ_0 の影響が小さい $\phi/\delta a$ の根とほぼ同じ根となる．（なお，ラダーに対する応答は状況が異なることは後述する．）図 3.9 に厳密解の極と零点配置および $\phi/(-\delta a)$ の周波数特性を示す．

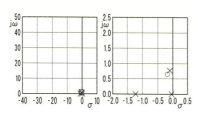
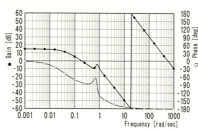

図 3.9

3.5 ラダー操舵応答の近似式

前節では，エルロンを操舵した場合の解析近似式を求めた．本節では，ラダーを操舵した場合の解析近似式を導出する．

図 3.10 は，実際にラダーを操舵した場合の，6 自由度運動シミュレーション結果である．ラダー操舵後の振動は，ダッチロールモードの運動で減衰が悪いが，第 5 章で述べるヨー系のフィードバック制御により改善できる．そのような制御系を設計するには，本節で求める解析近似式を理解することが必要である．

(1) ラダーに対する横滑り角応答 $\beta/\delta r$

δr に対する β の応答の分子 $N_{\delta r}^{\beta}$ は，(3.3-3) 式から

$$N_{\delta r}^{\beta} = A_{\beta}s^3 + B_{\beta}s^2 + C_{\beta}s + D_{\beta} \tag{3.5-1}$$

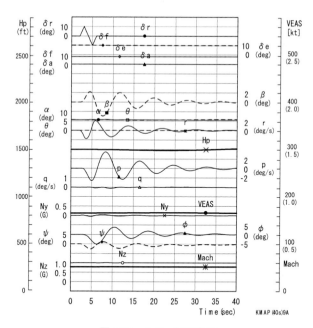

図 **3.10** ラダー操舵応答

118 　第 3 章 ▓ 横・方向系の機体運動

$$
\begin{cases}
A_\beta = \overline{Y}_{\delta r} \\
B_\beta = -N'_{\delta r} + L'_{\delta r}\alpha_0/57.3 - \overline{Y}_{\delta r}(L'_p + N'_r) \\
C_\beta = N'_{\delta r}\left\{L'_p + L'_r\alpha_0/57.3 + (g/V)\theta_0/57.3\right\} - L'_{\delta r}(N'_p - g/V + N'_r\alpha_0/57.3) \\
\qquad + \overline{Y}_{\delta r}(-N'_p L'_r + L'_p N'_r) \\
D_\beta = \left\{(N'_{\delta r}(L'_r - L'_p\theta_0/57.3) - L'_{\delta r}(N'_r - N'_p\theta_0/57.3)\right\} g/V
\end{cases}
\tag{3.5-2}
$$

である．ここで，(3.3-4) 式を仮定すると，(3.5-2) 式は次のように近似できる．

$$
\begin{cases}
A_\beta = \overline{Y}_{\delta r} \\
B_\beta = -N'_{\delta r} + L'_{\delta r}\alpha_0/57.3 - \overline{Y}_{\delta r}(L'_p + N'_r) \\
C_\beta \fallingdotseq N'_{\delta r}L'_p \\
D_\beta \fallingdotseq \left\{(N'_{\delta r}(L'_r - L'_p\theta_0/57.3) - L'_{\delta r}N'_r\right\} g/V
\end{cases}
\tag{3.5-3}
$$

この式を (3.5-1) 式に代入し変形すると次式のようになる．

$$
\frac{N^\beta_{\delta r}}{\overline{Y}_{\delta r}} = s^3 + \left(-\frac{N'_{\delta r}}{\overline{Y}_{\delta r}} + \frac{L'_{\delta r}}{\overline{Y}_{\delta r}}\cdot\frac{\alpha_0}{57.3} - L'_p - N'_r\right)s^2 + \frac{N'_{\delta r}L'_p}{\overline{Y}_{\delta r}}s
$$
$$
+ \left\{\frac{N'_{\delta r}}{\overline{Y}_{\delta r}}\left(L'_r - L'_p\cdot\frac{\theta_0}{57.3}\right) - \frac{L'_{\delta r}}{\overline{Y}_{\delta r}}N'_r\right\}g/V
\tag{3.5-4}
$$

この 3 次式を 3 つの 1 次式に分解することを考える．この式の定数項は小さいので，1 つの根は小さい．したがって，s^3 と s^2 の項はさらに小さいので省略して根を求めると次式が得られる．

$$
s \fallingdotseq -\frac{\left(L'_r - L'_p\frac{\theta_0}{57.3} - \frac{L'_{\delta r}}{N'_{\delta r}}N'_r\right)g/V}{L'_p}
\tag{3.5-5}
$$

この根を用いて，定数項を考慮して次のように分解する．

$$
\left\{s + \frac{\left(L'_r - L'_p\frac{\theta_0}{57.3} - \frac{L'_{\delta r}}{N'_{\delta r}}N'_r\right)g/V}{L'_p}\right\}\cdot\left(s - L'_p\right)\cdot\left(s - \frac{N'_{\delta r}}{\overline{Y}_{\delta r}}\right)
$$
$$
= s^3 + \left\{\frac{\left(L'_r - L'_p\frac{\theta_0}{57.3} - \frac{L'_{\delta r}}{N'_{\delta r}}N'_r\right)g/V}{L'_p} - L'_p - \frac{N'_{\delta r}}{\overline{Y}_{\delta r}}\right\}s^2
$$
$$
+ \left\{\frac{\left(L'_r - L'_p\frac{\theta_0}{57.3} - \frac{L'_{\delta r}}{N'_{\delta r}}N'_r\right)g/V}{-L'_p}\cdot\left(L'_p + \frac{N'_{\delta r}}{\overline{Y}_{\delta r}}\right) + \frac{N'_{\delta r}}{\overline{Y}_{\delta r}}L'_p\right\}s
$$
$$
+ \left\{\frac{N'_{\delta r}}{\overline{Y}_{\delta r}}\left(L'_r - L'_p\frac{\theta_0}{57.3}\right) - \frac{L'_{\delta r}}{\overline{Y}_{\delta r}}N'_r\right\}g/V
\tag{3.5-6}
$$

ここで，s^2 の項の 1 番目の要素は，小さい根として得られたものであるので省略でき，

また s の項の 1 番目要素も 2 番目に対して省略できる. このとき, (3.5-6) 式は次のようになる.

$$\left\{ s + \frac{\left(L_r' - L_p' \frac{\theta_0}{57.3} - \frac{L_{\delta r}'}{N_{\delta r}'} N_r' \right) g/V}{L_p'} \right\} \cdot \left(s - L_p' \right) \cdot \left(s - \frac{N_{\delta r}'}{\overline{Y}_{\delta r}} \right)$$

$$= s^3 + \left(-\frac{N_{\delta r}'}{\overline{Y}_{\delta r}} - L_p' \right) s^2 + \frac{N_{\delta r}'}{\overline{Y}_{\delta r}} L_p' s + \left\{ \frac{N_{\delta r}'}{\overline{Y}_{\delta r}} \left(L_r' - L_p' \frac{\theta_0}{57.3} \right) - \frac{L_{\delta r}'}{\overline{Y}_{\delta r}} N_r' \right\} g/V \qquad (3.5\text{-}7)$$

この式を (3.5-4) 式と比較すると, s^2 の項が異なるが, その中の要素である $N_{\delta r}'/\overline{Y}_{\delta r}$ 以外は小さい値であるで, 3 つの 1 次式に分解した結果が 3 次とほぼ一致したものとなる. このようにして, δr に対する β の応答は次式で与えられる.

$$\boxed{\frac{\beta}{\delta r} = \frac{\overline{Y}_{\delta r} \left(s + 1/T_{\beta_1}' \right) \left(s + 1/T_{\beta_2}' \right) \left(s + 1/T_{\beta_3}' \right)}{\Delta_{lat}}} \qquad (3.5\text{-}8)$$

ただし,

$$\boxed{\begin{cases} \dfrac{1}{T_{\beta_1}'} \doteqdot \dfrac{g}{V} \cdot \dfrac{-L_r' + L_p' \frac{\theta_0}{57.3} + \frac{L_{\delta r}'}{N_{\delta r}'} N_r'}{-L_p'} \\[3mm] \dfrac{1}{T_{\beta_2}'} \doteqdot -L_p' \doteqdot \dfrac{1}{T_R} \\[3mm] \dfrac{1}{T_{\beta_3}'} \doteqdot -\dfrac{N_{\delta r}'}{\overline{Y}_{\delta r}} \end{cases}} \qquad (3.5\text{-}9)$$

[例題 3.5-1] 例題 3.3-1 の大型民間旅客機について, ラダーに対する応答 $\beta/\delta r$ を求めよ.

■解答■ δr に対する β の応答の近似式は, $\theta_0 = \alpha_0$ として, (3.5-9) 式から

$$\frac{1}{T_{\beta_1}'} \doteqdot \frac{g}{V} \cdot \frac{-L_r' + L_p' \frac{\theta_0}{57.3} + \frac{L_{\delta r}'}{N_{\delta r}'} N_r'}{-L_p'} = \frac{9.8}{86.8} \times \frac{-0.237 - 1.124 \times \frac{5.6}{57.3} + \frac{0.0347}{-0.250} \times (-0.233)}{1.124}$$

$$= 0.1129 \times \frac{-0.237 - 0.1098 + 0.0323}{1.124} = -0.0355$$

$$\frac{1}{T_{\beta_2}'} \doteqdot -L_p' \doteqdot \frac{1}{T_R} = 1.12, \quad \frac{1}{T_{\beta_3}'} \doteqdot -\frac{N_{\delta r}'}{\overline{Y}_{\delta r}} = -\frac{-0.250}{0.0178} = 14.0$$

よって, (3.5-8) 式から

$$\frac{\beta}{\delta r} = \frac{\overline{Y}_{\delta r} \left(s + 1/T_{\beta_1}' \right) \left(s + 1/T_{\beta_2}' \right) \left(s + 1/T_{\beta_3}' \right)}{\Delta_{lat}} = 0.0178 \frac{(s - 0.0355)(s + 1.12)(s + 14.0)}{\Delta_{lat}}$$

一方, (3.3-3) 式の厳密解を解くと ($\theta_0 = 5.6°$ として)

$$\frac{\beta}{\delta r} = 0.0178 \frac{(s - 0.0302)(s + 1.14)(s + 14.5)}{\Delta_{lat}}$$

となり，近似解は良い値を示すことがわかる．図 3.11 に厳密解の極と零点配置および $\beta/(-\delta r)$ の周波数特性を示す．

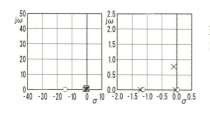
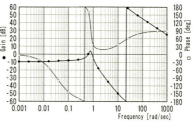

図 **3.11**

> ◦ 参考 ◦ 他文献の $\beta/\delta r$ の近似式について
>
> δr に対する β の応答の近似式は (3.5-8) 式および (3.5-9) 式であるが，次のような式を与えている文献もある (McRuer[13])．実際計算してみると，$1/T'_{\beta 1}$ は若干精度が落ちることがわかる．
>
> $$\frac{1}{T'_{\beta 1}} \doteqdot \frac{g}{V} \cdot \frac{-L'_r + \frac{L'_{\delta r}}{N'_{\delta r}} N'_r}{-L'_p + \frac{L'_{\delta r}}{N'_{\delta r}} \left(N'_p - \frac{g}{V}\right)} = \frac{9.8}{86.8} \times \frac{-0.237 + \frac{0.0347}{-0.250} \times (-0.233)}{1.124 + \frac{0.0347}{-0.250} \times \left(-0.1172 - \frac{9.8}{86.8}\right)}$$
>
> $$= 0.1129 \times \frac{-0.237 + 0.0323}{1.124 + 0.0319} = -0.0200, \quad (厳密解は -0.0302)$$
>
> $$\frac{1}{T'_{\beta 2}} \doteqdot -L'_p + \frac{L'_{\delta r}}{N'_{\delta r}} \left(N'_p - \frac{g}{V}\right) = 1.124 + 0.0319 = 1.16$$
>
> なお，$1/T'_{\beta 3}$ については本書と同じである．

(2) ラダーに対するロール角速度応答 $p/\delta r$

次に，δr に対する p の応答の分子 $N^p_{\delta r}$ は，(3.3-3) 式から

$$N^p_{\delta r} = A_p s^3 + B_p s^2 + C_p s + D_p \tag{3.5-10}$$

$$\begin{cases} A_p = L'_{\delta r} \\ B_p = N'_{\delta r} L'_r - L'_{\delta r}(\overline{Y}_\beta + N'_r) + \overline{Y}_{\delta r} L'_\beta \\ C_p = -N'_{\delta r}(L'_\beta + \overline{Y}_\beta L'_r) + L'_{\delta r}(N'_\beta + \overline{Y}_\beta N'_r) + \overline{Y}_{\delta r}(N'_\beta L'_r - L'_\beta N'_r) \\ D_p = (N'_{\delta r} L'_\beta - L'_{\delta r} N'_\beta)(g/V)\theta_0/57.3 \end{cases} \tag{3.5-11}$$

である．ここで，(3.3-4) 式を仮定すると，(3.5-11) 式は次のように近似できる．

3.5 ラダー操舵応答の近似式　121

$$
\begin{cases}
A_p = L'_{\delta r} \\
B_p = N'_{\delta r} L'_r - L'_{\delta r}(\overline{Y}_\beta + N'_r) + \overline{Y}_{\delta r} L'_\beta \\
C_p \fallingdotseq -N'_{\delta r} L'_\beta + \overline{Y}_{\delta r}(N'_\beta L'_r - L'_\beta N'_r) \\
D_p \fallingdotseq N'_{\delta r} L'_\beta \dfrac{g}{V} \dfrac{\theta_0}{57.3}
\end{cases}
\tag{3.5-12}
$$

この式を (3.5-10) 式に代入し変形すると次式のようになる.

$$
\frac{N^p_{\delta r}}{L'_{\delta r}} = s^3 + \left(-\overline{Y}_\beta - N'_r + \frac{N'_{\delta r}}{L'_{\delta r}} L'_r + \frac{\overline{Y}_{\delta r}}{L'_{\delta r}} L'_\beta \right) s^2 + \left\{ -\frac{N'_{\delta r}}{L'_{\delta r}} L'_\beta + \frac{\overline{Y}_{\delta r}}{L'_{\delta r}} (N'_\beta L'_r - L'_\beta N'_r) \right\} s
$$

$$
+ \frac{N'_{\delta r}}{L'_{\delta r}} L'_\beta \frac{g}{V} \frac{\theta_0}{57.3}
\tag{3.5-13}
$$

この式の定数項は小さいので，根の 1 つは小さい. したがって，s^3 および s^2 の項はさらに小さいので省略して

$$
s \fallingdotseq -\frac{\dfrac{N'_{\delta r}}{L'_{\delta r}} L'_\beta \dfrac{g}{V} \dfrac{\theta_0}{57.3}}{-\dfrac{N'_{\delta r}}{L'_{\delta r}} L'_\beta + \dfrac{\overline{Y}_{\delta r}}{L'_{\delta r}} (N'_\beta L'_r - L'_\beta N'_r)} = \frac{\dfrac{g}{V} \dfrac{\theta_0}{57.3}}{1 - \dfrac{\overline{Y}_{\delta r}}{N'_{\delta r}} \left(\dfrac{N'_\beta}{L'_\beta} L'_r - N'_r \right)} \fallingdotseq \frac{g}{V} \frac{\theta_0}{57.3}
\tag{3.5-14}
$$

を得る. これを 1 つの根として，(3.5-13) 式を次のように展開する.

$$
\left(s + \frac{\dfrac{N'_{\delta r}}{L'_{\delta r}} L'_\beta \dfrac{g}{V} \dfrac{\theta_0}{57.3}}{-\dfrac{N'_{\delta r}}{L'_{\delta r}} L'_\beta + \dfrac{\overline{Y}_{\delta r}}{L'_{\delta r}} (N'_\beta L'_r - L'_\beta N'_r)} \right) \cdot \left[\begin{array}{l} s^2 + \left(-\overline{Y}_\beta - N'_r + \dfrac{N'_{\delta r}}{L'_{\delta r}} L'_r + \dfrac{\overline{Y}_{\delta r}}{L'_{\delta r}} L'_\beta \right) s \\[2mm] + \left\{ -\dfrac{N'_{\delta r}}{L'_{\delta r}} L'_\beta + \dfrac{\overline{Y}_{\delta r}}{L'_{\delta r}} (N'_\beta L'_r - L'_\beta N'_r) \right\} \end{array} \right]
$$

$$
= s^3 + \left\{ \frac{\dfrac{N'_{\delta r}}{L'_{\delta r}} L'_\beta \dfrac{g}{V} \dfrac{\theta_0}{57.3}}{-\dfrac{N'_{\delta r}}{L'_{\delta r}} L'_\beta + \dfrac{\overline{Y}_{\delta r}}{L'_{\delta r}} (N'_\beta L'_r - L'_\beta N'_r)} - \overline{Y}_\beta - N'_r + \frac{N'_{\delta r}}{L'_{\delta r}} L'_r + \frac{\overline{Y}_{\delta r}}{L'_{\delta r}} L'_\beta \right\} s^2
$$

$$
+ \left\{ \frac{\dfrac{N'_{\delta r}}{L'_{\delta r}} L'_\beta \dfrac{g}{V} \dfrac{\theta_0}{57.3}}{-\dfrac{N'_{\delta r}}{L'_{\delta r}} L'_\beta + \dfrac{\overline{Y}_{\delta r}}{L'_{\delta r}} (N'_\beta L'_r - L'_\beta N'_r)} \cdot \left(-\overline{Y}_\beta - N'_r + \dfrac{N'_{\delta r}}{L'_{\delta r}} L'_r + \dfrac{\overline{Y}_{\delta r}}{L'_{\delta r}} L'_\beta \right) \atop -\dfrac{N'_{\delta r}}{L'_{\delta r}} L'_\beta + \dfrac{\overline{Y}_{\delta r}}{L'_{\delta r}} (N'_\beta L'_r - L'_\beta N'_r) \right\} s + \frac{N'_{\delta r}}{L'_{\delta r}} L'_\beta \frac{g}{V} \frac{\theta_0}{57.3}
\tag{3.5-15}
$$

この式の右辺において，s^2 の項の第 1 の要素は小さい根として得られたものであるから省略し，また s の項の第 1 の要素も第 2 の要素に比較して小さいので省略すると，(3.5-15) 式は (3.5-13) 式に一致する. このようにして，δr に対する p の応答は次式で与えられる.

122   第 3 章 ■ 横・方向系の機体運動

$$\frac{p}{\delta r} = L'_{\delta r} \frac{\left(s + 1/T'_{p0}\right)\left(s + 1/T'_{p1}\right)\left(s + 1/T'_{p2}\right)}{\Delta_{lat}}$$

(3.5-16)

ただし,

$$\frac{1}{T'_{p0}} \fallingdotseq -\frac{g}{V} \cdot \frac{\theta_0}{57.3}$$

(3.5-17a)

$$\begin{cases} \dfrac{1}{T'_{p1}} + \dfrac{1}{T'_{p2}} \fallingdotseq -\overline{Y}_\beta - N'_r + \dfrac{N'_{\delta r}}{L'_{\delta r}} L'_r + \dfrac{\overline{Y}_{\delta r}}{L'_{\delta r}} L'_\beta \\[4mm] \dfrac{1}{T'_{p1}} \cdot \dfrac{1}{T'_{p2}} \fallingdotseq N'_\beta \left\{ -\dfrac{N'_{\delta r}}{L'_{\delta r}} \cdot \dfrac{L'_\beta}{N'_\beta} + \dfrac{\overline{Y}_{\delta r}}{L'_{\delta r}} \left(L'_r - \dfrac{L'_\beta}{N'_\beta} N'_r \right) \right\} \end{cases}$$

(3.5-17b)

[例題 3.5-2]　　例題 3.3-1 の大型民間旅客機について, ラダーに対する応答 $p/\delta r$ を求めよ.

■解答■　δr に対する p の応答の近似式は, $\theta_0 = \alpha_0$ として, (3.5-17) 式から

$$\frac{1}{T'_{p0}} \fallingdotseq -\frac{g}{V} \cdot \frac{\theta_0}{57.3} = -\frac{9.8}{86.8} \times \frac{5.6}{57.3} = -0.0110$$

$$\frac{1}{T'_{p1}} + \frac{1}{T'_{p2}} = -\overline{Y}_\beta - N'_r + \frac{N'_{\delta r}}{L'_{\delta r}} L'_r + \frac{\overline{Y}_{\delta r}}{L'_{\delta r}} L'_\beta = 0.0980 + 0.233 + \frac{-0.250}{0.0347} \times 0.237$$

$$+ \frac{0.01780}{0.0347} \times (-1.580) = 0.0980 + 0.233 - 1.707 - 0.810 = -2.19$$

$$\frac{1}{T'_{p1}} \cdot \frac{1}{T'_{p2}} = N'_\beta \left\{ -\frac{N'_{\delta r}}{L'_{\delta r}} \cdot \frac{L'_\beta}{N'_\beta} + \frac{\overline{Y}_{\delta r}}{L'_{\delta r}} \left(L'_r - \frac{L'_\beta}{N'_\beta} N'_r \right) \right\}$$

$$= 0.315 \times \left\{ -\frac{-0.250}{0.0347} \times \frac{-1.580}{0.315} + \frac{0.01780}{0.0347} \times \left(0.237 + \frac{-1.580}{0.315} \times 0.233 \right) \right\}$$

$$= 0.315 \times \{-36.14 + 0.5130 \times (0.237 - 1.169)\} = -11.53$$

であるから, 次の 2 次方程式が得られる.

$$s^2 - 2.19s - 11.53 = 0, \quad \therefore s = -2.47, \ +4.66$$

よって, (3.5-16) 式から

$$\frac{p}{\delta r} = L'_{\delta r} \cdot \frac{\left(s + 1/T'_{p0}\right)\left(s + 1/T'_{p1}\right)\left(s + 1/T'_{p2}\right)}{\Delta_{lat}} = 0.0347 \frac{(s - 0.0110)(s + 2.47)(s - 4.66)}{\Delta_{lat}}$$

一方, (3.3-3) 式の厳密解を解くと ($\theta_0 = 5.6°$ として)

$$\frac{p}{\delta r} = 0.0347 \frac{(s - 0.0108)(s + 2.46)(s - 4.63)}{\Delta_{lat}}$$

となり, 近似解は良い値を示すことがわかる. 図 3.12 に厳密解の極と零点配置および $p/(-\delta r)$ の周波数特性を示す. 右半面の零点は 2 個であるが, 右辺の係数が正であるため, 定常値 (周波数が 0) の位相は 180° であることがわかる.

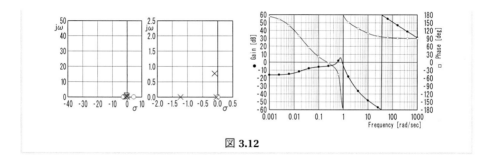

図 3.12

(3) ラダーに対するヨー角速度応答 $r/\delta r$

次に，δr に対する r の応答の分子 $N_{\delta r}^r$ は，(3.3-3) 式から

$$N_{\delta r}^r = A_r s^3 + B_r s^2 + C_r s + D_r \tag{3.5-18}$$

$$\begin{cases} A_r = N'_{\delta r} \\ B_r = -N'_{\delta r}(\overline{Y}_\beta + L'_p) + L'_{\delta r} N'_p + \overline{Y}_{\delta r} N'_\beta \\ C_r = N'_{\delta r}(\overline{Y}_\beta L'_p - L'_\beta \alpha_0/57.3) - L'_{\delta r}(\overline{Y}_\beta N'_p - N'_\beta \alpha_0/57.3) + \overline{Y}_{\delta r}(-N'_\beta L'_p + L'_\beta N'_p) \\ D_r = (-N'_{\delta r} L'_\beta + L'_{\delta r} N'_\beta) g/V \end{cases}$$

$$\tag{3.5-19}$$

である．ここで，(3.3-4) 式を仮定すると，(3.5-19) 式は次のように近似できる．

$$\begin{cases} A_r = N'_{\delta r} \\ B_r \fallingdotseq -N'_{\delta r}(\overline{Y}_\beta + L'_p) + \overline{Y}_{\delta r} N'_\beta \\ C_r \fallingdotseq N'_{\delta r}(\overline{Y}_\beta L'_p - L'_\beta \alpha_0/57.3) + \overline{Y}_{\delta r}(-N'_\beta L'_p + L'_\beta N'_p) \\ D_r \fallingdotseq -N'_{\delta r} L'_\beta g/V \end{cases} \tag{3.5-20}$$

この式を (3.5-18) 式に代入し変形すると次式のようになる．

$$\frac{N_{\delta r}^r}{N'_{\delta r}} = s^3 + \left(-\overline{Y}_\beta - L'_p + \frac{\overline{Y}_{\delta r}}{N'_{\delta r}} N'_\beta\right) s^2$$
$$+ \left\{\overline{Y}_\beta L'_p - L'_\beta \alpha_0/57.3 + \frac{\overline{Y}_{\delta r}}{N'_{\delta r}}(-N'_\beta L'_p + L'_\beta N'_p)\right\} s - L'_\beta g/V \tag{3.5-21}$$

この右辺の3次式を1次式と2次式に分解することを考える．s^2 の項に $(-\overline{Y}_\beta + \overline{Y}_{\delta r} N'_\beta/N'_{\delta r})$ と $-L'_p$ の加算，s の項にそれらの積があるので，次のように分解する．

$$\left(s - L'_p\right)\left\{s^2 + \left(-\overline{Y}_\beta + \frac{\overline{Y}_{\delta r}}{N'_{\delta r}} N'_\beta\right)s + \frac{L'_\beta}{L'_p} g/V\right\}$$
$$= s^3 + \left(-\overline{Y}_\beta - L'_p + \frac{\overline{Y}_{\delta r}}{N'_{\delta r}} N'_\beta\right)s^2 + \left(\overline{Y}_\beta L'_p - \frac{\overline{Y}_{\delta r}}{N'_{\delta r}} N'_\beta L'_p + \frac{L'_\beta}{L'_p} g/V\right)s - L'_\beta g/V \tag{3.5-22}$$

124 第 3 章 ■ 横・方向系の機体運動

この式を (3.5-21) 式の 3 次式と比較すると，s の項が異なるため，(3.5-22) 式をさらに次のように変形する．

$$\left(s - L'_p\right)\left[s^2 + \left\{-\overline{Y}_\beta + \frac{\overline{Y}_{\delta r}}{N'_{\delta r}}N'_\beta + \frac{L'_\beta}{L'_p}\left(\frac{g/V}{L'_p} + \alpha_0/57.3 - \frac{\overline{Y}_{\delta r}}{N'_{\delta r}}N'_p\right)\right\}s + \frac{L'_\beta}{L'_p}g/V\right]$$

$$= s^3 + \left\{-\overline{Y}_\beta - L'_p + \frac{\overline{Y}_{\delta r}}{N'_{\delta r}}N'_\beta + \frac{L'_\beta}{L'_p}\left(\frac{g/V}{L'_p} + \alpha_0/57.3 - \frac{\overline{Y}_{\delta r}}{N'_{\delta r}}N'_p\right)\right\}s^2$$

$$+ \left\{\overline{Y}_\beta L'_p - L'_\beta\alpha_0/57.3 + \frac{\overline{Y}_{\delta r}}{N'_{\delta r}}(-N'_\beta L'_p + L'_\beta N'_p)\right\}s - L'_\beta g/V \tag{3.5-23}$$

これにより，s^3 の項，s の項および定数項が (3.5-21) 式と一致する．s^2 の項で (3.5-21) 式と異なっている要素の値は大きくないので，(3.5-23) 式の展開式を採用する．このようにして，δr に対する r の応答は次式で与えられる．

$$\frac{r}{\delta r} = \frac{N'_{\delta r}\left(s + 1/T'_r\right)\left(s^2 + 2\zeta'_r\omega'_r s + \omega'^2_r\right)}{\Delta_{lat}} \tag{3.5-24}$$

ただし，

$$\begin{cases} \dfrac{1}{T'_r} \fallingdotseq -L'_p \fallingdotseq \dfrac{1}{T_R} \\[2mm] \omega'^2_r \fallingdotseq \dfrac{g}{V}\cdot\dfrac{L'_\beta}{L'_p} \\[2mm] 2\zeta'_r\omega'_r \fallingdotseq -\overline{Y}_\beta + \dfrac{\overline{Y}_{\delta r}}{N'_{\delta r}}N'_\beta + \dfrac{L'_\beta}{L'_p}\left(\dfrac{g/V}{L'_p} + \dfrac{\alpha_0}{57.3} - \dfrac{\overline{Y}_{\delta r}}{N'_{\delta r}}N'_p\right) \end{cases} \tag{3.5-25}$$

[例題 3.5-3]　例題 3.3-1 の大型民間旅客機について，ラダーに対する応答 $r/\delta r$ を求めよ．

■解答■　δr に対する r の応答の近似式は (3.5-25) 式から

$$\frac{1}{T'_r} \fallingdotseq -L'_p = 1.124$$

$$\omega'^2_r \fallingdotseq \frac{g}{V}\cdot\frac{L'_\beta}{L'_p} = \frac{9.8}{86.8} \times \frac{-1.580}{-1.124} = 0.1587$$

$$\therefore \omega'_r = 0.398 \text{ [rad/s]}$$

$$2\zeta'_r\omega'_r \fallingdotseq -\overline{Y}_\beta + \frac{\overline{Y}_{\delta r}}{N'_{\delta r}}N'_\beta + \frac{L'_\beta}{L'_p}\left(\frac{g/V}{L'_p} + \frac{\alpha_0}{57.3} - \frac{\overline{Y}_{\delta r}}{N'_{\delta r}}N'_p\right)$$

$$= 0.0980 + \frac{0.01780}{-0.250} \times 0.315 + \frac{-1.580}{-1.124} \times \left(\frac{9.8/86.8}{-1.124} + \frac{5.6}{57.3} - \frac{0.01780}{-0.250} \times 0.315\right)$$

$$= 0.0980 - 0.02243 + 1.406 \times (-0.1004 + 0.09773 + 0.02243)$$

$$= 0.0980 - 0.02243 - 0.1412 + 0.1374 + 0.03154 = 0.1033$$

$$\therefore \zeta'_r = \frac{2\zeta'_r \omega'_r}{2\omega'_r} = \frac{0.1033}{2 \times 0.398} = 0.1298,$$

$$\therefore \omega'_r \sqrt{1 - \zeta'^2_r} = 0.398\sqrt{1 - 0.1298^2} = 0.395 \text{ [rad/s]}$$

よって, (3.5-24) 式から

$$\frac{r}{\delta r} = \frac{N'_{\delta r}\left(s + 1/T'_r\right)\left(s^2 + 2\zeta'_r \omega'_r s + \omega'^2_r\right)}{\Delta_{lat}}$$

$$= -0.250 \frac{(s + 1.124)(s + 0.0517 - j\,0.395)(s + 0.0517 + j\,0.395)}{\Delta_{lat}}$$

(3.3-3) 式の厳密解を解くと ($\alpha_0 = \theta_0 = 5.6°$ として)

$$\frac{r}{\delta r} = -0.250 \frac{(s + 1.152)(s + 0.0323 - j\,0.386)(s + 0.0323 + j\,0.386)}{\Delta_{lat}}$$

となり, 近似解はほぼ良い値を示すことがわかる. 図 3.13 に厳密解の極と零点配置および $r/(-\delta r)$ の周波数特性を示す.

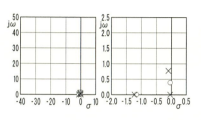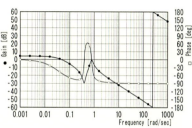

図 **3.13**

> ◦⇒ 参考 ⇔◦ 他文献の $r/\delta r$ の近似式について
>
> δr に対する r の応答の近似式は (3.5-24) 式および (3.5-25) 式であるが, 次のような式を与えている文献もある (McRuer[13]). 実際計算してみると,
>
> $$2\zeta'_r \omega'_r \fallingdotseq -\overline{Y}_\beta + \frac{\overline{Y}_{\delta r}}{N'_{\delta r}} N'_\beta + \frac{g}{V} \cdot \frac{L'_\beta}{L'^2_p}$$
>
> $$= 0.0980 + \frac{0.01780}{-0.250} \times 0.315 + \frac{9.8}{86.8} \times \frac{-1.580}{(-1.124)^2}$$
>
> $$= 0.0980 - 0.02243 - 0.1412 = -0.0656$$
>
> となる. 厳密解とは異なり, この文献の近似解では右半面に零点が生じてしまうことがわかる. これは, 迎角の影響を考慮していないことによる. なお, $1/T'_r$ および ω'^2_r の近似式は本書と同じである.

(4) ラダーに対するロール角応答 $\phi/\delta r$

次に，δr に対する ϕ の応答の分子 $N_{\delta r}^{\phi}$ は，(3.3-3) 式から

$$N_{\delta r}^{\phi} = A_\phi s^2 + B_\phi s + C_\phi \tag{3.5-26}$$

$$
\begin{cases}
A_\phi = L'_{\delta r} + N'_{\delta r}\theta_0/57.3 \\
B_\phi = N'_{\delta r}\left\{L'_r - (\overline{Y}_\beta + L'_p)\theta_0/57.3\right\} - L'_{\delta r}(\overline{Y}_\beta + N'_r - N'_p\theta_0/57.3) + \overline{Y}_{\delta r}(L'_\beta + N'_\beta\theta_0/57.3) \\
C_\phi = -N'_{\delta r}\left\{L'_\beta + \overline{Y}_\beta(L'_r - L'_p\theta_0/57.3)\right\} + L'_{\delta r}\left\{N'_\beta + \overline{Y}_\beta(N'_r - N'_p\theta_0/57.3)\right\} \\
\quad + \overline{Y}_{\delta r}\left\{N'_\beta(L'_r - L'_p\theta_0/57.3) - L'_\beta(N'_r - N'_p\theta_0/57.3)\right\}
\end{cases}
\tag{3.5-27}
$$

である．なお，$(\alpha_0/57.3)\cdot(\theta_0/57.3)$ の項は省略した．(3.3-4) 式を仮定すると，(3.5-27) 式は次のように近似できる．

$$
\begin{cases}
A_\phi = L'_{\delta r} + N'_{\delta r}\theta_0/57.3 \\
B_\phi \fallingdotseq N'_{\delta r}(L'_r - L'_p\theta_0/57.3) - L'_{\delta r}(\overline{Y}_\beta + N'_r) + \overline{Y}_{\delta r}L'_\beta \\
C_\phi \fallingdotseq -N'_{\delta r}L'_\beta + \overline{Y}_{\delta r}\left\{N'_\beta(L'_r - L'_p\theta_0/57.3) - L'_\beta N'_r\right\}
\end{cases}
\tag{3.5-28}
$$

この式を (3.5-26) 式に代入し変形すると次式のようになる．

$$
\frac{N_{\delta r}^{\phi}}{L'_{\delta r} + N'_{\delta r}\theta_0/57.3} = s^2 + \frac{-\overline{Y}_\beta - N'_r + \frac{N'_{\delta r}}{L'_{\delta r}}(L'_r - L'_p\frac{\theta_0}{57.3}) + \frac{\overline{Y}_{\delta r}}{L'_{\delta r}}L'_\beta}{1 + \frac{N'_{\delta r}}{L'_{\delta r}}\cdot\frac{\theta_0}{57.3}}s
$$
$$
+ N'_\beta \cdot \frac{-\frac{N'_{\delta r}}{L'_{\delta r}}\cdot\frac{L'_\beta}{N'_\beta} + \frac{\overline{Y}_{\delta r}}{L'_{\delta r}}\left(L'_r - L'_p\frac{\theta_0}{57.3} - \frac{L'_\beta}{N'_\beta}N'_r\right)}{1 + \frac{N'_{\delta r}}{L'_{\delta r}}\cdot\frac{\theta_0}{57.3}}
\tag{3.5-29}
$$

このようにして，δr に対する ϕ の応答は次式で与えられる．

$$
\boxed{\frac{\phi}{\delta r} = \left(L'_{\delta r} + N'_{\delta r}\frac{\theta_0}{57.3}\right)\cdot\frac{\left(s + 1/T'_{\phi 1}\right)\left(s + 1/T'_{\phi 2}\right)}{\Delta_{lat}}}
\tag{3.5-30}
$$

ただし，

$$
\boxed{
\begin{cases}
\dfrac{1}{T'_{\phi 1}} + \dfrac{1}{T'_{\phi 2}} = \dfrac{1}{1 + \frac{N'_{\delta r}}{L'_{\delta r}}\cdot\frac{\theta_0}{57.3}}\cdot\left\{-\overline{Y}_\beta - N'_r + \dfrac{N'_{\delta r}}{L'_{\delta r}}\left(L'_r - L'_p\dfrac{\theta_0}{57.3}\right) + \dfrac{\overline{Y}_{\delta r}}{L'_{\delta r}}L'_\beta\right\} \\[3mm]
\dfrac{1}{T'_{\phi 1}}\cdot\dfrac{1}{T'_{\phi 2}} = \dfrac{N'_\beta}{1 + \frac{N'_{\delta r}}{L'_{\delta r}}\cdot\frac{\theta_0}{57.3}}\cdot\left\{-\dfrac{N'_{\delta r}}{L'_{\delta r}}\cdot\dfrac{L'_\beta}{N'_\beta} + \dfrac{\overline{Y}_{\delta r}}{L'_{\delta r}}\left(L'_r - L'_p\dfrac{\theta_0}{57.3} - \dfrac{L'_\beta}{N'_\beta}N'_r\right)\right\}
\end{cases}
}
\tag{3.5-31}
$$

[例題 3.5-4]　例題 3.3-1 の大型民間旅客機について，ラダーに対する応答 $\phi/\delta r$ を求めよ．

■解答■　δr に対する ϕ の応答の近似式は，$\theta_0 = \alpha_0$ として，(3.5-31) 式から

$$\frac{1}{T'_{\phi1}} + \frac{1}{T'_{\phi2}} = \frac{1}{1 + \frac{N'_{\delta r}}{L'_{\delta r}} \cdot \frac{\theta_0}{57.3}} \cdot \left\{ -\overline{Y}_\beta - N'_r + \frac{N'_{\delta r}}{L'_{\delta r}} \left(L'_r - L'_p \frac{\theta_0}{57.3} \right) + \frac{\overline{Y}_{\delta r}}{L'_{\delta r}} L'_\beta \right\}$$

$$= \frac{1}{1 + \frac{-0.250}{0.0347} \times \frac{5.6}{57.3}} \times \left\{ 0.0980 + 0.233 + \frac{-0.250}{0.0347} \times \left(0.237 + 1.124 \times \frac{5.6}{57.3} \right) - \frac{0.01780}{0.0347} \times 1.580 \right\}$$

$$= \frac{1}{0.2959} \times (0.0980 + 0.233 - 2.499 - 0.8105) = -10.1$$

また，

$$\frac{1}{T'_{\phi1}} \cdot \frac{1}{T'_{\phi2}} = \frac{N'_\beta}{1 + \frac{N'_{\delta r}}{L'_{\delta r}} \cdot \frac{\theta_0}{57.3}} \cdot \left\{ -\frac{N'_{\delta r}}{L'_{\delta r}} \cdot \frac{L'_\beta}{N'_\beta} + \frac{\overline{Y}_{\delta r}}{L'_{\delta r}} \left(L'_r - L'_p \frac{\theta_0}{57.3} - \frac{L'_\beta}{N'_\beta} N'_r \right) \right\}$$

$$= \frac{0.315}{0.2959} \times \left\{ -\frac{-0.250}{0.0347} \cdot \frac{-1.580}{0.315} + \frac{0.01780}{0.0347} \times \left(0.237 + 1.124 \times \frac{5.6}{57.3} + \frac{-1.580}{0.315} \times 0.233 \right) \right\}$$

$$= 1.0645 \times \{-36.14 + 0.5130 \times (0.237 + 0.1098 - 1.169)\} = -38.9$$

であるから，次の 2 次方程式が得られる．

$$s^2 - 10.1s - 38.9 = 0, \qquad \therefore s = -2.98, +13.1$$

よって，(3.5-30) 式から

$$\frac{\phi}{\delta r} = \left(L'_{\delta r} + N'_{\delta r} \frac{\theta_0}{57.3} \right) \cdot \frac{(s + 1/T'_{\phi1})(s + 1/T'_{\phi2})}{\Delta_{lat}}$$

$$= \left(0.0347 - 0.250 \times \frac{5.6}{57.3} \right) \cdot \frac{(s + 2.98)(s - 13.1)}{\Delta_{lat}}$$

$$= 0.0103 \frac{(s + 2.98)(s - 13.1)}{\Delta_{lat}}$$

一方，(3.3-3) 式の厳密解を解くと ($\theta_0 = 5.6°$ として)

$$\frac{\phi}{\delta r} = 0.0101 \frac{(s + 2.95)(s - 13.5)}{\Delta_{lat}}$$

となり，近似解は良い値を示すことがわかる．図 3.14 に厳密解の極と零点配置および $\phi/(-\delta r)$ の周波数特性を示す．

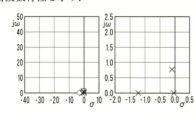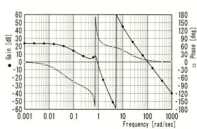

図 3.14

128 第 3 章 ■ 横・方向系の機体運動

> ❧ 参考 ❧ 　他文献の $\phi/\delta r$ の近似式について

δr に対する ϕ の応答の近似式は (3.5-30) 式および (3.5-31) 式であるが，次のような式を与えている文献もある (McRuer[13])．実際計算してみると，

$$\frac{1}{T'_{\phi_1}} + \frac{1}{T'_{\phi_2}} = -\overline{Y}_\beta - N'_r + \frac{N'_{\delta r}}{L'_{\delta r}}L'_r + \frac{\overline{Y}_{\delta r}}{L'_{\delta r}}L'_\beta$$

$$= 0.0980 + 0.233 + \frac{-0.250}{0.0347} \times 0.237 + \frac{0.01780}{0.0347} \times (-1.580)$$

$$= 0.0980 + 0.233 - 1.707 - 0.810 = -2.19$$

$$\frac{1}{T'_{\phi_1}} \cdot \frac{1}{T'_{\phi_2}} \fallingdotseq N'_\beta \left\{ 1 - \frac{N'_{\delta r}}{L'_{\delta r}} \cdot \frac{L'_\beta}{N'_\beta} + \frac{\overline{Y}_{\delta r}}{L'_{\delta r}} \left(L'_r - \frac{L'_\beta}{N'_\beta}N'_r \right) \right\}$$

$$= 0.315 \times \left\{ 1 - \frac{-0.250}{0.0347} \times \frac{-1.580}{0.315} + \frac{0.01780}{0.0347} \times \left(0.237 + \frac{-1.580}{0.315} \times 0.233 \right) \right\}$$

$$= 0.315 \times \{1 - 36.14 + 0.5130 \times (0.237 - 1.169)\} = -11.22$$

したがって，

$$s^2 - 2.19s - 11.22 = 0, \quad \therefore s = -2.43, +4.62$$

これに対して，厳密解は $s = -2.95, +13.5$ であり，この文献の近似式の精度は良くないことがわかる．これは θ_0 の影響を考慮していないことによる．

なお，上述のように，$p/\delta r$ の応答の分子の根は，原点近くの小さな根以外の根には θ_0 の影響は入ってこないので，$p/\delta r$ の応答の分子の厳密解は $s = -2.46, +4.63$ となり，ここでの結果が厳密解に近いものとなる．このように，$\phi/\delta r$ と $p/\delta r$ の応答の分子の根は θ_0 がある場合には異なることに注意が必要である．

3.6 ■ エルロン操舵時のダッチロールモード運動 ✈

エルロン操舵応答時にダッチロールモード運動がどのように生じるかを考察する．いま簡単のため $\alpha_0 = \theta_0 = 0$ と仮定すると，エルロン操舵による横滑りおよびロール運動は (3.2-18) 式より次式で与えられる．

$$\dot{\beta} = \overline{Y}_\beta \beta - r + \frac{g}{V}\phi, \qquad \dot{p} = L'_\beta \beta + L'_p p + L'_r r + L'_{\delta a}\delta a \tag{3.6-1}$$

(3.6-1) 式の第 1 式の両辺に L'_r をかけて第 2 式に加え，r を消去すると

$$L'_r \dot{\beta} + \dot{p} = (L'_r \overline{Y}_\beta + L'_\beta)\beta + L'_p p + \frac{g}{V}L'_r \phi + L'_{\delta a}\delta a \tag{3.6-2}$$

となる．ここで，(3.6-2) 式をラプラス変換すると，$p = s\phi$ の関係を考慮して次のように表される．

$$\left\{ L'_r s - (L'_\beta + L'_r \overline{Y}_\beta) \right\} \beta + \left(s^2 - L'_p s - \frac{g}{V}L'_r \right) \phi = L'_{\delta a}\delta a \tag{3.6-3}$$

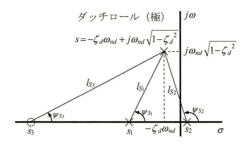

図 3.15 ダッチロールモードの $|\phi/\beta|_d$

変形すると次式が得られる．

$$\frac{\phi}{\beta} = -\frac{L'_r s - (L'_\beta + L'_r \overline{Y}_\beta)}{s^2 - L'_p s - \frac{g}{V} L'_r} + \frac{L'_{\delta a}}{s^2 - L'_p s - \frac{g}{V} L'_r} \cdot \frac{\delta a}{\beta} \tag{3.6-4}$$

この式の右辺第 2 項の $\delta a/\beta$ に (3.4-8) 式および (3.3-15) 式の関係式を用いると，(3.6-4) 式は次のように表される．

$$\frac{\phi}{\beta} = -\frac{L'_r s - (L'_\beta + L'_r \overline{Y}_\beta)}{s^2 - L'_p s - \frac{g}{V} L'_r} + \frac{L'_{\delta a}}{s^2 - L'_p s - \frac{g}{V} L'_r} \cdot \frac{(s + 1/T_s)(s + 1/T_R)(s^2 + 2\zeta_d \omega_{nd} s + \omega_{nd}^2)}{-N'_{\delta a}(s + 1/T_{\beta_1})(s + 1/T_{\beta_2})} \tag{3.6-5}$$

さて，この式を用いてダッチロール運動時のバンク角 ϕ と横滑り角 β との関係を検討する．(3.6-5) 式において，ダッチロールモード根

$$s = -\zeta_d \omega_{nd} \pm j\omega_{nd}\sqrt{1-\zeta_d^2} \tag{3.6-6}$$

とおけば，(3.6-5) 式の右辺第 2 項は 0 となり

$$\left(\frac{\phi}{\beta}\right)_d = -L'_r \left[\frac{s - s_3}{(s - s_1)(s - s_2)}\right]_{s = -\zeta_d \omega_{nd} \pm j\omega_{nd}\sqrt{1-\zeta_d^2}} \tag{3.6-7}$$

$$\begin{cases} s_1 = \dfrac{L'_p}{2}\left(1 + \sqrt{1 + \dfrac{4g}{V} \cdot \dfrac{L'_r}{L'^2_p}}\right) \fallingdotseq L'_p \\ s_2 = \dfrac{L'_p}{2}\left(1 - \sqrt{1 + \dfrac{4g}{V} \cdot \dfrac{L'_r}{L'^2_p}}\right) \fallingdotseq -\dfrac{g}{V} \cdot \dfrac{L'_r}{L'_p} \\ s_3 = \dfrac{L'_\beta}{L'_r} + \overline{Y}_\beta \fallingdotseq \dfrac{L'_\beta}{L'_r} \end{cases} \tag{3.6-8}$$

である．例題 3.3-1 のデータを用いると，(3.6-8) 式の近似式から

$$s_1 = -1.124, \quad s_2 = -0.0238, \quad s_3 = -6.67 \tag{3.6-9}$$

となる．これらの関係を図示したものが図 3.15 である．この図において，

$$\begin{cases} l_{S_1} = \sqrt{(-\zeta_d\omega_{nd} - s_1)^2 + \omega_{nd}^2(1-\zeta_d^2)} \fallingdotseq \sqrt{s_1^2 + \omega_{nd}^2} \fallingdotseq \sqrt{L_p'^2 + N_\beta'} \\ l_{S_2} \fallingdotseq \omega_{nd} \fallingdotseq \sqrt{N_\beta'}, \quad l_{S_3} \fallingdotseq \sqrt{L_\beta'^2/L_r'^2 + N_\beta'} \end{cases} \quad (3.6\text{-}10)$$

と近似すると，ダッチロールモードにおけるバンク角 ϕ と横滑り角 β との振幅比 $|\phi/\beta|_d$ (rolling parameter と言われる) が次式によって得られる．

$$\left|\frac{\phi}{\beta}\right|_d = L_r' \frac{l_{S_3}}{l_{S_1} l_{S_2}} \fallingdotseq \frac{-L_\beta'}{N_\beta'} \sqrt{\frac{1 + N_\beta' L_r'^2/L_\beta'^2}{1 + L_p'^2/N_\beta'}} \fallingdotseq \frac{-L_\beta'}{N_\beta'} \cdot \frac{1}{\sqrt{1 + L_p'^2/N_\beta'}} \quad (3.6\text{-}11)$$

[例題 3.6-1] 例題 3.3-1 の大型民間旅客機について，エルロン操舵時に発生するダッチロールモードの $|\phi/\beta|_d$ を求めよ．

■解答■ $|\phi/\beta|_d$ は (3.6-11) 式から

$$\left|\frac{\phi}{\beta}\right|_d \fallingdotseq \frac{-L_\beta'}{N_\beta'} \cdot \frac{1}{\sqrt{1 + L_p'^2/N_\beta'}} = \frac{1.580}{0.315} \times \frac{1}{\sqrt{1 + 1.124^2/0.315}} = 5.016 \times \frac{1}{2.238} = 2.24$$

を得る．シミュレーション結果を図 3.16 に示すが，シミュレーションでは $|\phi/\beta|_d$ は 1.7 程度になっており，解析式による結果はやや大きめな値となっていることがわかる．

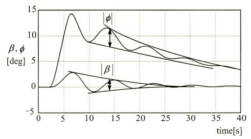

図 3.16 ダッチロールモードの $|\phi/\beta|_d$

◇◇ 参考 ◇◇

ダッチロール特性は，古くは振幅比 $|\phi/\beta|_d$ と減衰比 ζ_d のみによって評価が行われた．しかし，その後やはりダッチロール運動の評価にはモードの固有値 ω_{nd} と減衰比 ζ_d を制限すべきとの考えから，それらの組み合わせとして最小値を規定するようになった．まず ω_{nd} が大きいときは減衰比 ζ_d さえ良好にしておけば良いという考えから ζ_d の最小値を決めた．ω_{nd} が小さくなると，ダッチロール振動の振幅が減衰する時間が長くなるので，その振幅減衰時間のパラメータである $\zeta_d \omega_{nd}$ の値に最小値を設けた．ω_{nd} がさらに小さくなった場合には運動が緩慢となり良い飛行性は保証できなくなるため，ω_{nd} にも最小値を設けた．なお，(3.6-7) 式において s^2 をかけると

$$\left|\frac{\ddot{\phi}}{\beta}\right|_d \fallingdotseq \omega_{nd}^2 \left|\frac{\phi}{\beta}\right|_d \quad (3.6\text{-}12)$$

と近似できるが，これは突風中に横滑り角 β に対するロール角加速度の変化を表し，(3.6-12) 式の値が大きい場合には $\zeta_d\omega_{nd}$ の値の最小値を大きくしておくことが良いとされた．ダッチロール特性については，飛行性に関するハンドブックである MIL-HDBK-1797 では表 3.1 の値が推奨されている．

表 3.1 ダッチロールの最小振動数と減衰比 (レベル 1)

飛行状態カテゴリ	飛行機のクラス	最小 ζ_d	最小 $\zeta_d\omega_{nd}$ [rad/s](*1)	最小 ω_{nd} [rad/s]
CO	IV	0.4	0.4	1.0
A	I, IV	0.19	0.35	
	II, III			0.4(*2)
B	All	0.08	0.15	1.0
C	I, II-C, IV			1.0
	II-L, III		0.10	0.4(*2)

(*1) $\omega_{nd}^2\,|\phi/\beta|_d$ が 20 [rad/s]^2 を超えるときには，上記 $\zeta_d\omega_{nd}$ の最小値を次の値だけ大きくする．$\Delta\zeta_d\omega_{nd}=0.014\left(\omega_{nd}^2\,|\phi/\beta|_d-20\right)$，(レベル 1)

(*2) III の機体では，最小の ω_{nd} の規定を除外してもよい．

3.7 ■ エルロン操舵時のロール角速度応答 ✈

エルロン操舵時のロール角応答は，(3.3-15) 式および (3.4-32) 式から

$$\frac{\phi}{\delta a}=\frac{L'_{\delta a}\left(s^2+2\zeta_\phi\omega_\phi s+\omega_\phi^2\right)}{(s+1/T_s)\,(s+1/T_R)\left(s^2+2\zeta_d\omega_{nd}s+\omega_{nd}^2\right)} \tag{3.7-1}$$

$$\begin{cases} \omega_{nd}^2 \fallingdotseq N'_\beta-\dfrac{L'_\beta}{L'_p}\left(N'_p-\dfrac{g}{V}+N'_r\dfrac{\alpha_0}{57.3}\right) \\[3mm] 2\zeta_d\omega_{nd} \fallingdotseq -\overline{Y}_\beta-N'_r \end{cases} \tag{3.7-2}$$

$$\frac{1}{T_R}\fallingdotseq -L'_p,\qquad \frac{1}{T_s}\fallingdotseq\frac{\dfrac{g}{V}\left(\dfrac{L'_\beta}{N'_\beta}N'_r-L'_r+L'_p\dfrac{\theta_0}{57.3}\right)}{-L'_p+\dfrac{L'_\beta}{N'_\beta}\left(N'_p-\dfrac{g}{V}+N'_r\dfrac{\alpha_0}{57.3}\right)} \tag{3.7-3}$$

$$\begin{cases} \omega_\phi^2\fallingdotseq N'_\beta-\dfrac{N'_{\delta a}}{L'_{\delta a}}L'_\beta \\[3mm] 2\zeta_\phi\omega_\phi\fallingdotseq -\overline{Y}_\beta-N'_r+\dfrac{N'_{\delta a}}{L'_{\delta a}}\left(L'_r-L'_p\dfrac{\theta_0}{57.3}\right) \end{cases} \tag{3.7-4}$$

一方，エルロン操舵時のロール角速度の応答は (3.4-16) 式から

$$\frac{p}{\delta a} = \frac{L'_{\delta a}\left(s+1/T_p\right)\left(s^2+2\zeta_p\omega_p s+\omega_p^2\right)}{(s+1/T_s)(s+1/T_R)\left(s^2+2\zeta_d\omega_{nd}s+\omega_{nd}^2\right)} \tag{3.7-5}$$

$$\frac{1}{T_p} \fallingdotseq -\frac{g}{V}\cdot\frac{\theta_0}{57.3},\quad \begin{cases} \omega_p^2 \fallingdotseq N'_\beta - \dfrac{N'_{\delta a}}{L'_{\delta a}}L'_\beta \\ 2\zeta_p\omega_p \fallingdotseq -\overline{Y}_\beta - N'_r + \dfrac{N'_{\delta a}}{L'_{\delta a}}L'_r \end{cases} \tag{3.7-6}$$

である．いま簡単のため $\theta_0 = 0$ と仮定すると，(3.7-4) 式と (3.7-6) 式は同じものとなり，ロール角速度とロール角との関係は次のようになる．

$$\frac{p}{\delta a} = s\frac{\phi}{\delta a} = \frac{L'_{\delta a}s\left(s^2+2\zeta_\phi\omega_\phi s+\omega_\phi^2\right)}{(s+1/T_s)(s+1/T_R)\left(s^2+2\zeta_d\omega_{nd}s+\omega_{nd}^2\right)} \tag{3.7-7}$$

この式でエルロンを右側 1°のステップ入力を与えた場合を考える．エルロン舵角はラプラス変換すると

$$\delta a = -1/s \tag{3.7-8}$$

と表されるから，ロール角速度は次式で与えられる．

$$p = -\frac{L'_{\delta a}\left(s^2+2\zeta_\phi\omega_\phi s+\omega_\phi^2\right)}{(s+1/T_s)(s+1/T_R)\left(s^2+2\zeta_d\omega_{nd}s+\omega_{nd}^2\right)} \tag{3.7-9}$$

これをラプラス逆変換して時間応答を求めると次のようになる．

$$\begin{aligned} p = &K_s e^{-t/T_s} + K_R e^{-t/T_R} \\ &+ e^{-\zeta_d\omega_{nd}t}\left(K_{d1}e^{j\omega_{nd}\sqrt{1-\zeta_d^2}\,t} + K_{d2}e^{-j\omega_{nd}\sqrt{1-\zeta_d^2}\,t}\right) \end{aligned} \tag{3.7-10}$$

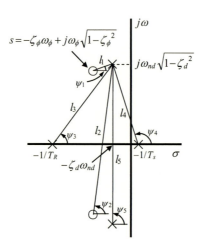

図 3.17　K_{d1} を求める図

ここで，右辺の各項の係数は次のように求めることができる．まず，K_{d1} は図3.17から次のように得られる．

$$K_{d1} = -L'_{\delta a} \frac{l_1 l_2}{l_3 l_4 l_5} e^{j\psi_p} \tag{3.7-11}$$

ただし，

$$\psi_p = \psi_1 + \psi_2 - \psi_3 - \psi_4 - \psi_5 \tag{3.7-12}$$

である．また，K_{d2} は図3.17において極および零点からダッチロール根へ引いたベクトルを，虚部が負側のダッチロール根に変更した場合であるから，(3.7-1) 式における ψ_p の符号を逆として

$$K_{d2} = -L'_{\delta a} \frac{l_1 l_2}{l_3 l_4 l_5} e^{-j\psi_p} \tag{3.7-13}$$

で与えられる．よって (3.7-10) 式右辺の第3項は

$$e^{-\zeta_d \omega_{nd} t} \left(K_{d1} e^{j\omega_{nd}\sqrt{1-\zeta_d^2}\,t} + K_{d2} e^{-j\omega_{nd}\sqrt{1-\zeta_d^2}\,t} \right)$$

$$= -L'_{\delta a} \frac{l_1 l_2}{l_3 l_4 l_5} e^{-\zeta_d \omega_{nd} t} \left\{ e^{j\left(\omega_{nd}\sqrt{1-\zeta_d^2}\,t + \psi_p\right)} + e^{-j\left(\omega_{nd}\sqrt{1-\zeta_d^2}\,t + \psi_p\right)} \right\}$$

$$= K_d e^{-\zeta_d \omega_{nd} t} \cos\left(\omega_{nd}\sqrt{1-\zeta_d^2}\,t + \psi_p\right) \tag{3.7-14}$$

となる．ここで，

$$K_d = -2L'_{\delta a} \frac{l_1 l_2}{l_3 l_4 l_5} \fallingdotseq -2L'_{\delta a} \frac{l_1}{\omega_{nd} l_3} \quad (\text{ただし，} l_4 \fallingdotseq \omega_{nd},\ l_2 \fallingdotseq l_5) \tag{3.7-15}$$

である．このとき

$$\psi_4 \fallingdotseq 90° + \sin^{-1}\zeta_d, \qquad \psi_2 \fallingdotseq \psi_5 \tag{3.7-16}$$

と近似すると，(3.7-12) 式は次のように表される．

$$\psi_p \fallingdotseq \psi_1 - \psi_3 - 90° - \sin^{-1}\zeta_d \tag{3.7-17}$$

次に，K_s は図3.18に示すように，(3.7-9) 式右辺の極および零点からスパイラル極 $s = -1/T_s$ に引いたベクトルの長さを用いて

$$K_s = -L'_{\delta a} \frac{l_8^2}{l_6 l_7^2} \fallingdotseq -T_R L'_{\delta a} \qquad (\text{ただし，} l_6 \fallingdotseq 1/T_R,\ l_8 \fallingdotseq l_7) \tag{3.7-18}$$

で与えられる．同様に K_R は図3.19から

$$K_R = L'_{\delta a} \frac{l_{10}^2}{l_6 l_9^2} \tag{3.7-19}$$

で与えられる．K_R の符号が K_s の場合と変わるのは，図3.18において，スパイラル極からロール極へのベクトルの偏角が $-180°$ となるからである．これらの結果をまとめると，エルロンを右側1°のステップ入力を与えた場合のロール角速度の応答が次のように与えられる．

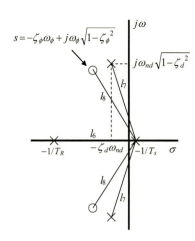
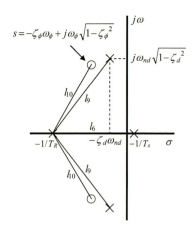

図 3.18 K_s を求める図 　　　　　図 3.19 K_R を求める図

$$p = K_s e^{-t/T_s} + K_R e^{-t/T_R} + K_d e^{-\zeta_d \omega_{nd} t} \cos\left(\omega_{nd}\sqrt{1-\zeta_d^2}\,t + \psi_p\right) \tag{3.7-20}$$

$$\begin{cases} K_s = -L'_{\delta a}\dfrac{l_8^2}{l_6 l_7^2} \fallingdotseq -T_R L'_{\delta a} \\[4pt] K_R = L'_{\delta a}\dfrac{l_{10}^2}{l_6 l_9^2} \\[4pt] K_d = -2L'_{\delta a}\dfrac{l_1 l_2}{l_3 l_4 l_5} \fallingdotseq -2L'_{\delta a}\dfrac{l_1}{\omega_{nd} l_3} \end{cases} \tag{3.7-21}$$

$$\begin{aligned}\psi_p &= \psi_1 + \psi_2 - \psi_3 - \psi_4 - \psi_5 \\ &\fallingdotseq \psi_1 - \psi_3 - 90° - \sin^{-1}\zeta_d\end{aligned} \quad [\text{ダッチロール応答の位相}] \tag{3.7-22}$$

ロール角速度応答における振動成分は，(3.7-20) 式の右辺第 3 項によって生じる．これはロール角速度応答の分子の零点がダッチロール極と離れていることによる．いまこのロール角速度の振動成分がロール角速度の平均量に対してどれくらいであるかを求めてみる．

$t=0$ ではロール角速度は 0 であるから (3.7-20) 式から

$$(p)_{t=0} = K_s + K_R + K_d \cos\psi_p = 0 \tag{3.7-23}$$

である．このとき，(3.7-20) 式の右辺第 2 項のロールモード成分は，比較的早い時間で負の値から 0 に収束し，その結果ロール角速度が定常値になる．ほぼロール角速度が定常値に達した時のロール角速度の平均値 p_{av} に対する振動成分 p_{osc} の比は，(3.7-20) 式の右辺第 1 項に対する第 3 項の比で表されるが，その比を $t=0$ における値で近似する

と次式が得られる．

$$\frac{p_{osc}}{p_{av}} \fallingdotseq \frac{K_d}{K_s} \fallingdotseq \frac{2}{T_R l_3} \cdot \frac{l_1}{\omega_{nd}}$$ [平均ロール角速度に対する振動量] (3.7-24)

この式から，p_{osc}/p_{av} は，分子の零点とダッチロール極との距離 l_1 (図 3.17) に比例することがわかる．

[**例題 3.7-1**] 例題 3.3-1 の大型民間旅客機について，エルロン操舵時のロール角速度の p_{osc}/p_{av} を求めよ．

■**解答**■ 例題 3.3-1 の結果より，$\frac{1}{T_R} \fallingdotseq -L'_p = 1.124$ [1/s]，$\omega_{nd} = 0.819$ [rad/s]，
$-\zeta_d \omega_{nd} \pm j\omega_{nd}\sqrt{1-\zeta_d^2} = -0.166 \pm j0.802$.
また，例題 3.4-4 の結果より，$-\zeta_\phi \omega_\phi \pm j\omega_\phi\sqrt{1-\zeta_\phi^2} = -0.177 \pm j0.618$.
したがって，図 3.17 より，$l_3 = \sqrt{(1.124-0.166)^2 + 0.802^2} = 1.249$，
$l_1 = \sqrt{(0.177-0.166)^2 + (0.802-0.618)^2} = 0.1843$

これらを用いると，p_{osc}/p_{av} は (3.7-24) 式から
$$\frac{p_{osc}}{p_{av}} \fallingdotseq \frac{2}{T_R l_3} \cdot \frac{l_1}{\omega_{nd}} = 1.124 \times \frac{2}{1.249} \times \frac{0.1843}{0.819} = 0.405$$

を得る．シミュレーション結果を図 3.20 に示す．シミュレーション結果から，p_{osc}/p_{av} は次のように求めることができる．

$$p_{av} = \frac{(p_1+p_2)/2 + (p_2+p_3)/2}{2} = \frac{p_1 + 2p_2 + p_3}{4}, \quad p_{osc} = p_{av} - p_2$$

$$\therefore \frac{p_{osc}}{p_{av}} = \frac{p_1 - 2p_2 + p_3}{p_1 + 2p_2 + p_3} = \frac{4.69 - 2\times 2.13 + 3.54}{4.69 + 2\times 2.13 + 3.54} = \frac{3.97}{12.49} = 0.318 \quad (\zeta_d \leqq 0.2)$$

したがって，解析式による値はやや大きめの値となっていることがわかる．なお，$\zeta_d > 0.2$ の場合には，$\frac{p_{osc}}{p_{av}} = \frac{p_1 - p_2}{p_1 + p_2}$ を用いる．

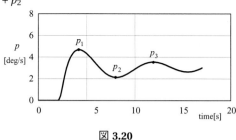

図 **3.20**

◦ **参考** ◦ **ロール角速度応答の振動に関する設計基準**

ロール角速度応答の振動 p_{osc}/p_{av} に関しては，MIL-HDBK-1797 では図 3.21 に示す限界以内となることが推奨されている．ただし，このときの操舵入力は，ダッチロールの減衰周期を T_d としたとき，$1.7T_d$ 秒の間に 60°バンク角を生じる大きさとする．ここで

$$T_d = \frac{2\pi}{\omega_{nd}\sqrt{(1-\zeta_d^2)}} \tag{3.7-25}$$

である．

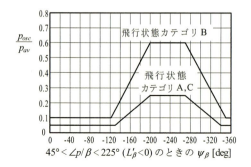

図 3.21 ロール角速度応答の振動限界 (レベル 1)

図 3.21 の横軸は，後述 (3.9 節) するエルロン操舵時の横滑り角応答の位相角 ψ_β である．ただし，横滑り角 β に対するロール角速度 p の進み角 $\angle p/\beta$ が 45〜225°，すなわち $L'_\beta < 0$ の場合である．このときは，後述するように，ψ_β が 0〜−90°のときはプロバースヨーの領域で，横滑り角の発生を抑える必要があり，また ψ_β が −180〜−270°のときはアドバースヨーの領域で，横滑り角の発生はある程度許容できる領域である．ロール角速度の振動量制限もそれに対応して定められたものである．

また，ロール角速度応答の振動については，MIL-HDBK-1797 ではロール角速度応答の振動の最初のピーク値に対して次の最初の最小値が反対符号とならないこと，すなわち p の逆転が起きないことと，その最小値が最初のピーク値に対して表 3.2 の百分率以上であることが推奨されている．

表 3.2 振動ピーク変動 (レベル 1)

飛行状態カテゴリ	百分率 [%]
A，C	60
B	25

参考　ロールモードに関する設計基準

ロール角速度運動は，(3.7-7) 式から

$$p \fallingdotseq T_R L'_{\delta a} \frac{1}{1+T_R s} \delta a \tag{3.7-26}$$

と近似でき，モード時定数 T_R の一時遅れ形で表される．したがって，時定数は小さい方が速い応答が得られるが，T_R のみ小さくすると p の応答量も小さくなってしまう．$L'_{\delta a} \delta a_{\max}$ (control power と言われる) の値を縦軸に，時定数 T_R の値を横軸にしたロール特性図でパイロットコメントを整理してみると，T_R が小さい場合は大きな $L'_{\delta a} \delta a_{\max}$ を好むことが示された．T_R の最大値は，多くのシミュレータ実験では 1.0 秒から 1.5 秒程度の値が示されたが，

フライト実験の結果では 0.8 秒程度が良いとの結果も示された．しかし，一般的に $T_R \fallingdotseq 1$ 秒が多くのデータで限界を示すことからこの値がクラス I, IV の CAT(飛行状態).A およびクラス I, II-C, IV の CAT.C の規定値として選ばれた．また，その他は利用できるデータにより，$T_R \fallingdotseq 1.3 \sim 1.5$ 秒の値が最大値として支持されたため平均値の 1.4 秒が選択された．

このように，ロールモード特性について，MIL-HDBK-1797 では表 3.3 の値が推奨されている．

表 3.3 最大時定数 T_R (レベル 1)

飛行状態カテゴリ	飛行機のクラス	最大 T_R [s]
A	I, IV	1.0
	II, III	1.4
B	All	
C	I, II-C, IV	1.0
	II-L, III	1.4

☞ 参考 ☜ スパイラルモードに関する設計基準

次に，スパイラルモードについて考えよう．ロール運動の結果，あるバンク角の状態において，パイロットが何も操作しない場合にそのバンク角がどのように変化するかは，横・方向運動モードの 3 番目のモードであるスパイラルモードの安定性によって決まる．スパイラルモードは，周期の長い非振動運動で，通常緩やかに収束もしくは発散する運動であり，若干の発散も許容される．いまバンク角が半分の値になる時間を $T_{1/2}$，または発散してバンク角が 2 倍の値になる時間を T_2 とすると，スパイラルモードの時定数 T_s [s] とは次の関係がある．

$$-T_2 \text{ or } T_{1/2} = 0.693 T_s \tag{3.7-27}$$

したがって，もし $T_2 = 12$ [s] が許容値とすると，

$$s = -\frac{1}{T_s} = \frac{0.693}{12} = 0.057 \ [1/s] \tag{3.7-28}$$

となり，これがスパイラル極の不安定の許容値となる．スパイラルモード特性については，MIL-HDBK-1797 では表 3.4 の値が推奨されている．

表 3.4 時間 T_2 (レベル 1)

飛行状態カテゴリ	T_2 [s]
A, C	12
B	20

☞ 参考 ☜ ロール・スパイラル連成振動に関する設計基準

次に，ロール・スパイラル連成振動について考える．通常ロールモードとスパイラルモー

ドの極は，実軸上で独立な極として十分離れた位置にあり，パイロットによるロール運動制御に対してスパイラル極が影響を与えないような特性となっている．ところが，L'_β, L'_p, N'_p および N'_r 等の空力安定微係数が通常とは異なる値を持つ機体では，両モード極が合体して 1 つの複素極 (振動極) となり，パイロットのロール運動制御を難しくするので避けることが望ましい．ロール・スパイラル連成モード特性については，MIL-HDBK-1797 では表 3.5 の値が推奨されている．

表 3.5　ロール・スパイラルモード連成 (レベル 1)

飛行状態カテゴリ	$\zeta_R \omega_R$ [rad/s]
A	— (*1)
B，C(*3)	0.5(*2)

(*1)　ロール・スパイラル連成モードを示すものであってはならない．

(*2)　減衰比 ζ_R と角振動数 ω_R との積が表の値を超える場合はロール・スパイラル連成モードを許容する．

(*3)　急激な旋回アプローチをする機体については，C においてもロール・スパイラル連成モードを示すものであってはならない．

◦→ 参考 ◦→　**ロール性能に関する設計基準**

エルロンを最大に操舵した時に機体が素早くロールできるかどうか，すなわちロール性能は航空機の横・方向運動能力として重要な要素である．ロール性能を規定するのに，古くは次のようなパラメータを用いていた．低速においては，ロール時の翼端の回転速度と機体速度との比 $pb/(2V)$ (ヘリックス角という) を用いていた．このパラメータは低速で大きなスパンの機体では緩い規定値であり，その後アスペクト比の小さい高速かつ高機動機の出現や多様なミッション等により，現実に合わなくなってきた．また高速時においては，1 秒間にロールする角度 (例えば飛行機クラス IV の機体では 1 秒間で 90°) を規定していた．

それまでの規定値をその後の飛行実験結果で整理すると，バンク角を指定してそれに達するまでの時間を規定する方がバラツキが少ないことが示された．そしてパイロットは機体速度が変化しても基本的に一定の速さのロールを好むことから，速度範囲も含めた飛行機の分類により，必要なバンク角に達するまでの時間 (秒) という形で細かく規定することとした．

なお，これらの値を規定する過程で，飛行機クラス IV の場合において，従来の 1 秒間にバンク角 90°までの要求は厳しいとの意見が出され，カテゴリ A の場合は 1 秒間に 60°が妥当であるとし，これを 90°までの時間に換算して 1.3 秒の要求値とした．これらのロール性能については，MIL-HDBK-1797 において，規定のバンク角に達するまでの時間 (秒) として飛行機のクラス，飛行状態カテゴリ，レベル別に細かく推奨されている．それらの例を表 3.6(a)～(d) に示す．

3.7 ■ エルロン操舵時のロール角速度応答　　139

表 3.6(a)　ロール性能 (飛行機クラス I,II)(レベル 1)

飛行機のクラス	飛行状態カテゴリ A		飛行状態カテゴリ B		飛行状態カテゴリ C	
	$\phi = 60°$	45°	60°	45°	30°	25°
I	1.4 秒		1.7		1.3	
II-L		1.4		1.9	1.8	
II-C		1.4		1.9		1.0

表 3.6(b)　ロール性能 (飛行機クラス III)(レベル 1)

速度範囲 (*1)	カテゴリ A	カテゴリ B	カテゴリ C
	$\phi = 30°$		
L	1.8 秒	2.3	2.5
M	1.5	2.0	
H	2.0	2.3	

(*1)　L: $V_{0_{mim}} < V < 1.8 V_{min}$ (*2 の速度の定義参照)

M: $1.8 V_{min}$(or$V_{0_{mim}}$ の大きい方) $< V < 0.7 V_{max}$(or$V_{0_{max}}$ の小さい方)

H: $0.7 V_{max}$(or$V_{0_{max}}$ の小さい方) $< V < V_{0_{max}}$

(*2)　速度の定義は以下である．ただし，V_s は失速速度．

$V_{0_{min}}$：最小運用速度 (飛行状態カテゴリによるが $1.2 V_s \sim 1.4 V_s$)

$V_{0_{max}}$：最大運用速度 (最大スラストでの水平最大速度)

V_{min}：最小実用速度 ($1.1 V_s$, $V_s + 10\,\mathrm{kt}$ の大きい方)

V_{max}：最大実用速度 (急降下回復を含む最大速度)

表 3.6(c)　ロール性能 (飛行機クラス IV)(レベル 1)

速度範囲 (*1)	飛行状態 A			B	C
	$\phi = 30°$	50°	90°	90°	30°
VL	1.1 秒			2.0	1.1
L				1.7	
M			1.3		
H		1.1			

(*1)　VL: $V_{0_{mim}} < V < V_{min} + 20\mathrm{kt}$(or$V_{0_{min}}$ の大きい方)

L : $V_{min} + 20\mathrm{kt}$(or$V_{0_{min}}$ の大きい方) $< V < 1.4 V_{0_{mim}}$

M : $1.4 V_{0_{mim}} < V < 0.7 V_{max}$(or$V_{0_{max}}$ の小さい方)

H : $0.7 V_{max}$(or$V_{0_{max}}$ の小さい方) $< V < V_{0_{max}}$

表 3.6(d)　ロール性能 (飛行機クラス IV, カテゴリ CO,1G)(レベル 1)

速度範囲 (*1)	$\phi = 30°$	90°	180°	360°
VL	1.1 秒			
L		1.4	2.3	4.1
M		1.0	1.6	2.8
H		1.4	2.3	4.1

(*1)　表 3.6(c) と同じ．

140　第 3 章 ■ 横・方向系の機体運動

> **参考**　　ロール時の操舵力に関する設計基準
>
> 　上記ロール性能を得るのに必要な操舵力の最大値と最小値について，MIL-HDBK-1797 に表 3.7 の値が推奨されている．
>
> **表 3.7**　ロール性能を得るのに必要な操舵力 (レベル 1)
>
> | 飛行機の
クラス | 飛行状態
カテゴリ | 最大操縦桿
操舵力 [lb] | 最大操縦輪
操舵力 [lb] | 最小値
[lb] (*1) |
> |---|---|---|---|---|
> | I, II-C, IV | A, B | 20 | 40 | 左記の
操舵力の
1/4 |
> | | C | | 20 | |
> | II-L, III | A, B | 25 | 50 | |
> | | C | | 25 | |
>
> (*1)　ブレークアウト力にこの最小値を加えた値以上のこと．

> **参考**　　ロール操縦感度に関する設計基準
>
> 　操舵力の最大値最小値と同様に，ロール操縦感度 (roll control sensitivity) も飛行性上重要な要素である．操舵コマンドの勾配 (gradient) が過度になると pilot-induced oscillation 発生の原因となる．これを避けるため，MIL-HDBK-1797 に表 3.8 の値が推奨されている．
>
> **表 3.8**　ロール操縦感度 (レベル 1)
>
> | 飛行状態カテゴリ | 最大感度 [(deg/s)/lb] |
> |---|---|
> | A | 15.0 |
> | C | 7.5 |

3.8 ■ エルロン操舵によるロール角制御 ✈

　横・方向系において，パイロットの最も必要な操縦はロール角制御である．本節では，エルロン操舵による零点とダッチロール極位置と，ロール角制御特性との関係について述べる．

(1) 零点とダッチロール極位置

　エルロン操舵時のロール角の応答は，簡単のため $\alpha_0 = \theta_0 = 0$ と仮定すると，(3.3-15) 式および (3.4-32) 式から

$$
\frac{\phi}{\delta a} = \frac{L'_{\delta a}\left(s^2 + 2\zeta_\phi \omega_\phi s + \omega_\phi^2\right)}{(s + 1/T_s)(s + 1/T_R)\left(s^2 + 2\zeta_d \omega_{nd} s + \omega_{nd}^2\right)}
\tag{3.8-1}
$$

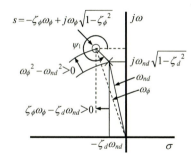
図 3.22 零点とダッチロール極

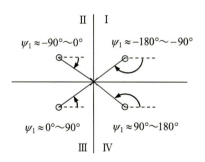
図 3.23 極・零点配置と角度 ψ_1

$$\omega_{nd}^2 \fallingdotseq N'_\beta - \frac{L'_\beta}{L'_p}\left(N'_p - \frac{g}{V}\right), \quad 2\zeta_d \omega_{nd} \fallingdotseq -\overline{Y}_\beta - N'_r \tag{3.8-2}$$

$$\frac{1}{T_R} \fallingdotseq -L'_p, \quad \frac{1}{T_s} \fallingdotseq \frac{\frac{g}{V}\left(\frac{L'_\beta}{N'_\beta}N'_r - L'_r\right)}{-L'_p + \frac{L'_\beta}{N'_\beta}\left(N'_p - \frac{g}{V}\right)} \tag{3.8-3}$$

$$\omega_\phi^2 \fallingdotseq N'_\beta - \frac{N'_{\delta a}}{L'_{\delta a}}L'_\beta, \quad 2\zeta_\phi \omega_\phi \fallingdotseq -\overline{Y}_\beta - N'_r + \frac{N'_{\delta a}}{L'_{\delta a}}L'_r \tag{3.8-4}$$

である. (3.8-2) 式および (3.8-4) 式から, (3.8-1) 式の零点とダッチロール極との位置関係を表す式が次のように得られる.

$$\begin{cases} \omega_\phi^2 - \omega_{nd}^2 \fallingdotseq -\frac{N'_{\delta a}}{L'_{\delta a}}L'_\beta + \frac{L'_\beta}{L'_p}\left(N'_p - \frac{g}{V}\right) \\ \zeta_\phi \omega_\phi - \zeta_d \omega_{nd} \fallingdotseq \frac{N'_{\delta a}}{2L'_{\delta a}}L'_r \end{cases} \quad [零点とダッチロール極位置] \tag{3.8-5}$$

図 3.22 は, ダッチロール極に対する零点の位置関係を示したもので, ψ_1 の値は零点からダッチロール極へのベクトルの角度を表す. 図 3.23 は, ψ_1 の値とダッチロール極に対する零点の位置との関係を示したもので, (3.8-5) 式から次のような関係がある.

$$\begin{cases} \omega_\phi^2 - \omega_{nd}^2 > 0, \zeta_\phi \omega_\phi - \zeta_d \omega_{nd} < 0 & \text{のとき第 I 象限}: \quad \psi_1 \approx -180° \sim -90° \\ \omega_\phi^2 - \omega_{nd}^2 > 0, \zeta_\phi \omega_\phi - \zeta_d \omega_{nd} > 0 & \text{のとき第 II 象限}: \quad \psi_1 \approx -90° \sim 0° \\ \omega_\phi^2 - \omega_{nd}^2 < 0, \zeta_\phi \omega_\phi - \zeta_d \omega_{nd} > 0 & \text{のとき第 III 象限}: \quad \psi_1 \approx 0° \sim 90° \\ \omega_\phi^2 - \omega_{nd}^2 < 0, \zeta_\phi \omega_\phi - \zeta_d \omega_{nd} < 0 & \text{のとき第 IV 象限}: \quad \psi_1 \approx 90° \sim 180° \end{cases} \tag{3.8-6}$$

142　第 3 章 ■ 横・方向系の機体運動

❦ 参考 ❦

なお，例題 3.3-1 の次の＜参考＞のところで述べたように，(3.8-2) 式の別の近似 (McRuer) として次の式がある

$$\omega_{nd}^2 \fallingdotseq N_\beta', \quad 2\zeta_d\omega_{nd} \fallingdotseq -\overline{Y}_\beta - N_r' - \frac{L_\beta'}{N_\beta'}\left(N_p' - \frac{g}{V}\right) \tag{3.8-7}$$

この場合には，(3.8-1) 式の零点とダッチロール極との位置関係を表す式が次のように得られるが，この近似式は例題 3.8-1 に示すように精度が良くないので注意が必要である．

$$\omega_\phi^2 - \omega_{nd}^2 \fallingdotseq -\frac{N_{\delta a}'}{L_{\delta a}'}L_\beta', \quad \zeta_\phi\omega_\phi - \zeta_d\omega_{nd} \fallingdotseq \frac{L_\beta'}{2N_\beta'}\left(N_p' - \frac{g}{V}\right) + \frac{N_{\delta a}'}{2L_{\delta a}'}L_r' \tag{3.8-8}$$

[例題 3.8-1]　例題 3.3-1 の大型民間旅客機のデータを用いて，$\phi/\delta a$ の零点とダッチロール極との位置関係を表す (3.8-5) 式と (3.8-8) 式による結果を比較せよ．

■解答■　まず，(3.8-5) 式から

$$\omega_\phi^2 - \omega_{nd}^2 \fallingdotseq -\frac{N_{\delta a}'}{L_{\delta a}'}L_\beta' + \frac{L_\beta'}{L_p'}\left(N_p' - \frac{g}{V}\right)$$

$$= -\frac{-0.0209}{-0.333} \times (-1.580) + \frac{-1.580}{-1.124} \times \left(-0.1172 - \frac{9.8}{86.8}\right)$$

$$= 0.099 + 1.406 \times (-0.1172 - 0.1129) = 0.099 - 0.324 = -0.225$$

また，$\zeta_\phi\omega_\phi - \zeta_d\omega_{nd} \fallingdotseq \dfrac{N_{\delta a}'}{2L_{\delta a}'}L_r' = \dfrac{-0.0209}{2 \times (-0.333)} \times 0.237 = 0.0074$

これに対して，(3.8-8) 式の場合は

$$\omega_\phi^2 - \omega_{nd}^2 \fallingdotseq -\frac{N_{\delta a}'}{L_{\delta a}'}L_\beta' = -\frac{-0.0209}{-0.333} \times (-1.580) = 0.099$$

また，

$$\zeta_\phi\omega_\phi - \zeta_d\omega_{nd} \fallingdotseq \frac{L_\beta'}{2N_\beta'}\left(N_p' - \frac{g}{V}\right) + \frac{N_{\delta a}'}{2L_{\delta a}'}L_r'$$

$$= \frac{-1.580}{2 \times 0.315} \times \left(-0.1172 - \frac{9.8}{86.8}\right) + \frac{-0.0209}{2 \times (-0.333)} \times 0.237$$

$$= 0.577 + 0.0074 = 0.584$$

一方，(3.3-1) 式の 4 次の特性方程式 (厳密解) を解くと

$$\omega_\phi^2 - \omega_{nd}^2 = 0.440 - 0.604 = -0.164, \qquad \zeta_\phi\omega_\phi - \zeta_d\omega_{nd} = 0.170 - 0.0968 = 0.0732$$

である．ただし，この厳密解は α_0 および θ_0 も考慮している．したがって，近似式としては，(3.8-5) 式が精度が良いことがわかる．(3.8-8) 式の近似式は，$(\omega_\phi^2 - \omega_{nd}^2)$ の符号が厳密解と逆になっており，零点とダッチロール極との位置関係を正確に与えない．

(2) ロール角制御の安定性

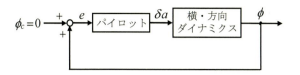

図 3.24 エルロン操舵によるロール角制御

次に，航空機が外乱等を受けたときに，図 3.24 に示すように，パイロットがエルロン操舵によりロール角を 0 に戻す制御を行った場合を考える．パイロットはロール角偏差 e に比例した量のエルロンを操舵するとした場合，例題 3.3-1 の大型民間旅客機のデータを用いて特性根をプロットした結果 (根軌跡) を図 3.25 に示す．この例のように，ダッチロール極に対して零点の位置が $\psi_1 \fallingdotseq 0° \sim 90°$ (第 III 象限) の場合には，パイロットゲインを増加していくと，ダッチロール極は左側 (安定側) に移動することがわかる．図中で小さな○印はパイロットゲイン 1 倍，小さな□印はゲイン 2 倍の場合を表す．

これに対し，例題 3.3-1 の空力データにおいて，$C_{n_p} = -0.12 \to +0.25 (N'_p = -0.1172 \to +0.1765)$ とした場合の根軌跡を図 3.26 に示す．この例のように，ダッチロール極に対して零点の位置が $\psi_1 \fallingdotseq -180° \sim -90°$ (第 I 象限) の場合には，パイロットゲインを増加していくと，ダッチロール極は右側 (不安定側) に移動することがわかる．

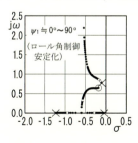 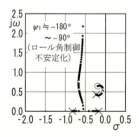

図 3.25 ロール角制御　　**図 3.26** ロール角制御 ($N'_p > 0$)

3.9 ■ エルロン操舵時の横滑り角応答

エルロン操舵によるロール運動中に横滑りが生じると，ロール運動特性に影響を与える．また，その横滑りの発生状況によって，操縦性への影響に違いがある．本節では，横滑り発生と操縦性との関係について述べる．

(1) 横滑り角応答の位相と操縦性

エルロン操舵時の横滑り角応答は，簡単のため $\alpha_0 = \theta_0 = 0$ と仮定すると，(3.4-8) 式および (3.4-9) 式から

$$\frac{\beta}{\delta a} = \frac{-N'_{\delta a}(s+1/T_{\beta_1})(s+1/T_{\beta_2})}{(s+1/T_s)(s+1/T_R)(s^2+2\zeta_d\omega_{nd}s+\omega_{nd}^2)} \tag{3.9-1}$$

$$\frac{1}{T_{\beta_1}} \fallingdotseq \frac{g}{V} \cdot \frac{-L'_r + \frac{L'_{\delta a}}{N'_{\delta a}}N'_r}{-L'_p + \frac{L'_{\delta a}}{N'_{\delta a}}\left(N'_p - \frac{g}{V}\right)}, \quad \frac{1}{T_{\beta_2}} \fallingdotseq -L'_p + \frac{L'_{\delta a}}{N'_{\delta a}}\left(N'_p - \frac{g}{V}\right) \tag{3.9-2}$$

である．(3.9-1) 式の分母については，ロール角速度応答と同様に (3.7-2) 式および (3.7-2) 式である．(3.9-1) 式において，エルロンを右側 1°のステップ入力を与えた場合の横滑り角の応答は次のように与えられる．

$$\beta = C_0 + C_s e^{-t/T_s} + C_R e^{-t/T_R} + C_d e^{-\zeta_d \omega_{nd} t}\cos\left(\omega_{nd}\sqrt{1-\zeta_d^2}\,t + \psi_\beta\right) \tag{3.9-3}$$

右ロール時の横滑り角の応答は，(3.9-3) 式の右辺第 4 項のダッチロール成分によって振動するが，その様子を図 3.27 に示す．この図は，(3.9-3) 式のダッチロール成分の項のみを $t=0$ で 0 として表示したものである．

横滑り角応答のダッチロール成分の位相 ψ_β が $-270° \sim -180°$ のとき，横滑り角が時間の経過とともに正側に移動しながら発生する．これは旋回する方向とは逆方向に機首を振ることに対応し，この特性をアドバースヨーという．また，ψ_β が $-90° \sim 0°$ のとき，横滑り角が時間の経過とともに負側に移動しながら発生する．この特性をプロバースヨーという．

もしパイロットがエルロン操作とともに，この発生する横滑り角をペダルによるラ

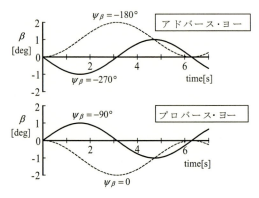

図 3.27 右ロール時の横滑り角応答のダッチロール成分 $\{\cos(t+\psi_\beta)-\cos\psi_\beta\}$

ダー操作で抑えようとした場合 (これをラダーコーディネーション，rudder coordination
という) は，アドバースヨーの場合には操縦桿を右に倒す操作と同時にペダルを右に踏
むことになり，自然の動きで操縦できる．これに対してプロバースヨーの場合にはエル
ロン操作とラダー操作が逆となり不自然な操作となる．

なお，図 3.27 の応答は通常機の $L'_\beta < 0$ の場合であるが，通常機とは異なる $L'_\beta > 0$ の
場合においても基本的には同様な特性となる．しかし，単に L'_β のみを正の値にすると
通常は特性根が不安定となることに注意する必要がある．

(2) エルロン操舵時の ψ_β と ψ_1 との関係

まず，エルロン操舵時の，横滑り角 β に対するロール角速度 p の進み角 $\angle p/\beta$ は，
ダッチロールモードの成分の両者の位相差であるから，(3.6-7) 式のダッチロールモード
における $(\phi/\beta)_d$ の式 (3.6-7) において分子に s を掛けた場合の位相 ($\angle$ は位相を表す記
号) として次のように得られる．

$$\angle p/\beta = \angle\left(s\frac{\phi}{\beta}\right)_d = -L'_r\angle\left[\frac{s(s-s_3)}{(s-s_1)(s-s_2)}\right]_{s=-\zeta_d\omega_{nd}\pm j\omega_{nd}\sqrt{1-\zeta_d^2}} \tag{3.9-4}$$

したがって，図 3.15 において，原点に近い $s=s_2$ の極と $s=0$ の零点からダッチロール
極への偏角は等しいと近似すると，$\angle p/\beta$ は次のように与えられる．

$$\angle p/\beta \fallingdotseq \begin{cases} -\psi_{S_1} + \psi_{S_3} + 180° & (L'_r > 0) \\ -\psi_{S_1} + \psi_{S_3} & (L'_r < 0) \end{cases} \tag{3.9-5}$$

ここで，(3.6-8) 式から $s_1 \fallingdotseq L'_p$ であるから，$s=s_1$ の極からダッチロール極への偏角 ψ_{S_1}
は，図 3.17 の $s=-1/T_R$(ロール極) からダッチロール極への偏角 ψ_3 に等しい．また，
$|s_3| \fallingdotseq \left|L'_\beta/L'_r\right| \gg 1$ であるから，$L'_\beta < 0$ の場合は，$L'_r > 0$ のとき $\psi_{S_3} \fallingdotseq 0$，$L'_r < 0$ のとき
$\psi_{S_3} \fallingdotseq 180°$ となる．$L'_\beta > 0$ の場合は，$L'_r > 0$ のとき $\psi_{S_3} \fallingdotseq 180°$，$L'_r < 0$ のとき $\psi_{S_3} \fallingdotseq 0$ と
なる．これらの関係を (3.9-5) 式に代入すると

$$\angle p/\beta \fallingdotseq \begin{cases} -\psi_3 + 180° & (L'_\beta < 0) \\ -\psi_3 & (L'_\beta > 0) \end{cases} \tag{3.9-6}$$

と表される．すなわち，$\angle p/\beta$ は L'_r の符号には依らず L'_β の符号によることがわかる．
ここで，ψ_3 は図 3.17 に示すロール極からダッチロール極へのベクトルの偏角である．
ψ_3 は $\left|L'_p\right|$ が大きいと $0°$ に近づき，$\left|L'_p\right|$ が小さくなると $90°$ に近づく．すなわち ψ_3 を
$0°$ から $90°$ まで変化させた場合，$\angle p/\beta$ は次のようになる．

$$\angle p/\beta \fallingdotseq \begin{cases} 90°\sim180° & (L'_\beta > 0) \\ -90°\sim0° & (L'_\beta < 0) \end{cases} \tag{3.9-7}$$

これに誤差を $45°$ 考慮すると，エルロン操舵時の $\angle p/\beta$ の値から L'_β の符号を次式に

より推定することができる．

$$\begin{cases} 45° < \angle p/\beta < 225° のとき & L'_\beta < 0 \\ -135° < \angle p/\beta < 45° のとき & L'_\beta > 0 \end{cases} \tag{3.9-8}$$

エルロン操舵時の横滑り角応答のダッチロール成分の位相 ψ_β は，(3.7-22) 式および (3.9-6) 式を用いて

$$\psi_\beta = \psi_p - \angle p/\beta \fallingdotseq \begin{cases} \psi_1 - \psi_3 - 90° - \sin^{-1}\zeta_d - (-\psi_3 + 180°) & (L'_\beta < 0) \\ \psi_1 - \psi_3 - 90° - \sin^{-1}\zeta_d - (-\psi_3) & (L'_\beta > 0) \end{cases} \tag{3.9-9}$$

で表され，これから次式が得られる．

$$\psi_\beta \fallingdotseq \begin{cases} \psi_1 - 270° - \sin^{-1}\zeta_d & (L'_\beta < 0) \\ \psi_1 - 90° - \sin^{-1}\zeta_d & (L'_\beta > 0) \end{cases} \tag{3.9-10}$$

ここで，ψ_1 は図 3.17 に示すロール角速度応答の分子の零点からダッチロール極へのベクトルの偏角である．図 3.28 にエルロン操舵時の ψ_β と ψ_1 との関係を示す．

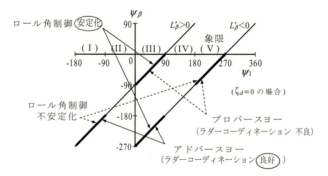

図 3.28 エルロン操舵時の ψ_β と ψ_1 との関係

図 3.28 には，ロール角制御の安定性について図 3.25 および図 3.26 から，ダッチロール極に対して零点が第 III 象限にあるときに安定化の傾向であること (実線矢印)，また第 I 象限にあるときに不安定化の傾向があること (破線矢印) を示した．同じく図 3.28 には，ラダーコーディネーションが良好かどうかについて図 3.27 から，ψ_β がアドバースヨーの領域にあるときに良好であること (実線矢印)，またプロバースヨーの領域にあるときに不良であること (破線矢印) を示した．$L'_\beta < 0$ の場合には，ロール角制御安定化の領域とラダーコーディネーション良好の領域が一致し，また両方が不良となる領域も一致することがわかる．

なお，図 3.28 は $\zeta_d = 0$ の場合であるが，例えば $\zeta_d = 0.3$ とすると $\sin^{-1} 0.3 \fallingdotseq 17°$ であ

るから，図中のラインが17°下がった直線となる．

参考　エルロン小入力時の横滑りに関する設計基準

小入力のエルロン操舵時の横滑り角発生量 $\Delta\beta$ について，MIL-HDBK-1797 では図 3.29 に示す限界以内となることが推奨されている．ただし，このときの操舵入力は，T_d または 2 秒のどちらか長い時間内に 60°バンク角を生じる大きさとする．ここで，T_d はダッチロールの減衰周期であり，(3.7-25) 式に示したものである．図 3.29 の縦軸の k の値は，次に示すロール性能要求値に対する実際のロール性能の比

$$k = \frac{(\phi_t)_{\text{command}}}{(\phi_t)_{\text{reqirement}}} \tag{3.9-11}$$

である．(3.9-11) 式の分母の性能要求値は，航空機のクラスや飛行状態カテゴリおよびレベルによって異なる．図 3.29 に示される横滑り角の限界値は，実際には k 倍まで許容されることになる．また，図 3.29 の横軸はその領域によって横滑り角許容量が異なる．$\psi_\beta = 0° \sim -90°$ の場合はロール運動中クロスコントロールが必要となる領域，$\psi_\beta = -180° \sim -270°$ の場合は右ロールに対して右ペダルというラダーコーディネーションが容易な領域，$\psi_\beta = -270° \sim -360°$ の場合はラダーコーディネーションが難しい領域であり，これに対応して横滑り角の許容制限量が決められている．

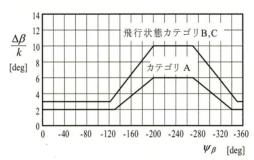

図 **3.29**　小入力時の横滑り角限界 (レベル 1)

参考　エルロン大入力時の横滑りに関する設計基準

大入力のエルロン操舵時の横滑り角発生量 $\Delta\beta$ について，MIL-HDBK-1797 では表 3.9 に示す限界以内となることが推奨されている．ただし，このときの操舵入力は，バンク角が 90°変化するまで固定とする．

表 **3.9**　大入力エルロン操舵時の横滑り角限界 $\Delta\beta/k$(レベル 1)

飛行状態 カテゴリ	アドバース (右ロール，右横滑り)	プロバース (右ロール，左横滑り)
A	6°	2°
B，C	10°	3°

148 第 3 章 ■ 横・方向系の機体運動

3.10 ■ 高迎角時の横・方向特性 ✈

迎角 α が大きい状態 (高迎角) では，横・方向系の特性は大きく変化する．特に，垂直尾翼の効果が落ちて，方向安定が弱くなり，横・方向系の不安定現象が生じることがある．本節では，高迎角時の横・方向系不安定現象の解析方法について述べる．

(1) 高迎角時の横・方向運動方程式

迎角およびピッチ角は大きな値の一定値 α_0 および θ_0，横滑り角 β とロール角 ϕ は微小とすると，$\dot{\beta}$ の運動方程式は (3.1-4) 式から

$$\dot{\beta} = \overline{Y}_\beta \beta + p\sin\alpha_0 - r\cos\alpha_0 + \frac{g\cos\theta_0}{V}\phi + \overline{Y}_{\delta r}\delta r \tag{3.10-1}$$

となる．x 軸および z 軸まわりのモーメントの運動方程式は (3.2-18) 式であり，高迎角での横・方向特性を検討する式が次のように得られる．

$$\begin{cases} \dot{\beta} = \overline{Y}_\beta \beta + p\sin\alpha_0 - r\cos\alpha_0 + \dfrac{g\cos\theta_0}{V}\phi + \overline{Y}_{\delta r}\delta r \\ \dot{p} = L'_\beta \beta + L'_p p \quad\quad + L'_r r \quad\quad\quad\quad\quad + L'_{\delta a}\delta a + L'_{\delta r}\delta r \\ \dot{r} = N'_\beta \beta + N'_p p \quad\quad + N'_r r \quad\quad\quad\quad\quad + N'_{\delta a}\delta a + N'_{\delta r}\delta r \\ \dot{\phi} = \quad\quad\quad p \quad\quad + r\tan\theta_0 \end{cases} \tag{3.10-2}$$

行列表示では次のように表される．

$$\begin{bmatrix} \dot{\beta} \\ \dot{p} \\ \dot{r} \\ \dot{\phi} \end{bmatrix} = \begin{bmatrix} \overline{Y}_\beta & \sin\alpha_0 & -\cos\alpha_0 & \dfrac{g\cos\theta_0}{V} \\ L'_\beta & L'_p & L'_r & 0 \\ N'_\beta & N'_p & N'_r & 0 \\ 0 & 1 & \tan\theta_0 & s \end{bmatrix} \begin{bmatrix} \beta \\ p \\ r \\ \phi \end{bmatrix} + \begin{bmatrix} 0 & \overline{Y}_{\delta r} \\ L'_{\delta a} & L'_{\delta r} \\ N'_{\delta a} & N'_{\delta r} \\ 0 & 0 \end{bmatrix} \begin{bmatrix} \delta a \\ \delta r \end{bmatrix} \tag{3.10-3}$$

ラプラス変換すると次式を得る．

$$\begin{bmatrix} s-\overline{Y}_\beta & -\sin\alpha_0 & \cos\alpha_0 & -\dfrac{g\cos\theta_0}{V} \\ -L'_\beta & s-L'_p & -L'_r & 0 \\ -N'_\beta & -N'_p & s-N'_r & 0 \\ 0 & -1 & -\tan\theta_0 & s \end{bmatrix} \begin{bmatrix} \beta \\ p \\ r \\ \phi \end{bmatrix} = \begin{bmatrix} 0 & \overline{Y}_{\delta r} \\ L'_{\delta a} & L'_{\delta r} \\ N'_{\delta a} & N'_{\delta r} \\ 0 & 0 \end{bmatrix} \begin{bmatrix} \delta a \\ \delta r \end{bmatrix} \tag{3.10-4}$$

さて，(3.10-4) 式の特性方程式の行列 Δ_{lat} を展開すると

$$\Delta_{lat} = As^4 + Bs^3 + Cs^2 + Ds + E \tag{3.10-5}$$

$$\begin{cases}
A = 1 \\
B = -\overline{Y}_\beta - L'_p - N'_r \\
C = N'_\beta \cos\alpha_0 - L'_\beta \sin\alpha_0 + \overline{Y}_\beta(L'_p + N'_r) + L'_p N'_r - N'_p L'_r \\
D = -N'_\beta \left\{ L'_p \cos\alpha_0 + L'_r \sin\alpha_0 + (g\cos\theta_0/V)\tan\theta_0 \right\} \\
\qquad + L'_\beta(N'_p \cos\alpha_0 - g\cos\theta_0/V + N'_r \sin\alpha_0) - \overline{Y}_\beta(L'_p N'_r - N'_p L'_r) \\
E = \left\{ L'_\beta(N'_r - N'_p \tan\theta_0) - N'_\beta(L'_r - L'_p \tan\theta_0) \right\} g\cos\theta_0/V
\end{cases} \tag{3.10-6}$$

である．ここで，小さい項を省略すると次のようになる．

$$\begin{cases}
A = 1 \\
B = -\overline{Y}_\beta - L'_p - N'_r \\
C \fallingdotseq N'_\beta \cos\alpha_0 - L'_\beta \sin\alpha_0 + L'_p(\overline{Y}_\beta + N'_r) \\
D \fallingdotseq -N'_\beta L'_p \cos\alpha_0 + L'_\beta(N'_p \cos\alpha_0 - g\cos\theta_0/V + N'_r \sin\alpha_0) \\
E = \left\{ L'_\beta(N'_r - N'_p \tan\theta_0) - N'_\beta(L'_r - L'_p \tan\theta_0) \right\} g\cos\theta_0/V
\end{cases} \tag{3.10-7}$$

(2) ヨーディパーチャ特性

横・方向系の運動が安定であるためには，(3.10-7) 式の各係数が正の値を持つことが必要である．高迎角においてはこれらの係数が負になる可能性がある．ただし，係数 D および E はスパイラル根に関係する係数であるから，短周期の運動モードが高迎角においても安定を保つ指標として係数 C の正負を利用する．いま，係数 C の右辺第 2 項までを考慮すると次のような近似式が得られる．

$$C \fallingdotseq N'_\beta \cos\alpha_0 - L'_\beta \sin\alpha_0 \fallingdotseq \frac{\rho V^2 Sb}{2I_z}\left(C_{n_\beta}\cos\alpha_0 - \frac{I_z}{I_x}C_{l_\beta}\sin\alpha_0 \right) \times 57.3 \tag{3.10-8}$$

そこで次式

$$\boxed{\begin{aligned}
C_{n_{\beta\,dyn}} &= C_{n_\beta}\cos\alpha_0 - \frac{I_z}{I_x}C_{l_\beta}\sin\alpha_0 \\
&\fallingdotseq C_{n_\beta} - \frac{I_z}{I_x}C_{l_\beta}\sin\alpha_0
\end{aligned}} \qquad [C_{n_\beta}\,ダイナミクス] \tag{3.10-9}$$

を定義する．この $C_{n_{\beta\,dyn}}$(C_{n_β} ダイナミクスという）が負になると，方向安定不足でヨー運動が不安定となるヨーディパーチャ(yaw departure) に陥る可能性があり，高迎角での横・方向特性の 1 つの指標となっている．

(3) ロールリバーサル特性

次に，(3.10-4) 式からエルロン操舵に対するバンク角の応答 $\phi/\delta a$ について考える．この分子 $N^\phi_{\delta a}$ は次のように表される．

$$N_{\delta a}^{\phi} = A_{\phi}s^2 + B_{\phi}s + C_{\phi} \tag{3.10-10}$$

$$\begin{cases} A_{\phi} = L'_{\delta a} + N'_{\delta a}\tan\theta_0 \\ B_{\phi} = N'_{\delta a}\left\{L'_r - (\overline{Y}_{\beta} + L'_p)\tan\theta_0\right\} - L'_{\delta a}(\overline{Y}_{\beta} + N'_r - N'_p\tan\theta_0) \\ C_{\phi} = -N'_{\delta a}\left\{L'_{\beta}(\cos\alpha_0 + \sin\alpha_0\tan\theta_0) + \overline{Y}_{\beta}(L'_r - L'_p\tan\theta_0)\right\} \\ \qquad + L'_{\delta a}\left\{N'_{\beta}(\cos\alpha_0 + \sin\alpha_0\tan\theta_0) + \overline{Y}_{\beta}(N'_r - N'_p\tan\theta_0)\right\} \end{cases} \tag{3.10-11}$$

ここで，小さい項を省略すると次のようになる．

$$\begin{cases} A_{\phi} \fallingdotseq L'_{\delta a} \\ B_{\phi} \fallingdotseq N'_{\delta a}(L'_r - L'_p\tan\theta_0) - L'_{\delta a}(\overline{Y}_{\beta} + N'_r) \\ C_{\phi} \fallingdotseq (\cos\alpha_0 + \sin\alpha_0\tan\theta_0)(-N'_{\delta a}L'_{\beta} + L'_{\delta a}N'_{\beta}) \end{cases} \tag{3.10-12}$$

これから δa に対する ϕ の応答は次式で与えられる．

$$\frac{\phi}{\delta a} = \frac{L'_{\delta a}\left(s^2 + 2\zeta_{\phi}\omega_{\phi}s + \omega_{\phi}^2\right)}{\Delta_{lat}} \tag{3.10-13}$$

ただし，

$$\begin{cases} \omega_{\phi}^2 \fallingdotseq \left(N'_{\beta} - \dfrac{N'_{\delta a}}{L'_{\delta a}}L'_{\beta}\right)(\cos\alpha_0 + \sin\alpha_0\tan\theta_0) \\ 2\zeta_{\phi}\omega_{\phi} \fallingdotseq -\overline{Y}_{\beta} - N'_r + \dfrac{N'_{\delta a}}{L'_{\delta a}}\left(L'_r - L'_p\tan\theta_0\right) \end{cases} \tag{3.10-14}$$

である．高迎角においてエルロンによりロール操舵を実施した場合，エルロンの効きが失われてくると同時にアドバースヨーが顕著となり，**ロールリバーサル** (roll reversal) といわれるロールの逆転現象が生じるようになる．この逆転現象が生じる迎角は (3.10-13) 式の分子の定数項が 0 となる条件から次のように与えられる．

$$\omega_{\phi}^2 \fallingdotseq \left(N'_{\beta} - \frac{N'_{\delta a}}{L'_{\delta a}}L'_{\beta}\right)(\cos\alpha_0 + \sin\alpha_0\tan\theta_0)$$

$$\fallingdotseq \frac{\rho V^2 Sb}{2I_z}\left(C_{n_{\beta}} - \frac{C_{n_{\delta a}}}{C_{l_{\delta a}}}C_{l_{\beta}}\right)(\cos\alpha_0 + \sin\alpha_0\tan\theta_0) \times 57.3 = 0$$

$$\therefore \boxed{\text{LCDP} = C_{n_{\beta}} - \frac{C_{n_{\delta a}}}{C_{l_{\delta a}}}C_{l_{\beta}}} \quad [\text{LCDP 指標}] \tag{3.10-15}$$

これは，**LCDP** (Lateral Control Departure Parameter) と呼ばれ，$C_{n_{\beta\,dyn}}$ とともに高迎角での横・方向特性の 1 つの指標となっている．なお，エルロンと同時にラダーをエルロンの k 倍の比率で操舵した場合には，(3.10-15) 式においてエルロンの効きを次のように置き換えたものとなる．

$$C_{l_{\delta a}} \to C_{l_{\delta a}} + kC_{l_{\delta r}}, \quad C_{n_{\delta a}} \to C_{n_{\delta a}} + kC_{n_{\delta r}} \tag{3.10-16}$$

3.11 ■ 定常横滑り飛行

横風着陸時においては横滑り状態で飛行する必要がある。ここでは，この定常横滑り状態での釣り合い式をまとめておく。(1.4-1)〜(1.4-3) 式の運動方程式において，$\dot{v} = \dot{p} = \dot{r} = 0$，$v = p = r = 0$ とおくと次のような関係式が得られる。

$$
\begin{cases}
C_{y_\beta}\beta & + C_{y_{\delta r}}\delta r = -\dfrac{2W}{\rho V^2 S}\cos\theta\sin\phi \\[2mm]
C_{l_\beta}\beta + C_{l_{\delta a}}\delta a & + C_{l_{\delta r}}\delta r = 0 \\[2mm]
C_{n_\beta}\beta + C_{n_{\delta a}}\delta a & + C_{n_{\delta r}}\delta r = 0
\end{cases}
\tag{3.11-1}
$$

この式から，定常横滑り飛行時の釣り合い関係式が次のように得られる。

$$
\begin{cases}
\dfrac{\delta a}{\beta} = -\dfrac{C_{l_\beta} - \dfrac{C_{l_{\delta r}}}{C_{n_{\delta r}}}C_{n_\beta}}{C_{l_{\delta a}} - \dfrac{C_{l_{\delta r}}}{C_{n_{\delta r}}}C_{n_{\delta a}}}, \qquad
\dfrac{\delta r}{\beta} = -\dfrac{C_{n_\beta} - \dfrac{C_{n_{\delta a}}}{C_{l_{\delta a}}}C_{l_\beta}}{C_{n_{\delta r}} - \dfrac{C_{n_{\delta a}}}{C_{l_{\delta a}}}C_{l_{\delta r}}} \\[6mm]
\dfrac{\sin\phi}{\beta} = -\dfrac{\rho V^2 S}{2W\cos\theta}\left(C_{y_\beta} + \dfrac{\delta r}{\beta}C_{y_{\delta r}}\right)
\end{cases}
\tag{3.11-2}
$$

ここで，$\delta a/\beta$ の式の分子を

$$
\boxed{C_{l_\beta\,\text{trim}} = C_{l_\beta} - \dfrac{C_{l_{\delta r}}}{C_{n_{\delta r}}}C_{n_\beta}} \quad [C_{l_\beta}\text{トリム}]
\tag{3.11-3}
$$

と定義する。この $C_{l_\beta\,\text{trim}}$（C_{l_β} トリムという）は負である必要があり，ラダーを使って定常横滑りをしているときの上反角効果の指標である。

3.12 ■ 横・方向系の外乱に対する応答式

縦系と同様に，外乱のうち最も基本的な特性である突風応答の横・方向系の基礎式についてまとめておく。

いま，y 軸の負の方向のガスト成分を v_g [m/s] とすると，1.7 節の関係式に微小擾乱近似を適用すると，y 軸方向の突風は次のように表される。

$$
\beta_g \fallingdotseq 57.3\dfrac{v_g}{V}
\tag{3.12-1}
$$

したがって，3.2. 節の横・方向系の運動方程式において，右辺の空気力の項に突風成分を加えることにより，横・方向系の運動方程式が次のように得られる。

152　第 3 章 ■ 横・方向系の機体運動

$$
\begin{cases}
\dot{\beta} = \overline{Y}_\beta\left(\beta + \dfrac{57.3\,v_g}{V}\right) + \dfrac{\alpha_0}{57.3}p - r + \dfrac{g\cos\theta_0}{V}\phi & + \overline{Y}_{\delta r}\delta r \\[2mm]
\dot{p} = L'_\beta\left(\beta + \dfrac{57.3\,v_g}{V}\right) + L'_p p + L'_r r & + L'_{\delta a}\delta a + L'_{\delta r}\delta r \\[2mm]
\dot{r} = N'_\beta\left(\beta + \dfrac{57.3\,v_g}{V}\right) + N'_p p + N'_r r & + N'_{\delta a}\delta a + N'_{\delta r}\delta r \\[2mm]
\dot{\phi} = p + r\tan\theta_0
\end{cases}
\tag{3.12-2}
$$

行列表示では次のように表される.

$$
\begin{bmatrix}
\dot{\beta} \\ \dot{p} \\ \dot{r} \\ \dot{\phi}
\end{bmatrix}
=
\begin{bmatrix}
\overline{Y}_\beta & \dfrac{\alpha_0}{57.3} & -1 & \dfrac{g\cos\theta_0}{V} \\[2mm]
L'_\beta & L'_p & L'_r & 0 \\[1mm]
N'_\beta & N'_p & N'_r & 0 \\[1mm]
0 & 1 & \tan\theta_0 & 0
\end{bmatrix}
\begin{bmatrix}
\beta \\ p \\ r \\ \phi
\end{bmatrix}
+
\begin{bmatrix}
0 & \overline{Y}_{\delta r} & \dfrac{57.3\overline{Y}_\beta}{V} \\[2mm]
L'_{\delta a} & L'_{\delta r} & \dfrac{57.3L'_\beta}{V} \\[2mm]
N'_{\delta a} & N'_{\delta r} & \dfrac{57.3N'_\beta}{V} \\[2mm]
0 & 0 & 0
\end{bmatrix}
\begin{bmatrix}
\delta a \\ \delta r \\ v_g
\end{bmatrix}
\tag{3.12-3}
$$

3.13 ■ 本章のまとめ　　✈

　本章では，機体が横・方向系のみ運動 (縦系運動は一定) していると仮定して，機体運動の基礎式を導出した. 釣り合い飛行状態から小さく変動した場合の運動方程式を，微小擾乱という近似を用いて簡単化し，ラプラス変換を用いて機体応答の解析式を得た. この応答式を用いて，機体運動特性が空力安定微係数とどういう関係にあるかを考察することができる.

　横・方向系の運動には，ダッチロール，ロールおよびスパイラルという 3 つの運動モードがあり，これらの特性に関する設計基準について述べた. 特に，パイロットの最大関心事であるロール運動において，横滑りの発生が操縦性に影響を与えることを述べた. また，高迎角時には，横・方向系に不安定現象が生じるが，これを簡単に解析する指標について述べた.

＞＞演習問題 3 ＜＜

3.1　エルロン左 1°のステップ入力に対して，次の各応答の定常値 (最終値) を求めよ. ただし，$1/T_s = 0.0461$, $1/T_R = 2.28$, $\omega_{nd} = 0.561$ とする.

　(1) 例題 3.4-1 において得られた横滑り角応答 $\beta/\delta a$

$$\frac{\beta}{\delta a} = -0.0116 \frac{(s+0.158)(s+5.21)}{(s+1/T_s)(s+1/T_R)\left(s^2+2\zeta_d\omega_{nd}s+\omega_{nd}^2\right)}$$

(2) 例題 3.4-2 において得られたロール角速度応答 $p/\delta a$

$$\frac{p}{\delta a} = -0.333 \frac{(s-0.0110)(s+0.177-j\,0.618)(s+0.177+j\,0.618)}{(s+1/T_s)(s+1/T_R)\left(s^2+2\zeta_d\omega_{nd}s+\omega_{nd}^2\right)}$$

(3) 例題 3.4-3 において得られたヨー角速度応答 $r/\delta a$

$$\frac{r}{\delta a} = -0.0209 \frac{(s+0.572)(s-0.609-j\,0.965)(s-0.609+j\,0.965)}{(s+1/T_s)(s+1/T_R)\left(s^2+2\zeta_d\omega_{nd}s+\omega_{nd}^2\right)}$$

(4) 例題 3.4-4 において得られたロール角応答 $\phi/\delta a$

$$\frac{\phi}{\delta a} = -0.333 \frac{(s+0.177-j\,0.618)(s+0.177+j\,0.618)}{(s+1/T_s)(s+1/T_R)\left(s^2+2\zeta_d\omega_{nd}s+\omega_{nd}^2\right)}$$

3.2 ラダール左踏み $1°$ のステップ入力に対して，次の各応答の定常値 (最終値) を求めよ．ただし，$1/T_s = 0.0461$，$1/T_R = 2.28$，$\omega_{nd} = 0.561$ とする．

(1) 例題 3.5-1 において得られた横滑り角応答 $\beta/\delta r$

$$\frac{\beta}{\delta r} = 0.0178 \frac{(s-0.355)(s+1.12)(s+14.0)}{(s+1/T_s)(s+1/T_R)\left(s^2+2\zeta_d\omega_{nd}s+\omega_{nd}^2\right)}$$

(2) 例題 3.5-2 において得られたロール角速度応答 $p/\delta r$

$$\frac{p}{\delta r} = 0.0347 \frac{(s-0.110)(s+2.43)(s-4.62)}{(s+1/T_s)(s+1/T_R)\left(s^2+2\zeta_d\omega_{nd}s+\omega_{nd}^2\right)}$$

(3) 例題 3.5-3 において得られたヨー角速度応答 $r/\delta r$

$$\frac{r}{\delta r} = -0.250 \frac{(s+1.124)\left(s+0.0517-j\,0.395\right)\left(s+0.0517+j\,0.395\right)}{(s+1/T_s)(s+1/T_R)\left(s^2+2\zeta_d\omega_{nd}s+\omega_{nd}^2\right)}$$

(4) 例題 3.5-4 において得られたロール角応答 $\phi/\delta r$

$$\frac{\phi}{\delta r} = 0.0103 \frac{(s+2.98)(s-13.1)}{(s+1/T_s)(s+1/T_R)\left(s^2+2\zeta_d\omega_{nd}s+\omega_{nd}^2\right)}$$

3.3 例題 3.3-1 において大型旅客機のデータによりダッチロールの ω_{nd}，ζ_d，また例題 3.6-1 において $|\phi/\beta|_d$ が次のように求められた．

$$\omega_{nd} = 0.819\,[\text{rad/s}], \quad \zeta_d = 0.202, \quad |\phi/\beta|_d = 2.24$$

この値を用いて，ダッチロールの設計基準に関する評価を行え．ただし，飛行機のクラスは大型大重量機，また飛行状態カテゴリは離着陸とする．

3.4 例題 3.3-1 において大型旅客機のデータによりダッチロール極が $-0.166 \pm j\,0.802$，また例題 3.4-4 においてエルロン操舵によるバンク角応答の零点が $-0.177 \pm j\,0.618$，また例題 3.7-1 においてエルロン操舵時のロール角速度の振動量が $p_{osc}/p_{av} = 0.405$ と得られた．このとき，ロール角速度応答の振動限界の設計基準に関する評価を行え．ただし，飛行状態カテゴリは離着陸とする．

3.5 例題 3.3-1 において大型旅客機のデータによりロールモード時定数が $T_R = 0.890\,[\text{s}]$，スパイラルモード時定数が $T_s = 25.8\,[\text{s}]$ と得られた．このとき，T_R および T_s の設計基準に関する評価を行え．ただし，飛行機のクラスは大型大重量機，飛行状態カテゴリは離着陸とする．

第4章

縦系の飛行制御の基礎

本章では第2章で導いた縦系の機体運動基礎式を用いて，縦系の飛行制御設計の基礎事項について述べる．最初に縦の状態変数をフィードバックした場合の効果について述べ，次に制御系設計の具体的手法について述べる．

4.1 ■ 状態変数フィードバックによる根軌跡

エレベータ δe を操舵した場合に，状態変数 u, α, q および θ がどのような応答を示すかは，実際に時間的な数値解としてシミュレーションしてみれば良い．ところが，なぜそのような応答となるのか，なぜ安定が悪いのかをシミュレーション結果から理解することは難しい．

そこで，応答特性の状態を解析的に考察するために，第2章において微小擾乱を仮定した縦系のみの応答の解析式を導出した．具体的には 2.3 節で求めた次式である．

$$\begin{bmatrix} s-X_u & -X_\alpha & 0 & \dfrac{g}{57.3} \\ -\overline{Z}_u & s-\overline{Z}_\alpha & -1 & 0 \\ -M'_u & -M'_\alpha & s-M'_q & 0 \\ 0 & 0 & -1 & s \end{bmatrix} \begin{bmatrix} u \\ \alpha \\ q \\ \theta \end{bmatrix} = \begin{bmatrix} 0 \\ \overline{Z}_{\delta e} \\ M'_{\delta e} \\ 0 \end{bmatrix} \delta e \qquad (4.1\text{-}1)$$

この式により，エレベータを操舵した場合の各状態変数の応答が，ラプラス変数の s に関する4次方程式で表される解析式を得ることができる．具体的な解析式は 2.3 節および 2.4 節で導出され，設計基準で推奨されている値との関係を考察した．実際の解析は，(4.1-1) 式から δe に対する各状態変数の伝達関数 (付録 A.1 を参照) を求め，その極 (伝達関数の分母の根) と零点 (伝達関数の分子の根) を，図 4.1 に示すような複素平面上にプロットする．このとき，極は × 印，零点は ○ 印で表す．極・零点配置は実軸に対して対称であるから，プロットするのは複素平面上の上半分で良い．極は特性方程式を解

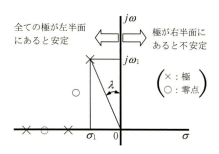

図 4.1　極・零点配置

いて得られる特性根であり，全ての極が左半面にあるときに，その系は安定となる．この極は全ての状態変数 (u, α, q, θ) に共通である．零点は δe 操舵に対する各状態変数の応答の速さと大きさを決めるもので，状態変数によって異なる．

(4.1-1) 式は，機体固有の応答特性であり，極の位置が良好でなく，十分な減衰比や固有角振動数を有していない可能性がある．このような場合には，図 4.2 に示すように，各状態変数をエレベータにフィードバックすることにより，その特性根 (極) の位置を移動して，より良い特性にすることができる．

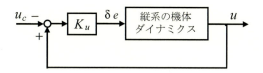

図 4.2　状態変数フィードバック

本節では，状態変数 u，α，q および θ をフィードバックした場合に，そのフィードバックの大きさ (ゲイン) を 0 から ∞ まで変化させたときの特性根 (極) の移動する様子 (根軌跡) を以下に示す．

(1) $K_u u \to \delta e$ フィードバックによる根軌跡

$$\frac{u}{\delta e} = \frac{57.3 \overline{Z}_{\delta e} X_\alpha (s + 1/T_{u_1})(s + 1/T_{u_2})}{\Delta_{lon}} \tag{4.1-2}$$

であるから，例題 2.3-1 のデータを用いると，$K_u u \to \delta e$ のフィードバックゲインの増加により極が図 4.3 のように移動する．図 4.3(a) はフィードバックゲインが正の場合，図 4.3(b) はゲインが負の場合である．各図とも 3 つのグラフから構成されており，左上が最も広い範囲を示したグラフで，その原点付近を拡大したものが右のグラフである．また，その原点付近をさらに拡大したものが下のグラフである．ゲインを増していくと，

右半面にある零点により長周期モードが不安定化することがわかる．

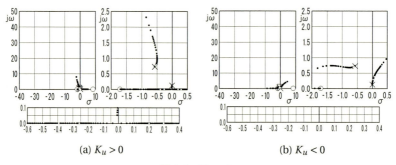

図 4.3　$K_u \to \delta e$

(2) $K_\alpha \alpha \to \delta e$ フィードバックによる根軌跡

$$\frac{\alpha}{\delta e} = \frac{\left(\overline{Z}_{\delta e} s + M'_{\delta e}\right)\left(s^2 + 2\zeta_\alpha \omega_\alpha s + \omega_\alpha^2\right)}{\Delta_{lon}} \tag{4.1-3}$$

であるから，例題 2.3-1 のデータを用いると，$K_\alpha \alpha \to \delta e$ のフィードバックゲインの増加により極が図 4.4 のように移動する．ゲインを増す ($K_\alpha > 0$) と，短周期モードの振動数が大きくなることがわかる．

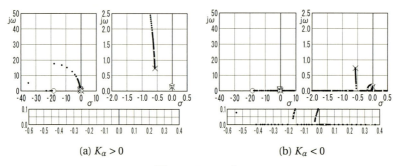

図 4.4　$K_\alpha \alpha \to \delta e$

(3) $K_q q \to \delta e$ フィードバックによる根軌跡

$$\frac{q}{\delta e} = \frac{M'_{\delta e} s \left(s + 1/T_{\theta_1}\right)\left(s + 1/T_{\theta_2}\right)}{\Delta_{lon}} \tag{4.1-4}$$

であるから，例題 2.3-1 のデータを用いると，$K_q q \to \delta e$ のフィードバックゲインの増加により極が図 4.5 のように移動する．ゲインを増す ($K_q > 0$) と，短周期モードの減衰比が大きくなることがわかる．

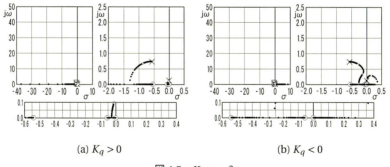

(a) $K_q > 0$　　　　　　(b) $K_q < 0$

図 **4.5**　$K_q q \to \delta e$

(4) $K_\theta \theta \to \delta e$ フィードバックによる根軌跡

$$\frac{\theta}{\delta e} = \frac{M'_{\delta e}(s+1/T_{\theta_1})(s+1/T_{\theta_2})}{\Delta_{lon}} \tag{4.1-5}$$

であるから，例題 2.3-1 のデータを用いると，$K_\theta \theta \to \delta e$ のフィードバックゲインの増加により極が図 4.6 のように移動する．ゲインを増す ($K_\theta > 0$) と，短周期モードの減衰比が小さくなることがわかる．

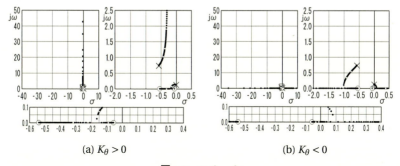

(a) $K_\theta > 0$　　　　　　(b) $K_\theta < 0$

図 **4.6**　$K_\theta \theta \to \delta e$

[**例題 4.1-1**]　例題 2.3-1 のデータを用いて，$K_\theta(\theta+q) \to \delta e$ のフィードバックをした場合の K_θ 変化による根軌跡を求めよ．

■**解答**■　根軌跡を図 4.7 に示す．フィードバックの要素が

$\theta + q = (s+1)\theta$

であるから，$s = -1$ に零点が追加されることにより，図 4.6(a) の θ のみの場合に比べて安定方向に根軌跡が移動していることがわかる．

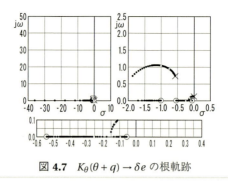

図 4.7　$K_\theta(\theta+q) \to \delta e$ の根軌跡

4.2 ■ 縦系の飛行制御則設計の基礎

ここでは縦系の飛行制御則を実際に設計する場合の基礎的な事項について述べる．通常の機体，特に大型旅客機などの縦系の短周期モードの減衰比は，ダッチロールモードと比較するとかなり良い．しかし，重心が後方に移動した場合や，積極的に縦静安定を弱めた機体も出現しており，そのような機体では短周期の極が不安定な場合もある．このような場合，制御系の設計の善し悪しが飛行特性を左右する．

近年，制御で飛行の安定を保っている機体が出現している．舵角の全範囲をコンピュータ制御によって作動させるフライバイワイア (Fly By Wire; FBW) 操縦装置によって可能となった．もちろん従来機においても，多くの機体が安定増加装置 (Stability Augmentation System; SAS) を装備しているが，1 重のシステムであり故障することを前提としている．SAS による舵角の作動範囲は，故障してもパイロットに致命傷とならない 1(G) の故障トランジェント程度に制限されている．高速機においては，縦系の SAS ではわずか 1°程度しか作動しない．このような狭い範囲の舵角では大きな運動においてはすぐに制限にかかってしまい，SAS off 状態となる．ところが，この小さな範囲の SAS も設計を工夫すると有効に働かせることができる．例えば SAS による制御は機体運動の変化分にのみ作動するようにしておくと，大きな舵角が使用されていても安定増加の機能は十分に効果がある．

近年の航空機は比較的小さな機体でも FBW 化が進んでいる．FBW 機であれば，コンピュータによって全舵角範囲を制御するため，従来機では実現できなかった飛行特性を実現できる．しかし，反面コンピュータ制御に頼ったシステムであるため，その制御系設計は重要であり，部分的な故障も含め，あらゆる飛行状態を想定した十分な検討が必

(1) ピッチ角制御

縦系の操縦システムは，通常操縦桿を押し引きするとピッチ角速度がコマンドされる方式である．すなわち，操縦桿を動かしている間だけ機体のピッチ角速度が生じ，操縦桿を元に戻すとその姿勢で止まる．元の姿勢に戻すには操縦桿を動かして所望の姿勢になったら止めるわけである．

そこで，図 4.8 のようなパイロットが機体のピッチ角 θ を制御する場合を考えてみよう．例題 2.3-1 のデータを用いると，ゲイン $K_\theta = 1$ の場合の根軌跡は図 4.9 のようになる．これは，4.1(4) 項で検討した $K_\theta \theta \to \delta e$ フィードバックの根軌跡とほぼ同じであるが，図 4.9 は舵面アクチュエータが追加されているため，ゲインを大きくしていくと発散することがわかる．

ブロック図 4.8 において，パイロットゲイン $K_\theta = 1$ および $K_\theta = 2$ の場合に，シミュレーションした結果を図 4.10 に示す．ゲインが増加すると減衰が悪くなり，θ の振動が大きくなることがわかる．

上記結果において，パイロットが高いゲインで姿勢 θ を制御すると振動気味になることがわかったが，これを改善することを考える．図 4.9 の根軌跡をみると，ゲインの増加とともに直線的に不安定側に移動していることがわかる．これを改善するには，短周期モードの極を左側に移動させることが必要である．それには，実軸上に短周期極より

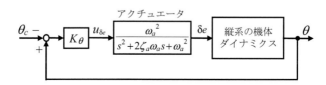

図 4.8 ピッチ角制御

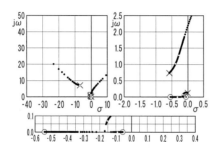

図 4.9 根軌跡 (ノミナル $K_\theta = 1$)

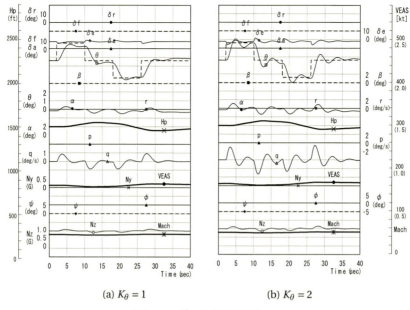

(a) $K_\theta = 1$ (b) $K_\theta = 2$

図 **4.10** ピッチ角制御 (図 4.8)

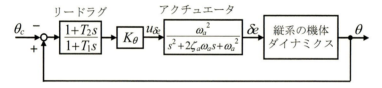

図 **4.11** ピッチ角制御性能の改善

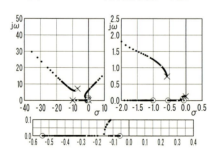

図 **4.12** 根軌跡 ($K_\theta = 1$, $T_2/T_1 = 1.0/0.1$)

も左側に零点,さらにその左側に極を配置するためのリードラグフィルタ(極および零点を 1 個ずつ持つ補償回路) を用いる.改善策の制御則ブロック図を図 4.11 に示す.この図において,$K_\theta = 1$, $T_2/T_1 = 1.0/0.1$ とした場合の根軌跡を図 4.12 に示す.ゲインを

上げても最初は安定側に極が移動しており，パイロットのゲインの余裕が大きくなっていることがわかる．

実際に，パイロットゲイン $K_\theta = 2$ および $K_\theta = 3$ の場合に，シミュレーションした結果を図 4.13 に示す．図 4.10 と比較して姿勢制御性能は向上しており，ゲインを 3 倍に上げても振動は生じないことがわかる．

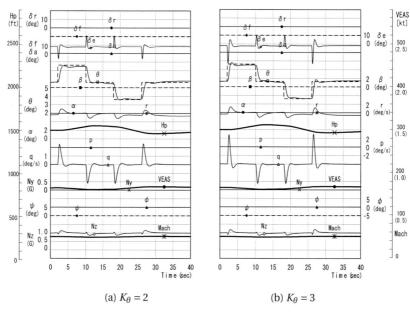

(a) $K_\theta = 2$　　　　　　　　(b) $K_\theta = 3$

図 4.13　ピッチ角制御 (図 4.11 ブロック図)

(2) 不安定機の安定化制御

上記 (1) で用いた機体データで，重心が 25% から後方に 60% まで移動した状態を考える．このとき，機体固有の短周期モードは振動根ではなく実軸上の 2 つの実根となり，

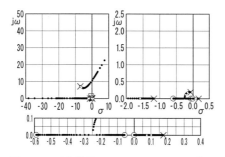

図 4.14　不安的機の q フィードバック効果

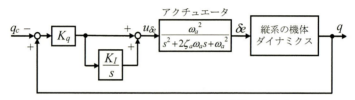

図 4.15 q のフィードバックによる不安定機の安定化制御

その1つは不安定となる．この機体に対してピッチ角速度 q をフィードバックした場合の根軌跡を図 4.14 に示す．実軸上の不安定な極はゲイン増大とともに原点にある零点に向かって安定側に移動しているが，この方法ではゲインを無限大にしない限り原点にたどり着かないことがわかる．

単なるピッチ角速度 q のフィードバックでは不安定機は安定化できないのは，図 4.14 からわかるように，原点にピッチ角速度の零点があるからである．そこで，この効果を取り除くためにループ内に積分 ($1/s$) を追加する．さらに長周期の極を安定化しながら振動数を大きくするために，実軸上に零点を追加する．この対策のブロック図を図 4.15 に示す．

ブロック図 4.15 において，$K_I = 0.5$ とした場合の K_q 変化の根軌跡 (ノミナルゲイン $K_q = 1$) を図 4.16(a) に，また，$K_I = 1.5$ とした場合の K_q 変化の根軌跡 (ノミナルゲイン $K_q = 1$) を図 4.16(b) に示す．ここで，ノミナルゲインとは，実際に使われるゲインのことである．根軌跡では K_q を変化させて極の移動状況をみているが，ノミナルゲインの場合を根軌跡中の小さな○印で表している．図 4.16 の根軌跡により，実軸上の不安定な極は図 4.16(a) のケースでは -0.003 に，また図 4.16(b) のケースでは -0.04 に移動しており，両ケースともに安定化されていることがわかる．なお，図 4.16(a) のケースでは長周期の極が安定側に移動しているが，振動数がやや小さい．これに対して図 4.16(b) のケースは振動数も大きくなっている．

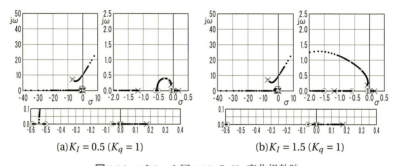

(a) $K_I = 0.5$ ($K_q = 1$)   (b) $K_I = 1.5$ ($K_q = 1$)

図 4.16 ブロック図 4.15 の K_q 変化根軌跡

ブロック図 4.15 において $K_q = 2$ とした場合のシミュレーションで，$K_I = 0.5$ のケースを図 4.17(a) に，$K_I = 1.5$ のケースを図 4.17(b) に示す．(a) のケースは応答はやや遅いもののオーバーシュートは少ない．一方，(b) のケースは積分ゲインが高いため q の定常値がコマンドに追従しているがややオーバーシュートする特性となっている．

図 4.17 のようなピッチ角速度応答特性をインナーループ (内側のフィードバック) とし，そのアウターループ (外側のフィードバック) に図 4.18 のようなピッチ角制御を考える．このアウターループは，図 4.11 と同じである．図 4.18 のブロック図において，$K_q = 2, T_2/T_1 = 1.0/0.1$ としたとき，$K_I = 0.5$ および $K_I = 1.5$ での K_θ 変化 (は $K_\theta = 1$) による根軌跡を図 4.19(a) および (b) に示す．

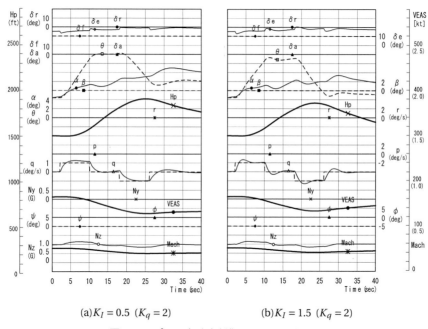

(a) $K_I = 0.5$ ($K_q = 2$)　　　(b) $K_I = 1.5$ ($K_q = 2$)

図 **4.17**　ピッチ角速度制御 (ブロック図 4.15)

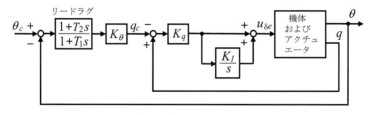

図 **4.18**　ピッチ角のアウターループ追加

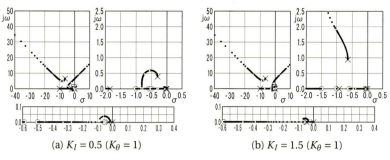

(a) $K_I = 0.5$ ($K_\theta = 1$)　　(b) $K_I = 1.5$ ($K_\theta = 1$)

図 4.19　ブロック図 4.18 の K_θ 変化根軌跡 ($K_q = 2$, $T_2/T_1 = 1.0/0.1$)

図 4.19(a) から $K_I = 0.5$ の場合は $K_\theta = 2$ 程度が良い特性，また図 4.19(b) から $K_I = 1.5$ の場合は $K_\theta = 1$ 程度が良い特性と考えられる．実際にその 2 つのケースについて，ピッチ角制御シミュレーションの結果を図 4.20 に示す．(a) は比較的安定しているのに対して，(b) はややオーバーシュート気味であるが，両ケースともに不安定な機体を安定化し，姿勢角制御を達成できていることが確認できる．

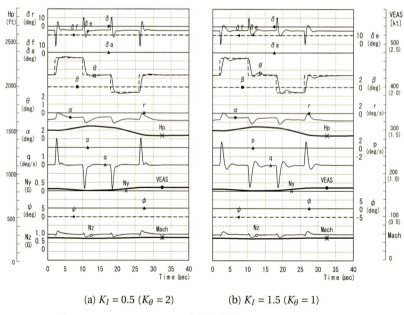

(a) $K_I = 0.5$ ($K_\theta = 2$)　　(b) $K_I = 1.5$ ($K_\theta = 1$)

図 4.20　ブロック図 4.18 の姿勢制御 ($K_q = 2$, $T_2/T_1 = 1.0/0.1$)

4.3 ■ 本章のまとめ ✈

　本章では，第2章で導出した縦系の微小擾乱運動方程式および機体応答の解析式を用いて，機体固有の特性を改善するための飛行制御に関する基礎事項について述べた．まず，状態変数 u, α, q および θ を，エレベータにフィードバックした場合に，特性根 (極) がどのように動くかを述べた．極の動きは，フィードバックする状態変数の零点の位置によって決まることに注意する．次に，飛行制御則を実際に設計する場合の基礎的な事項について，ピッチ角制御の問題，および不安定な機体の安定化制御の問題を例にして述べた．

＞＞演習問題4＜＜

4.1 エレベータに対するピッチ角応答 $\theta/\delta e = G(s)$ は
$$\frac{\theta}{\delta e} = G(s) = \frac{-0.606\,(s + 1/T_{\theta_1})\,(s + 1/T_{\theta_2})}{(s^2 + 2\zeta_p\omega_p s + \omega_p^2)(s^2 + 2\zeta_{sp}\omega_{sp} s + \omega_{sp}^2)}$$
で表される．この式の極・零点は例題 2.3-1 および例題 2.4-3 において厳密解として次のように得られた．

　　極 ：$-0.00119 \pm j\,0.129$, $\quad -0.573 \pm j\,0.734$

　　零点：-0.0554, $\quad -0.540$

この伝達関数 $G(s)$ において，$\delta e = K_\theta\,(\theta - \theta_c)\,(K_\theta > 0)$ としてフィードバックした場合の極の軌跡が図 4.6(a) に示されている．このフィードバックによって極が移動することを説明せよ．

4.2 問 4.1 において，伝達関数 $\theta/\delta e = G(s)$ に，$\delta e = K_\theta\,(\theta - \theta_c)\,(K_\theta > 0)$ のフィードバックをした場合，フィードバック後の極がフィードバック前の極から零点 (無限遠点を含む) に移動することが示された．このフィードバックにより短周期の極が上方の減衰比が悪くなる方向に移動する様子が図 4.6(a) に示されている．なぜ θ フィードバックではそのようになるのか，巻末付録の根軌跡の描き方を参照して，短周期の極の出発角を求めて説明せよ．

4.3 問 4.2 において θ フィードバックは短周期の極が減衰比が悪くなる方向に移動した．これに対してピッチ角速度 q のフィードバックの場合には図 4.5(a) に示すように安定側に極が移動する．これを短周期の極の出発角を求めて説明せよ．

4.4 図 4.21 は，ピッチ姿勢保持モードのオートパイロットの基礎的なブロック図である．姿勢角 θ のフィードバックによる安定不足をピッチ角速度 q により安定化する．機体データは例題 2.3-1 の値を用いて，オートパイロットゲインを $K_q = 1$ および $K_\theta = 1$ とした場合の根軌跡を図 4.22 に，突風応答のシミュレーション結果を図 4.23 に示す．速度 165 kt において 20 kt の突風を受けた後，ピッチ角は安定に戻っていることがわかる．さて，問

4.2において θ フィードバックのみでは短周期の極が安定が悪くなる方向に移動したが，ピッチ角速度 q を加えることにより図 4.22 の良好な根軌跡となった理由を説明せよ．

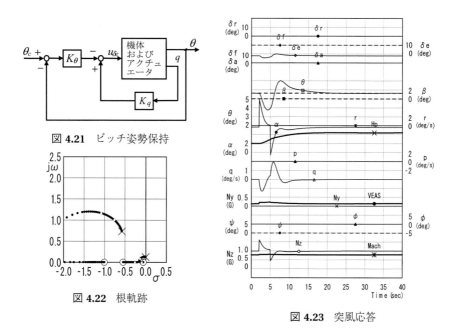

図 4.21　ピッチ姿勢保持

図 4.22　根軌跡

図 4.23　突風応答

第5章

横・方向系の飛行制御の基礎

本章では第3章で導いた横・方向系の機体運動基礎式を用いて、横・方向系の飛行制御設計の基礎事項について述べる．最初に横・方向の状態変数をフィードバックした場合の効果について述べ、次に制御系設計の具体的手法について述べる．

5.1 ■ 状態変数フィードバックによる根軌跡

エルロン δa およびラダー δr を操舵した場合に、状態変数 β, p, r および ϕ の応答特性の状態を解析的に考察をするために、第3章において微小擾乱を仮定した横・方向系のみの応答の解析式を導出した．具体的には3.3節で求めた次式である．

$$\begin{bmatrix} s-\overline{Y}_\beta & -\dfrac{\alpha_0}{57.3} & 1 & -\dfrac{g\cos\theta_0}{V} \\ -L'_\beta & s-L'_p & -L'_r & 0 \\ -N'_\beta & -N'_p & s-N'_r & 0 \\ 0 & -1 & -\tan\theta_0 & s \end{bmatrix} \begin{bmatrix} \beta \\ p \\ r \\ \phi \end{bmatrix} = \begin{bmatrix} 0 & \overline{Y}_{\delta r} \\ L'_{\delta a} & L'_{\delta r} \\ N'_{\delta a} & N'_{\delta r} \\ 0 & 0 \end{bmatrix} \begin{bmatrix} \delta a \\ \delta r \end{bmatrix} \quad (5.1\text{-}1)$$

しかし、第3章において検討されたものは機体固有の応答特性であり、減衰比や固有角振動数が十分でない可能性がある．このような場合には、図5.1に示すように、各状態変数をエルロンおよびラダーにフィードバックすることにより、その特性根(極)の位置を移動して、より良い特性にすることができる．状態変数 β, p, r および ϕ をフィー

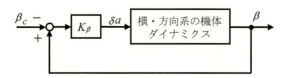

図 **5.1** 状態変数フィードバック

ドバックした場合に，そのフィードバックの大きさ (ゲイン) を 0 から ∞ まで変化させたときの特性根 (極) の移動する様子 (根軌跡) を以下に示す．

(1) $K_\beta \beta \to \delta a$ フィードバックによる根軌跡

$$\frac{\beta}{\delta a} = \left(-N'_{\delta a} + L'_{\delta a}\frac{\alpha_0}{V}\right) \cdot \frac{(s+1/T_{\beta_1})(s+1/T_{\beta_2})}{\Delta_{lat}} \tag{5.1-2}$$

であるから，例題 3.3-1 のデータを用いると，$K_\beta \beta \to \delta a$ のフィードバックゲインの増加により極が図 5.2 のように移動する．$K_\beta > 0$ の場合は上反角効果を強める方向であり，このときダッチロール極が不安定側に移動する．$K_\beta < 0$ の場合は上反角を弱める方向であるが，スパイラル極が不安定側に移動する．

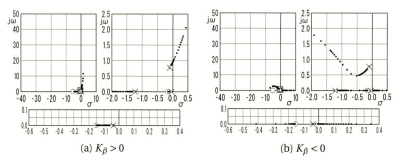

(a) $K_\beta > 0$　　　　　　(b) $K_\beta < 0$

図 5.2　$K_\beta \beta \to \delta a$

(2) $K_p p \to \delta a$ フィードバックによる根軌跡

$$\frac{p}{\delta a} = \frac{L'_{\delta a}(s+1/T_p)(s^2+2\zeta_p\omega_p s+\omega_p^2)}{\Delta_{lat}} \tag{5.1-3}$$

であるから，例題 3.3-1 のデータを用いると，$K_p p \to \delta a$ のフィードバックゲインの増加により極が図 5.3 のように移動する．ゲインを増す ($K_p > 0$) と，ロールモードの根が左に移動し，ロール時定数が小さく (ロールが素早く) なる．

(3) $K_r r \to \delta a$ フィードバックによる根軌跡

$$\frac{r}{\delta a} = \frac{N'_{\delta a}(s+1/T_r)(s^2+2\zeta_r\omega_r s+\omega_r^2)}{\Delta_{lat}} \tag{5.1-4}$$

であるから，例題 3.3-1 のデータを用いると，$K_r r \to \delta a$ のフィードバックゲインの増加により極が図 5.4 のように移動する (零点は $s = -0.58, +0.61 \pm j0.95$)．ゲインを増す ($K_r > 0$) と，ダッチロールモードの根が不安定側に移動する．

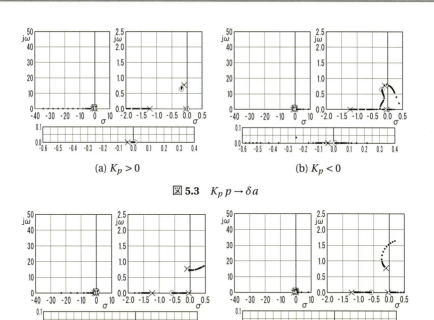

(a) $K_p > 0$ (b) $K_p < 0$

図 5.3 $K_p\, p \to \delta a$

(a) $K_r > 0$ (b) $K_r < 0$

図 5.4 $K_r\, r \to \delta a$

(4) $K_\phi \phi \to \delta a$ フィードバックによる根軌跡

$$\frac{\phi}{\delta a} = \frac{L'_{\delta a}\left(s^2 + 2\zeta_\phi \omega_\phi s + \omega_\phi^2\right)}{\Delta_{lat}} \tag{5.1-5}$$

であるから，例題 3.3-1 のデータを用いると，$K_\phi \phi \to \delta a$ のフィードバックゲインの増加により極が図 5.5 のように移動する．ゲインを増す ($K_\phi > 0$) と，ダッチロールモードの根が上方に移動するが，ダッチロール根と零点との位置関係が安定性に影響を及ぼす．図 5.5(a) のケースはダッチロール根が安定側に移動している．

(5) $K_\beta \beta \to \delta r$ フィードバックによる根軌跡

$$\frac{\beta}{\delta r} = \frac{\overline{Y}_{\delta r}\left(s + 1/T'_{\beta_1}\right)\left(s + 1/T'_{\beta_2}\right)\left(s + 1/T'_{\beta_3}\right)}{\Delta_{lat}} \tag{5.1-6}$$

であるから，例題 3.3-1 のデータを用いると，$K_\beta \beta \to \delta r$ のフィードバックゲインの増加により極が図 5.6 のように移動する．$K_\beta < 0$ の場合，横滑り角 β が発生した時にラダーが元に戻そうとする方向であり，ダッチロールの振動数は大きくなる．

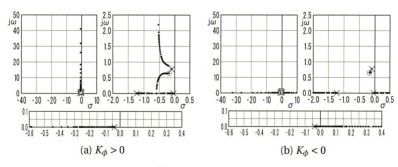

(a) $K_\phi > 0$　　　　(b) $K_\phi < 0$

図 5.5　$K_\phi \phi \to \delta a$

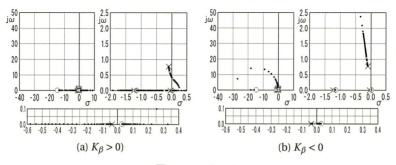

(a) $K_\beta > 0$)　　　　(b) $K_\beta < 0$

図 5.6　$K_\beta \beta \to \delta r$

(6) $K_p p \to \delta r$ フィードバックによる根軌跡

$$\frac{p}{\delta r} = L'_{\delta r} \frac{\left(s + 1/T'_{p0}\right)\left(s + 1/T'_{p_1}\right)\left(s + 1/T'_{p_2}\right)}{\Delta_{lat}} \tag{5.1-7}$$

であるから，例題 3.3-1 のデータを用いると，$K_p p \to \delta r$ のフィードバックゲインの増加により極が図 5.7 のように移動する．$K_p > 0$ の場合，ラダーによってロールを止めようとする方向であるが，ダッチロールモードの根が不安定側に移動する．

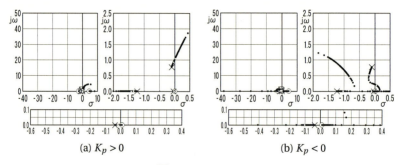

(a) $K_p > 0$　　　　(b) $K_p < 0$

図 5.7　$K_p p \to \delta r$

(7) $K_r r \to \delta r$ フィードバックによる根軌跡

$$\frac{r}{\delta r} = \frac{N'_{\delta r}\left(s+1/T'_r\right)\left(s^2 + 2\zeta'_r \omega'_r s + \omega'^2_r\right)}{\Delta_{lat}} \tag{5.1-8}$$

であるから，例題 3.3-1 のデータを用いると，$K_r r \to \delta r$ のフィードバックゲインの増加により極が図 5.8 のように移動する．ゲインを増す ($K_r > 0$) と，ダッチロールモードの減衰比が大きくなる．

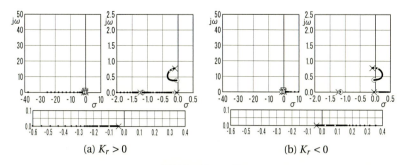

(a) $K_r > 0$ (b) $K_r < 0$

図 5.8　$K_r r \to \delta r$

(8) $K_\phi \phi \to \delta r$ フィードバックによる根軌跡

$$\frac{\phi}{\delta r} = \left(L'_{\delta r} + N'_{\delta r}\frac{\theta_0}{57.3}\right) \cdot \frac{\left(s+1/T'_{\phi_1}\right)\left(s+1/T'_{\phi_2}\right)}{\Delta_{lat}} \tag{5.1-9}$$

であるから，例題 3.3-1 のデータを用いると，$K_\phi \phi \to \delta r$ のフィードバックゲインの増加により極が図 5.9 のように移動する (零点は $s = -2.95, +13.5$)．$K_\phi > 0$ の場合，バンク角をラダーが戻すように働くが，ダッチロールモード根が不安定側に移動する．

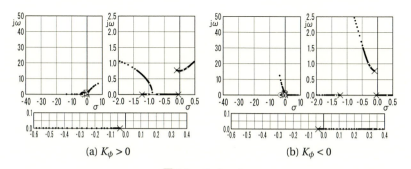

(a) $K_\phi > 0$ (b) $K_\phi < 0$

図 5.9　$K_\phi \phi \to \delta r$

[例題 5.1-1]　例題 3.3-1 のデータを用いて，$K_\beta(-\beta+r) \to \delta r$ のフィードバックをした場合の K_β 変化による根軌跡を求めよ．

■**解答**■ フィードバックが $K_\beta \beta \to \delta r (K_\beta < 0)$ の場合は図 5.6(b) に示したが，ダッチロール極の振動数は大きくなるが減衰比は小さくなってしまう傾向があった．そこで，その減衰比を大きくする目的で，同時にヨー角速度 r をフィードバックに加えて，$K_\beta(-\beta + r) \to \delta r$ とした場合の根軌跡が図 5.10 である．これにより β だけの場合の零点が，$-\beta + r$ の零点に移動している．具体的には $s = -14.5$ の零点が $s = -0.87$ に移動したため，ダッチロール極が大きく左側に移動し，減衰比が大きくなったことがわかる．

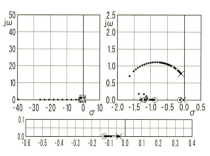

図 **5.10** $K_\beta(-\beta + r) \to \delta r$ の根軌跡

5.2 ■ 横・方向系の飛行制御則設計の基礎

ここでは横・方向系の飛行制御則を実際に設計する場合の基礎事項について述べる．

(1) ダッチロールモードの改善

横・方向系のダッチロールモードの極は，虚軸の近くにあるため減衰比が小さい．ダッチロールモードの減衰が弱いとロール運動時または横風を受けた時など安定に戻るまでの時間が長く不快である．ダッチロールの改善には，ヨー角速度 r をラダー δr にフィードバックするのが有効である．ただし，r を直接 δr にフィードバックする制御系では次のような不具合が生じる．すなわち，旋回時には r を定常的に出す必要があるが，r

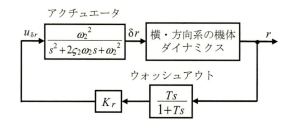

図 **5.11** ダッチロール特性の改善

を直接 δr にフィードバックすると，δr が r を小さくしようとして阻害信号を出し，横滑りを発生させてしまう．そのため，パイロットは常にペダルで補正を加える必要が生じる．これについては次項で詳しく検討するが，ここでは図 5.10 に示すように，r を**ウォッシュアウト** (washout) フィルタを通してフィードバックする場合を考える．ウォッシュアウトフィルターは，$\omega = 1/T$ [rad/s] よりも高い周波数信号を通過させる**ハイパス (high pass)** フィルタで，それより低い周波数信号はカットされる．したがって，r のトランジェント的な動きに対して δr は作動するが，r の定常値には反応しないため，ダッチロールの減衰を高めるダンパ (damper) に広く利用されるフィルタである．図 5.11 の制御系の根軌跡を，例題 3.3-1 のデータを用いて求めた結果を図 5.12 に示す．ウォッシュアウトフィルタの時定数 T が 0.5 秒，3.0 秒および 10 秒の 3 ケースである．機体固有の $r/\delta r$ の極・零点は

極 ：$-0.036, \quad -1.23, \quad -0.097 \pm j\,0.77$ (5.2-1)

零点：$-1.15, \quad -0.032 \pm j\,0.39$ (5.2-2)

であるが，これにウォッシュアウトの極が 3 ケースそれぞれ $-2.0, -0.33$ および -0.1 として追加される．また，零点は 3 ケースともに 0.0 が追加される．時定数 T の値が大きくなり，ウォッシュアウトの極が原点側に移動すると，ダッチロール極の減衰比が大き

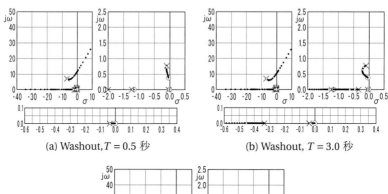

(a) Washout, $T = 0.5$ 秒   (b) Washout, $T = 3.0$ 秒

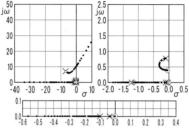

(c) Washout, $T = 10.0$ 秒

図 **5.12**

くなることがわかる．

　図5.12の3ケースについて，エルロン操舵応答をシミュレーションした結果を図5.13に示す．T の値が大きい程応答の減衰が良いことが確認できる．しかし，3ケースとも $p \approx 5$ [deg/s] に対して $\beta \approx 4$ [deg] と大きく横滑りする．横滑り角の小さい定常旋回を実現するための工夫を次項で検討する．

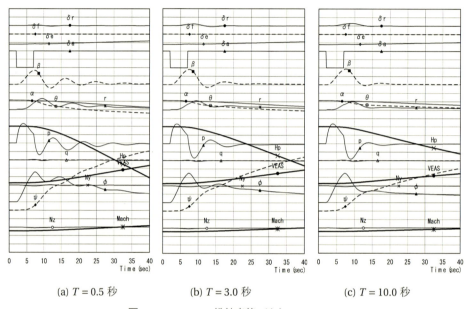

(a) $T = 0.5$ 秒　　　　(b) $T = 3.0$ 秒　　　　(c) $T = 10.0$ 秒

図 **5.13**　エンロン操舵応答 (ゲイン $K_r = 2.0$)

(2) ロール時の横滑り角減少の工夫

　横滑り角 β が0の状態で旋回することをターンコーディネーション(turn coordination, または coordinated turn) という．$\dot{\beta}$ の運動方程式は，(3.1-4) 式および (3.1-12) 式から次のように表される．

$$\begin{cases} \dot{\beta} = -r\cos\alpha + p\sin\alpha + \dfrac{57.3g}{V}\cos\theta\sin\phi + \dfrac{57.3g}{V}n_y \\ n_y = \dfrac{\rho V^2 S}{2W}C_y \end{cases} \quad (5.2\text{-}3)$$

ここで $\beta = 0$，$\delta r = 0$ と仮定すると，$\dot{\beta} = 0$，$C_y = n_y = 0$ となり (5.2-3) 式から

$$\boxed{\begin{cases} -r\cos\alpha + p\sin\alpha + \dfrac{57.3g}{V}\cos\theta\sin\phi = 0 \\ n_y = 0 \end{cases}} \quad [\text{ターンコーディネーション関係式}]$$

(5.2-4)

が得られる．すなわち，(5.2-4) 式の関係式を満足しながら旋回するとターンコーディネーションが実現できる．

　一方，姿勢角の式は (1.6-8) 式から次式である．

$$p = \dot\phi - \dot\psi\sin\theta, \quad q = \dot\theta\cos\phi + \dot\psi\sin\phi\cos\theta, \quad r = \dot\psi\cos\phi\cos\theta - \dot\theta\sin\phi \qquad (5.2\text{-}5)$$

ここで，ターンコーディネーション中は，$\dot\theta = 0, \dot\phi = 0$ を代入すると

$$p = -\dot\psi\sin\theta, \quad q = \dot\psi\sin\phi\cos\theta, \quad r = \dot\psi\cos\phi\cos\theta \qquad (5.2\text{-}6)$$

が得られる．ここで，$\dot\psi$ は旋回の角速度である．すなわち旋回時には (5.2-6) 式の 3 軸まわりの角速度が生じるため，ターンコーディネーション中にはこの角速度を制御則が阻止しないように注意が必要である．(5.2-6) 式を (5.2-4) 式に代入すると，$\dot\psi$ は次のように表される．

$$-\dot\psi\cos\phi\cos\theta\cos\alpha - \dot\psi\sin\theta\sin\alpha + \frac{57.3g}{V}\cos\theta\sin\phi = 0$$

$$\therefore \boxed{\dot\psi = \frac{57.3g}{V} \cdot \frac{\cos\theta\sin\phi}{\cos\phi\cos\theta\cos\alpha + \sin\theta\sin\alpha}} \quad [\text{ターンコーディネーション中の } \dot\psi]$$

$$(5.2\text{-}7)$$

さて，実際にロール時の横滑り角を減少する方法としては種々検討されているが，ここでは (5.2-4) 式を実現する制御則を考える．ただし，制御系の安定性を検討するために，線形化して考える．迎角 α は大きくない一定値，またピッチ角 θ も一定値と考えると，(5.2-4) 式から次のような 2 つの線形のラダーフィードバックループを考える．

$$\begin{cases} r - \dfrac{\alpha}{57.3}p - \dfrac{g\cos\theta}{V}\phi & \to \delta r \\ \beta & \to \delta r \end{cases} \qquad (5.2\text{-}8)$$

ただし，(5.2-4) 式の 2 番目の式は n_y であるが，低速時の場合は n_y は小さいので，替わりに横滑り角 β をフィードバックに用いることとする．この制御則ブロック図を図 5.14 に示す．このブロック図は，(5.2-8) 式の最初の式には旋回時に定常的に信号を出すのでウォッシュアウトフィルタを通し，また横滑り角にゲインを掛けた信号を加えて，これにリードラグフィルタを通してラダーにフィードバックする制御則である．各要素の効果については以下計算結果をもとに説明する．

　図 5.15(a) は，β フィードバックとリードラグがないの場合の根軌跡である．ダッチロール極は安定方向に移動した後，角振動数が小さくなる方向に移動している．ウォッシュアウトの時定数 T は 3 秒である．これを大きくすると角振動数を大きくできるが，後で追加する β ラインがその効果をもっているので，T は 3 秒とした．

　図 5.15(b) は，(a) に対して β フィードバックを追加 ($K_\beta = -1$, $T = 3$ 秒, $K_{\bar T} = 1$) した

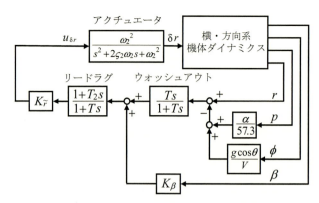

図 5.14 ターンコーディネーション制御則

場合である．β ライン追加により複素零点が生じ，ダッチロール極が大きく安定側に移動する軌跡となる．図 5.15(c) は，(b) に対してリードラグフィルタ ($T_2/T_1 = 10/100$)) を追加した場合である ($K_\beta = -1$, $T = 3$ 秒, $K_{\tilde{r}} = 10$)．リードラグフィルタは低周波数でゲインを高くして横滑り角の定常値を小さくする．そのため，高い周波数でゲインが落ちすぎないように $K_{\tilde{r}} = 10$ をノミナルとしている．

図 5.16 には，図 5.15(b) および (c) において，それぞれゲインをノミナルの 2 倍 ((c)

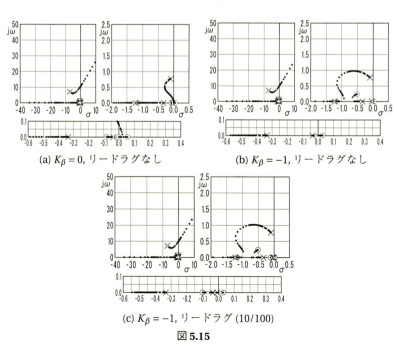

図 5.15

の場合は，リードラグでゲインが落ちるためさらに 10 倍) とした場合のエルロン操舵応答を示した．ターンコーディネーションを考慮しなかった図 5.13(b) の応答と比較すると，2 ケースとも横滑り角が半分以下に減少していることがわかる．また，図 5.16(b) の場合は，リードラグフィルタの効果で横滑り角の定常値が小さくなっていることが確認できる．

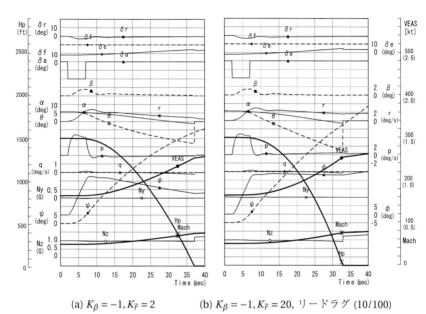

(a) $K_\beta = -1, K_{\tilde{r}} = 2$　　　(b) $K_\beta = -1, K_{\tilde{r}} = 20$, リードラグ (10/100)

図 5.16　ターンコーディネーション特性 ($T = 3$ 秒)

5.3 ■ 本章のまとめ

　本章では，第 3 章で導出した横・方向系の微小擾乱運動方程式および機体応答の解析式を用いて，機体固有の特性を改善するための飛行制御に関する基礎事項について述べた．まず，状態変数 β, p, r および ϕ を，エルロンおよびラダーにフィードバックした場合に特性根 (極) がどのように動くかを述べた．極の動きは，フィードバックする状態変数の零点の位置によって決まることに注意する．次に，飛行制御則を実際に設計する場合の基礎的な事項について，ダッチロール運動特性の改善問題，およびロール時に発生する横滑りを減少する問題を例にして述べた．

>>演習問題5<<

5.1 図5.17は，ロール姿勢保持モードのオートパイロットの基礎的なブロック図である．ロール角 ϕ のフィードバックによる安定不足をロール角速度 p により安定化する．ブロック図のコーディネイト機体とは図5.14に示したラダー系がターンコーディネーション制御則の場合である．図5.18は $K_p = 0, K_\phi = 3$ の場合の根軌跡で，ゲインを高めると不安定化することがわかる．図5.19および図5.20はロール角速度 $p (K_p = 3)$ を加えた場合で，安定が改善している．この理由を説明せよ．

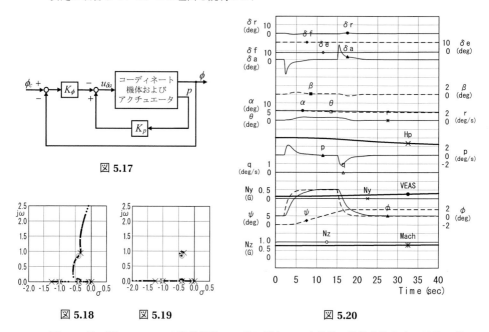

図 5.17

図 5.18　図 5.19　図 5.20

5.2 図5.21は，問5.1のロール姿勢保持モードに対して，定常値の特性を強化する目的で積分回路 (1/s) を追加した場合である．図5.19と同じ $K_p = 3$ および $K_\phi = 3$ に対して，積分を $K_I = 2$ とした場合の根軌跡を図5.22に，シミュレーション結果を図5.23に示すが安定が悪く大きな振動となっている．この理由を説明せよ．

5.3 図5.24は，問5.1のロール姿勢保持モードを内側ループとした方位保持モードのブロック図である．ヨー角 ψ は安定解析時は $\dot{\psi} = (g/V)\phi$ を積分したもので近似している．したがって，ψ フィードバックによりロール姿勢保持モードに積分回路が追加されたものとなっている．一方，問5.2に示したように，ロール姿勢保持モードのオートパイロットに積分回路を追加した結果，安定が非常に悪くなった．ところが，図5.24の方位保持の場合には，$K_p = 3, K_\phi = 3, K_\psi = 2$ のとき，図5.25, 26のように良好な特性となる．この理由を説明せよ．（ただし，$V = 86.8 \text{ [m/s]}$ とする．）

演習問題 5　179

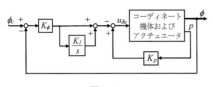

図 5.21

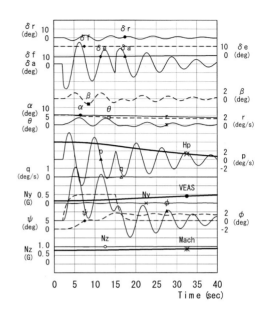

図 5.23

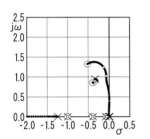

図 5.22

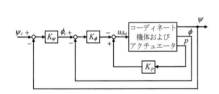

図 5.24

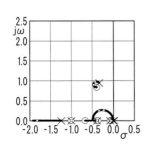

図 5.25

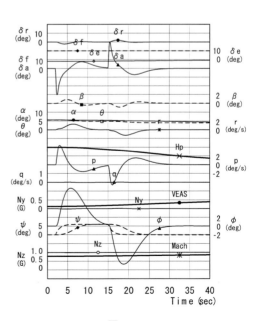

図 5.26

第6章 ダイナミックインバージョン法

近年，機体ダイナミクスの非線形項も考慮にいれて飛行制御則を設計する方法として，ダイナミックインバージョン (dynamic inversion) 法が注目されている．ここでは，ダイナミックインバージョンの考え方について，まず非線形項は考慮しないで，縦系および横・方向系の制御則設計に適用した例を説明し，最後に非線形項を考慮した場合の適用方法について述べる．

6.1 縦系のダイナミックインバージョン制御則

ダイナミックインバージョン (DI) 制御則は，航空機の制御則設計としては新しい考え方であるので，本節では，まず非線形項は考慮しないで，従来から設計に用いてきた線形の運動方程式に対して，実際に縦系の DI 制御則を設計し，その制御系の構造や特性を考察する．

(1) 縦系における DI 法の適用

線形の縦系の運動方程式は，(2.2-34) 式から次式で与えられる．

$$\begin{cases} \dot{u} = X_u u + X_\alpha \alpha & - \dfrac{g\cos\theta_0}{57.3}\theta \\ \dot{\alpha} = \overline{Z}_u u + \overline{Z}_\alpha \alpha + q & - \dfrac{g\sin\theta_0}{V}\theta + \overline{Z}_{\delta e}\delta e \\ \dot{q} = M'_u u + M'_\alpha \alpha + M'_q q + M'_\theta \theta & + M'_{\delta e}\delta e \\ \dot{\theta} = q \end{cases} \qquad (6.1\text{-}1)$$

行列表示では次式で表される．

$$\dot{x} = Ax + Bu_a \qquad (6.1\text{-}2)$$

$$x = \begin{bmatrix} u \\ \alpha \\ q \\ \theta \end{bmatrix}, \quad u_a = \delta e, \quad A = \begin{bmatrix} X_u & X_\alpha & 0 & -\dfrac{g\cos\theta_0}{57.3} \\ \overline{Z}_u & \overline{Z}_\alpha & 1 & -\dfrac{g\sin\theta_0}{V} \\ M'_u & M'_\alpha & M'_q & M'_\theta \\ 0 & 0 & 1 & 0 \end{bmatrix}, \quad B = \begin{bmatrix} 0 \\ \overline{Z}_{\delta e} \\ M'_{\delta e} \\ 0 \end{bmatrix} \tag{6.1-3}$$

ここでは，次の応答ベクトル y をその応答モデル y_m に一致させる制御則を考える．

$$y = \theta = Cx, \quad y_m = \theta_m \tag{6.1-4}$$

$$C = [0\ 0\ 0\ 1] \tag{6.1-5}$$

応答ベクル y を微分すると

$$\dot{y} = C\dot{x} = CAx + CBu_a \tag{6.1-6}$$

$$CA = [0\ 0\ 1\ 0], \quad CB = [0] \tag{6.1-7}$$

となる．CB が零であるから，(6.1-6) 式から u_a について解くことができないので，(6.1-6) 式をさらに微分すると

$$\ddot{y} = C\ddot{x} = CA\dot{x} = CA^2x + CABu_a, \quad (CB = 0) \tag{6.1-8}$$

$$CA^2 = \begin{bmatrix} M'_u & M'_\alpha & M'_q & M'_\theta \end{bmatrix}, \quad CAB = \begin{bmatrix} M'_{\delta e} \end{bmatrix} \tag{6.1-9}$$

となる．CAB が零でなくなったので，(6.1-8) 式から u_a について解くと

$$u_a = (CAB)^{-1}(\ddot{y} - CA^2x) = \frac{1}{M'_{\delta e}}\left[\ddot{\theta} - M'_u u - M'_\alpha \alpha - M'_q q - M'_\theta \theta\right] \tag{6.1-10}$$

を得る．この式は機体が速度変化 u，迎角変化 α，ピッチ角速度変化 q，ピッチ角変化 θ の運動をしているときに，機体のピッチ角加速度 $\ddot{\theta}$ を生じるための必要舵角を表している．そこで，いま (6.1-10) 式で表される舵角をそのままフィードバックとして利用してみる．このフィードバックを施すことにより，(6.1-8) 式から機体は次のような運動をすることになる．

$$\ddot{y} = CA^2x + CABu_a = CA^2x + CAB(CAB)^{-1}(\ddot{y} - CA^2x) = \ddot{y} \tag{6.1-11}$$

これを要素で表すと次式のようになる．

$$\ddot{\theta} = \left[M'_u u + M'_\alpha \alpha + M'_q q + M'_\theta \theta\right] + (M'_{\delta e})(M'_{\delta e})^{-1}\left[\ddot{\theta} - M'_u u - M'_\alpha \alpha - M'_q q - M'_\theta \theta\right] = \ddot{\theta} \tag{6.1-12}$$

この式は，(6.1-10) 式のフィードバックを行った場合，機体のピッチ角加速度が (6.1-10) 式のフィードバック変数の中の $\ddot{\theta}$ に等しくなることを示している．そこで，(6.1-10) 式のフィードバック変数の中の $\ddot{\theta}$ を $\ddot{\theta}_m$ に置き換えた次式のフィードバックを考えてみる．

$$u_a = (CAB)^{-1}(\ddot{y}_m - CA^2x) = \frac{1}{M'_{\delta e}}\left[\ddot{\theta}_m - M'_u u - M'_\alpha \alpha - M'_q q - M'_\theta \theta\right] \tag{6.1-13}$$

182 第6章 ■ ダイナミックインバージョン法

このとき，(6.1-12) 式と同様に計算すると機体は次のような運動をする．

$$\ddot{\theta} = \ddot{\theta}_m \tag{6.1-14}$$

このフィードバック制御則は，次のような特性を有している制御系である．例えば機体の迎角が増加した場合，通常であれば機体に静安定があるため機体には頭下げモーメントが生じて迎角を減ずる運動を生じるが，この制御系ではその静安定効果をなくすようにフィードバックが舵角を動かし，結果として機体は迎角が増加したままで頭下げ運動が生じない．このように，制御則を構成する方法は**ダイナミックインバージョン法**と呼ばれる．この制御系は (6.1-14) 式からわかるように，応答モデル $\ddot{\theta}_m$ と同じ運動が生じるように制御されることがわかる．

(2) 縦系 DI 制御則の構成

(6.1-14) 式の結果は，機体のダイナミクスが正確に得られたと仮定した場合である．そこで実際にはモデル $\dot{\theta}_m$ と機体応答 $\dot{\theta}$ に差 e が生じるため，その差にゲイン K を掛けた補正項を (6.1-13) 式に加えた次のフィードバックを考える．

$$\begin{aligned}
u_a &= (CAB)^{-1}(\ddot{y}_m + Ke - CA^2 x) \\
&= \frac{1}{M'_{\delta e}}\left[\ddot{\theta}_m + K_q(\dot{\theta}_m - \dot{\theta}) - M'_u u - M'_\alpha \alpha - M'_q q - M'_\theta \theta\right]
\end{aligned} \tag{6.1-15}$$

$$K = K_q, \quad e = \dot{y}_m - \dot{y} = \dot{\theta}_m - \dot{\theta} \tag{6.1-16}$$

いま，実際とは異なる角加速度成分を Δ とすると，このフィードバックにより機体には次のような運動を生じる．

$$\begin{aligned}
\ddot{y} &= CA^2 x + CABu_a + \Delta \\
&= CA^2 x + CAB(CAB)^{-1}(\ddot{y}_m + Ke - CA^2 x) + \Delta = \ddot{y}_m + Ke + \Delta
\end{aligned} \tag{6.1-17}$$

これを要素で表すと次のようである．

$$\ddot{\theta} = \ddot{\theta}_m + K_q(\dot{\theta}_m - \dot{\theta}) + \Delta \tag{6.1-18}$$

この式を変形すると

$$(q - q_m)(s + K_q) = \Delta, \quad \therefore \dot{q} = \dot{q}_m + \Delta \frac{s/K_q}{1 + s/K_q} \tag{6.1-19}$$

が得られる．この式の右辺第2項はハイパスフィルタの形になっている．したがって，変化分 Δ があっても定常値は 0 となり，応答モデル $\dot{q}_m$ と同じ運動のみが残るように制御されることがわかる．

いま次のような補助変数 v

$$v = -\dot{e} = \ddot{y} - \ddot{y}_m = CA^2 x + CABu_a - \ddot{y}_m, \quad \therefore CABu_a = \ddot{y}_m + v - CA^2 x \tag{6.1-20}$$

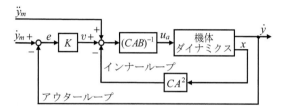

図 6.1 縦系の DI 制御則

を導入し，これから u_a を求めて (6.1-15) 式と等しくおくと次のようになる．

$$u_a = (CAB)^{-1}(\ddot{y}_m + v - CA^2 x) = (CAB)^{-1}(\ddot{y}_m + Ke - CA^2 x) \tag{6.1-21}$$

したがって，

$$v = Ke, \quad \therefore \dot{e} = -Ke \tag{6.1-22}$$

の関係式が得られる．このとき，ダイナミックインバージョン制御則をブロック図で表すと図 6.1 のようになる．

次に，図 6.1 の制御則で，アウターループを除いた状態における v に対する y の応答，すなわちインナーループのみの場合，どのような制御系構造となっているかを考察する．(6.1-8) 式および (6.1-21) 式から

$$\ddot{y} = CA^2 x + CABu_a = CA^2 x + CAB(CAB)^{-1}(\ddot{y}_m + v - CA^2 x) = \ddot{y}_m + v \tag{6.1-23}$$

$$\therefore y(=\theta) = y_m + \frac{1}{s^2} v \tag{6.1-24}$$

となる．すなわち，$v(=\ddot{y}-\ddot{y}_m)$ に対する y の応答は原点に 2 つの極のみという非常に簡単な線形システムとなっていることがわかる．ダイナミックインバージョン制御則の理解を容易にするため，ベクトルの各成分で表してみよう．(61-21) 式から制御則は

$$\begin{aligned} u_a &= (CAB)^{-1}(\ddot{y}_m + Ke - CA^2 x) = (CAB)^{-1}\{\ddot{y}_m + K(\dot{y}_m - CAx) - CA^2 x\} \\ &= -(CAB)^{-1}(CA^2 + KCA)x + (CAB)^{-1}(\ddot{y}_m + K\dot{y}_m) \end{aligned} \tag{6.1-25}$$

であるから，この右辺を各成分で書くと次のようになる．

$$-(CAB)^{-1}(CA^2 + KCA)x = -\frac{1}{M'_{\delta e}}\left\{M'_u u + M'_\alpha \alpha + (M'_q + K_q)q + M'_\theta \theta\right\} \tag{6.1-26}$$

$$(CAB)^{-1}(\ddot{y}_m + K\dot{y}_m) = \frac{1}{M'_{\delta e}}(\ddot{\theta}_m + K_q \dot{\theta}_m) \tag{6.1-27}$$

ここで，

$$G_u = -\frac{M'_u}{M'_{\delta e}}, \quad G_\alpha = -\frac{M'_\alpha}{M'_{\delta e}}, \quad G_q = -\frac{M'_q}{M'_{\delta e}}, \quad G_\theta = -\frac{M'_\theta}{M'_{\delta e}}, \quad G_{Kq} = -\frac{1}{M'_{\delta e}} \tag{6.1-28}$$

とおくと，(6.1-25) 式のフィードバックは次のように表すことができる．

$$u_a = G_u u + G_\alpha \alpha + (G_q + G_{Kq} K_q) q + G_\theta \theta - G_{Kq}(s + K_q)\dot{\theta}_m \tag{6.1-29}$$

いま，応答モデルを次のピッチ角速度コマンド q_{com} の一次遅れ形

$$\dot{\theta}_m = \frac{1}{1+Ts}q_{com} \tag{6.1-30}$$

とおく．このとき (6.1-29) 式のフィードバックは次のように表される．

$$u_a = G_u u + G_\alpha \alpha + (G_q + G_{K_q}K_q)q + G_\theta \theta - G_{K_q}K_q\frac{1+(1/K_q)s}{1+Ts}q_{com} \tag{6.1-31}$$

[例題 6.1-1] (6.1-31) 式で表される縦系 DI 制御則を，舵面アクチュエータも含めてブロック図を描け．

■解答■
(6.1-31) 式の制御則に舵面アクチュエータも含めて，ブロック図を描くと図 6.2 が得られる．

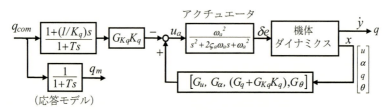

図 6.2 縦系の DI 制御則の詳細ブロック図

[例題 6.1-2] 例題 2.3-1 の大型民間旅客機のデータを用いて，例題 6.1-1 の DI 制御則の各ゲインを求めよ．ただし，ゲイン $K_q = 1.0$ とする．

■解答■ 各ゲインは (6.1-28) 式で与えられるから次のように得られる．

$$G_u = -\frac{M'_u}{M'_{\delta e}} = -\frac{0.0104}{-0.606} = 0.0172, \quad G_\alpha = -\frac{M'_\alpha}{M'_{\delta e}} = -\frac{-0.530}{-0.606} = -0.875$$

$$G_q = -\frac{M'_q}{M'_{\delta e}} = -\frac{-0.522}{-0.606} = -0.863, \quad G_\theta = -\frac{M'_\theta}{M'_{\delta e}} = -\frac{0.00077}{-0.606} = 0.00127$$

$$G_{K_q} = -\frac{1}{M'_{\delta e}} = -\frac{1}{-0.606} = 1.650$$

いま，$K_q = 1.0$ とすると

$$G_{K_q}K_q = 1.65, \quad G_q + G_{K_q}K_q = -0.863 + 1.650 = 0.787$$

[例題 6.1-3] 図 6.2 のブロック図において，フィードバック補正項のゲイン $K_q = 0$ の場合の u_a に対する q の応答について考察せよ．

■**解答**■　u_a の点で切ったオープンループの一巡伝達関数の根軌跡を図 6.3(a) に示す．極は機体の縦短周期モード，長周期モードおよびアクチュエータの極の 6 個，零点は状態フィードバックによる複素零点と実根の計 3 個である．この根軌跡で特徴的なのは，実軸上の唯一の極・零点である $s=-1.5$ の零点の右側に根軌跡が生じる事，すなわち通常の根軌跡とは異なりポジティブフィードバックとなっていることである．極と零点の次数差は 3 であるから，根軌跡の漸近線は $0°$，$±120°$ となる．

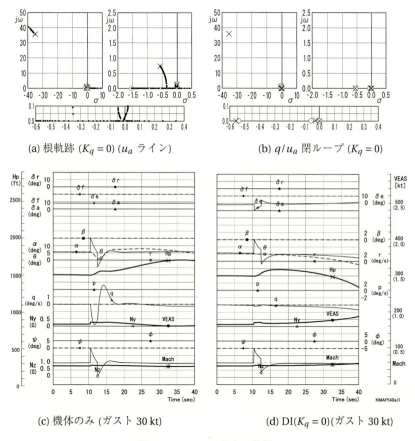

(a) 根軌跡 ($K_q = 0$)(u_a ライン)　　　(b) q/u_a 閉ループ ($K_q = 0$)

(c) 機体のみ (ガスト 30 kt)　　　(d) DI($K_q=0$)(ガスト 30 kt)

図 6.3　$K_q = 0$ の場合の特性

この DI によるフィードバックの結果，長周期モードの極の 1 つが原点 ($s=0$) に，もう 1 つが短周期の極の 1 つと結合して原点付近の複素極に，そして短周期のもう 1 つが実軸上の $s=-0.56$ の位置に配置されることがわかる．この結果，u_a に対する q の応答の閉ループの極・零点が図 6.3(b) 示すようにほぼ原点付近に 1 つの極に相当する特性を示すことがわかる．次に，このような極・零点配置を持つ DI 制御則のインナーループ (ただし $K_q = 0$) が外乱に対してどのような特性を示すかを機体のみの特性と比較してみる．図 6.3(c) は機体のみの場合に

30 kt のガストを 2 秒間与えた場合の応答である．これに対して図 6.3(d) は $K_q = 0$ の場合の DI 制御則の応答である．機体のみの場合は，ガストによって迎角 α が増加し，その結果静安定効果で機首下げのモーメントが発生してピッチ角速度がマイナスに変化する．ガストがなくなると，逆にピッチ角速度が機首上げ側に変化することがわかる．

これに対して，図 6.3(d) の DI 制御則の場合は，ガストによって迎角が変化してもピッチ角速度はほとんど変化しない．なお，わずかに変化したピッチ角速度はアクチュエータを取り除いて解析するとその変化は 0 となることが確認できる．しかし，$K_q = 0$ の場合の DI 制御則の迎角とピッチ角速度のゲインは負であるから，外乱等を受けて機体の迎角およびピッチ角速度が負の変化をすると，さらに押し舵になり，高度を下げ続ける特性となっている．

[**例題 6.1-4**]　例題 6.1-2 で求めた DI 制御則の各ゲインを用いて，図 6.2 のブロック図の応答モデル q_m と機体応答 q をシミュレーションにより比較せよ．また，ガスト応答も求めよ．ただし，ゲイン $K_q = 1.0$ とする．

■**解答**■　例題 6.1-2 で求めたゲインを用いると，図 6.2 の DI 制御則の操舵応答特性が図 6.4(a) のように得られる．ただし，応答モデルの時定数は 0.5 秒とした．最初の引き舵ではピッチ角速度がモデルとよく合っているが，押し舵ではモデルとずれている．これは速度が減速しているためである．また，30 kt のガスト応答を図 6.4(b) に示す．ほとんどピッチ角速度が発生していないことがわかる．また，定常状態の特性も安定である．

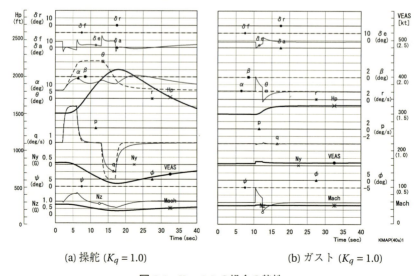

(a) 操舵 ($K_q = 1.0$)　　　　　(b) ガスト ($K_q = 1.0$)

図 **6.4**　$K_q = 1.0$ の場合の特性

[例題 6.1-5]　図 6.4 に示した DI 制御則 ($K_q = 1.0$) の場合のゲイン K_q の効果について考察せよ．

■解答■　例題 6.1-4 で求めた $K_q = 1.0$ の場合の制御系において，u_a の点で切ったオープンループの一巡伝達関数の根軌跡を図 6.5(a) に示す．また，q_{com} に対する q の閉ループ応答の極・零点配置を図 6.5(b) に示す．一巡伝達関数の極は，図 6.3(a) の根軌跡と同じく，機体の短周期モードの極，長周期モードの極およびアクチュエータの極の 6 個である．

一方，零点は状態フィードバックによる零点 3 個であるが，図 6.3(a) の根軌跡とは異なり，実軸上の最も右側にある極・零点の $s = 0.63$ の左側に根軌跡が生じる通常タイプの根軌跡となっている．これは図 6.3(a) の場合はピッチ角速度のフィードバックゲインが $G_q = -0.863$(負の値) に対して，図 6.5(a) の場合は $(G_q + G_{Kq} K_q) = 0.787$(正の値) となるためである．極と零点の次数差は 3 であるから，根軌跡の漸近線は $\pm 60°$ および $\pm 180°$ となる．図 6.5(b) の閉ループ応答は極・零点が相殺された結果，ほぼ $s = -2.0$ に極 1 つを持つ制御系の特性を示す．これにより応答モデルと同じ特性となる．

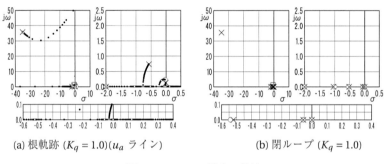

(a) 根軌跡 ($K_q = 1.0$)(u_a ライン)　　(b) 閉ループ ($K_q = 1.0$)

図 6.5　$K_q = 0$ の場合の特性

(3) 縦系 DI 制御則の特徴

さて，例題 6.1-1〜6.1-5 に示したように，ダイナミックインバージョン制御則は，モデル応答への追従度やガスト応答特性が良好である．これは機体の空力特性が正確に得られていると仮定して制御則のゲインを求めた結果であり，実際，図 6.4(a) でわかるように速度が減少すると機体の空力特性がずれるために追従度が悪くなる．そこで，常に空力特性を推定してゲインを再計算する方法ではなく，ここでは以下に示すように，簡便な速度変化に対する補正を行うことで対処することを考える．

$K_q = 1.0$ ダイナミックインバージョン制御則のゲインは(6.1-28) 式で与えられるが，その各ゲインは 2.2 節の空力微係数を用いると次のように表される．

$$G_u = -\frac{M'_u}{M'_{\delta e}} = -\frac{M_u + M_{\dot{\alpha}} \overline{Z}_u}{M_{\delta e} + M_{\dot{\alpha}} \overline{Z}_{\delta e}}$$

$$= -\frac{\frac{\rho V S \overline{c}}{2 I_y} \cdot M_0 \frac{\partial C_m}{\partial M} \times 57.3 - \frac{\rho V S \overline{c}^2}{4 I_y} C_{m\dot{\alpha}} \frac{\rho S}{2m} \left(2 C_L + M_0 \frac{\partial C_L}{\partial M}\right) \times 57.3}{\frac{\rho V^2 S \overline{c}}{2 I_y} C_{m\delta e} \times 57.3 - \frac{\rho V S \overline{c}^2}{4 I_y} C_{m\dot{\alpha}} \frac{\rho V S}{2m} C_{L\delta e} \times 57.3} \propto \frac{V}{V^2} = \frac{1}{V}$$

(6.1-32a)

$$G_\alpha = -\frac{M'_\alpha}{M'_{\delta e}} = -\frac{M_\alpha + M_{\dot{\alpha}} \overline{Z}_\alpha}{M_{\delta e} + M_{\dot{\alpha}} \overline{Z}_{\delta e}}$$

$$= -\frac{\frac{\rho V^2 S \overline{c}}{2 I_y} C_{m\alpha} \times 57.3 - \frac{\rho V S \overline{c}^2}{4 I_y} C_{m\dot{\alpha}} \frac{\rho V S}{2m} \left(C_{L\alpha} + \frac{2 C_L}{57.3} \tan \alpha_0\right) \times 57.3}{M_{\delta e} + M_{\dot{\alpha}} \overline{Z}_{\delta e}} \propto \frac{V^2}{V^2} = 1$$

(6.1-32b)

$$G_q = -\frac{M'_q}{M'_{\delta e}} = -\frac{M_q + M_{\dot{\alpha}}}{M_{\delta e} + M_{\dot{\alpha}} \overline{Z}_{\delta e}} = -\frac{\frac{\rho V S \overline{c}^2}{4 I_y} (C_{mq} + C_{m\dot{\alpha}})}{M_{\delta e} + M_{\dot{\alpha}} \overline{Z}_{\delta e}} \propto \frac{V}{V^2} = \frac{1}{V}$$

(6.1-32c)

$$G_\theta = -\frac{M'_\theta}{M'_{\delta e}} = \frac{g \sin \theta_0}{V} \cdot \frac{M_{\dot{\alpha}}}{M_{\delta e} + M_{\dot{\alpha}} \overline{Z}_{\delta e}} = \frac{g \sin \theta_0}{V} \cdot \frac{\frac{\rho V S \overline{c}^2}{4 I_y} C_{m\dot{\alpha}}}{M_{\delta e} + M_{\dot{\alpha}} \overline{Z}_{\delta e}} \propto \frac{V}{V^3} = \frac{1}{V^2}$$

(6.1-32d)

$$G_{Kq} = -\frac{1}{M'_{\delta e}} = -\frac{1}{M_{\delta e} + M_{\dot{\alpha}} \overline{Z}_{\delta e}} \propto \frac{1}{V^2}$$

(6.1-32e)

これらの各ゲインの速度特性を考慮して，速度でスケジューリングを行ってシミュレーションした結果を図 6.6 に示す．速度が減少してもモデルとの追従度が改善していることがわかる．

　DI 制御系は $s = 0$ に極を持つため，パイロット操舵によるフィードバックが加わると安定性を損なう心配がある．次に，この問題を検討する．

　まず制御なしの場合に，パイロットが $u_a = 2\theta \times$ [一次遅れ 0.5 秒] のピッチ姿勢保持操舵を行ったときの θ ラインのゲイン変化による根軌跡を図 6.7 に示す．ノミナルゲイン (図中の小さな ○ 印) での極の減衰比は小さくなっており，ゲインをその 2 倍 (図中の小さな □ 印) では不安定となっている．図 6.8 にノミナルゲインでのパイロット姿勢保持操舵応答を示すが，パイロット操舵によって減衰が悪くなっていることがわかる．

　一方，DI 制御系 ($K_q = 1.0$) の場合に，パイロットが $q_m = -2\theta$ のピッチ姿勢保持操舵を行ったときの，θ ラインのゲイン変化による根軌跡を図 6.9 に示す．DI 制御則の場合は，パイロットゲインをかなり上げても不安定化しないことがわかる．図 6.10 にパイロット姿勢保持操舵応答を示すが，$t = 13$ 秒からノミナルゲインでピッチ角 θ を抑える操舵を実施しても，非常に安定して $\theta = 0$ に収束していることが確認できる．

　このように，DI 制御則はパイロット操舵に対して非常に安定した特性を有することがわかったが，その制御構造について考察する．図 6.7 に示した制御無しの場合の極は，

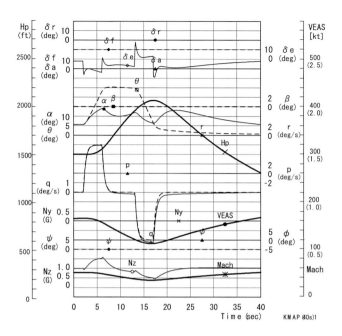

図 6.6　DI ($K_q = 1.0$) の速度スケジューリング後

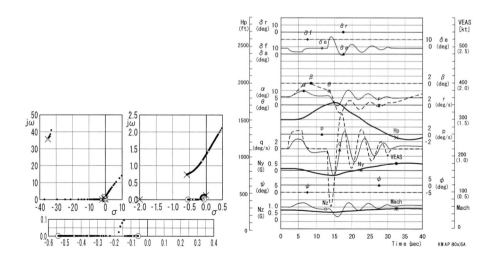

図 6.7　制御なし，$u_a = 2\theta \times$[一次遅れ]　　図 6.8　制御なし (図 6.7)($t = 13 \sim 30$[s])

短周期モード，長周期モード，アクチュエータおよびパイロット入力フィルタの 7 個，また零点はピッチ角の実根 2 個である．したがって，極・零点の次数差は 5 であるから，パイロット操舵のピッチ角フィードバック効果により，短周期の極が右上方 36°の

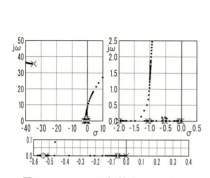
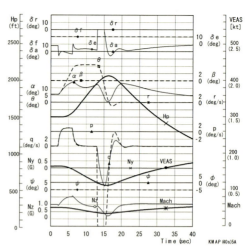

図 6.9　$q_m = -2\theta$ 根軌跡（θ ライン）　　図 6.10　DI，$q_m = -2\theta$ ($t = 13 \sim 30[s]$)

方向に向かって不安定化していく．これに対して，DI 制御則の場合は，図 6.9 に示したように，θ ラインで切った一巡伝達関数の極は，短周期モード，長周期モード，$s=0$ の極，アクチュエータおよびパイロット入力フィルタの 8 個，また零点はピッチ角の実根 2 個，フィードバックとフィードフォワードによる実根 2 個の計 4 個である．極・零点の次数差は 4 であるから，パイロットゲインを上げていくと右上 45°の方向に向かって不安定化していく．しかし，制御無しの場合と異なるのは，DI 制御則の場合の根軌跡は大まかにいうとゲインを増加すると，$s=0$ と $s=-2$ の極が近づいてほぼ $s=-1$ のライン上をまっすぐ上側に移動していくため，パイロットゲインをかなり高めても十分な安定を保つ．さらに 10 倍程度までゲインを上げても安定を保つ．

DI 制御則を用いる場合，系の安定性に注意する必要がある．図 6.5(a) に示した u_a ラインの根軌跡では，ノミナルゲインにおいて $s=0$ に生じた極は，ゲインを上げていくと実軸右側に移動して不安定となる．したがって，ここで述べた DI 制御則については，系の安定性改善対策が必要であるが，ここでは省略する．

6.2　横・方向系のダイナミックインバージョン制御則

前節では，縦系の DI 制御則について述べた．本節では横・方向系に関して，実際に DI 制御則を設計し，その制御系の構造や特性を考察する．

6.2 ■ 横・方向系のダイナミックインバージョン制御則 191

(1) 横・方向系における **DI** 法の適用

線形の横・方向系の運動方程式は (3.2-18) 式から次式で与えられる.

$$
\begin{cases}
\dot{\beta} = \overline{Y}_\beta\,\beta + \dfrac{\alpha_0}{57.3}\,p - r + \dfrac{g\cos\theta_0}{V}\phi & +\overline{Y}_{\delta r}\delta r \\[2mm]
\dot{p} = L'_\beta\,\beta + L'_p\,p + L'_r\,r & +L'_{\delta a}\delta a & +L'_{\delta r}\delta r \\[2mm]
\dot{r} = N'_\beta\,\beta + N'_p\,p + N'_r\,r & +N'_{\delta a}\delta a & +N'_{\delta r}\delta r \\[2mm]
\dot{\phi} = p + r\tan\theta_0
\end{cases}
\tag{6.2-1}
$$

行列表示では次式で表される.

$$
\dot{x} = Ax + Bu \tag{6.2-2}
$$

$$
x = \begin{bmatrix} \beta \\ p \\ r \\ \phi \end{bmatrix}, \quad
u = \begin{bmatrix} \delta a \\ \delta r \end{bmatrix}, \quad
A = \begin{bmatrix}
\overline{Y}_\beta & \dfrac{\alpha_0}{57.3} & -1 & \dfrac{g\cos\theta_0}{V} \\[2mm]
L'_\beta & L'_p & L'_r & 0 \\[1mm]
N'_\beta & N'_p & N'_r & 0 \\[1mm]
0 & 1 & \tan\theta_0 & 0
\end{bmatrix}, \quad
B = \begin{bmatrix}
0 & \overline{Y}_{\delta r} \\
L'_{\delta a} & L'_{\delta r} \\
N'_{\delta a} & N'_{\delta r} \\
0 & 0
\end{bmatrix}
\tag{6.2-3}
$$

ここでは，次の応答ベクトル y をその応答モデル y_m に一致させる制御則を考える.

$$
y = \begin{bmatrix} p \\ r \end{bmatrix} = Cx, \quad
y_m = \begin{bmatrix} p_m \\ r_m \end{bmatrix}
\tag{6.2-4}
$$

$$
C = \begin{bmatrix} 0 & 1 & 0 & 0 \\ 0 & 0 & 1 & 0 \end{bmatrix}
\tag{6.2-5}
$$

応答ベクル y を微分すると

$$
\dot{y} = C\dot{x} = CAx + CBu \tag{6.2-6}
$$

$$
CA = \begin{bmatrix} L'_\beta & L'_p & L'_r & 0 \\ N'_\beta & N'_p & N'_r & 0 \end{bmatrix}, \quad
CB = \begin{bmatrix} L'_{\delta a} & L'_{\delta r} \\ N'_{\delta a} & N'_{\delta r} \end{bmatrix}
\tag{6.2-7}
$$

となる．(6.2-6) 式から舵角 (エルロン δa およびラダー δr) について解くと，次式が得られる.

$$
\begin{bmatrix} \delta a \\ \delta r \end{bmatrix} = (CB)^{-1}(\dot{y} - CAx) = (CB)^{-1}
\begin{bmatrix} \dot{p} - L'_\beta\,\beta - L'_p\,p - L'_r\,r \\ \dot{r} - N'_\beta\,\beta - N'_p\,p - N'_r\,r \end{bmatrix}
\tag{6.2-8}
$$

$$
(CB)^{-1} = \frac{1}{L'_{\delta a}N'_{\delta r} - N'_{\delta a}L'_{\delta r}}
\begin{bmatrix} N'_{\delta r} & -L'_{\delta r} \\ -N'_{\delta a} & L'_{\delta a} \end{bmatrix}
\tag{6.2-9}
$$

(6.2-8) 式で得られた舵角 δa および δr は，機体が横滑り角 β，ロール角速度 p およびヨー角速度 r の運動をしている時に，機体のロール角加速度 $\dot{p}$ およびヨー角加速度 $\dot{r}$ を生じるための必要舵角を表している．そこで，(6.2-8) 式で表される舵角をそのままフィードバックとして利用してみると，このフィードバックにより，(6.2-6) 式から機体

は次のような運動をすることになる.

$$\dot{y} = CAx + CBu = CAx + CB(CB)^{-1}(\dot{y} - CAx) = \dot{y} \tag{6.2-10}$$

これを要素で表すと次式である.

$$
\begin{bmatrix} \dot{p} \\ \dot{r} \end{bmatrix} = \begin{bmatrix} L'_\beta \beta + L'_p p + L'_r r \\ N'_\beta \beta + N'_p p + N'_r r \end{bmatrix} + \begin{bmatrix} L'_{\delta a} & L'_{\delta r} \\ N'_{\delta a} & N'_{\delta r} \end{bmatrix} \begin{bmatrix} \delta a \\ \delta r \end{bmatrix}
$$
$$
= \begin{bmatrix} L'_\beta \beta + L'_p p + L'_r r \\ N'_\beta \beta + N'_p p + N'_r r \end{bmatrix} + \begin{bmatrix} L'_{\delta a} & L'_{\delta r} \\ N'_{\delta a} & N'_{\delta r} \end{bmatrix} \begin{bmatrix} L'_{\delta a} & L'_{\delta r} \\ N'_{\delta a} & N'_{\delta r} \end{bmatrix}^{-1} \begin{bmatrix} \dot{p} - L'_\beta \beta - L'_p p - L'_r r \\ \dot{r} - N'_\beta \beta - N'_p p - N'_r r \end{bmatrix} = \begin{bmatrix} \dot{p} \\ \dot{r} \end{bmatrix}
$$
$$\tag{6.2-11}$$

この式は，(6.2-8) 式のフィードバックを行った場合，機体のロール角加速度およびヨー角加速度が，(6.2-8) 式のフィードバック変数の中の $\dot{p}$ および $\dot{r}$ に等しくなることを示している．そこで，(6.2-8) 式のフィードバック変数の中の $\dot{p}$ および $\dot{r}$ を $\dot{p}_m$ および $\dot{r}_m$ に置き換えた次式のフィードバックを考えてみる.

$$
\begin{bmatrix} \delta a \\ \delta r \end{bmatrix} = (CB)^{-1}(\dot{y}_m - CAx) = (CB)^{-1} \begin{bmatrix} \dot{p}_m - L'_\beta \beta - L'_p p - L'_r r \\ \dot{r}_m - N'_\beta \beta - N'_p p - N'_r r \end{bmatrix} \tag{6.2-12}
$$

このとき，(6.2-11) 式と同様に計算すると機体は次のような運動をする.

$$
\begin{bmatrix} \dot{p} \\ \dot{r} \end{bmatrix} = \begin{bmatrix} \dot{p}_m \\ \dot{r}_m \end{bmatrix} \tag{6.2-13}
$$

このフィードバック制御則は次のような特性を有している制御系である．例えば機体が右に横滑りした場合，通常であれば機体の上反角効果で機体は左にロールして横滑りを減ずる運動を生じる，また方向安定により機首を右に回転する運動が生じるが，この制御系ではその上反角効果および方向安定の効果をなくすようにフィードバックが舵角を動かし，結果として機体は横滑りしたままでロールもヨーも変化しない.

この制御系は，(6.2-13) 式からわかるように，応答モデル $\dot{p}_m$ および $\dot{r}_m$ と同じ運動が生じるように制御されることがわかる.

(2) 横・方向系 DI 制御則の構成

(6.2-13) 式の結果は，機体のダイナミクスが正確に得られたと仮定した場合である．そこで実際にはモデルと機体応答に差 e が生じるため，その差にゲイン K を掛けた補正項を (6.2-12) 式に加えた次のフィードバックを考える.

$$
\begin{aligned}
\begin{bmatrix} \delta a \\ \delta r \end{bmatrix} &= (CB)^{-1}(\dot{y}_m + Ke - CAx) \\
&= (CB)^{-1} \begin{bmatrix} \dot{p}_m + K_p(p_m - p) - L'_\beta \beta - L'_p p - L'_r r \\ \dot{r}_m + K_r(r_m - r) - N'_\beta \beta - N'_p p - N'_r r \end{bmatrix}
\end{aligned} \tag{6.2-14}
$$

6.2 ■ 横・方向系のダイナミックインバージョン制御則　　193

$$K = \begin{bmatrix} K_p & 0 \\ 0 & K_r \end{bmatrix}, \quad e = y_m - y = \begin{bmatrix} p_m - p \\ r_m - r \end{bmatrix} \tag{6.2-15}$$

いま，実際とは異なる角加速度成分を次のようにおく．

$$\Delta = \begin{bmatrix} \Delta_p \\ \Delta_r \end{bmatrix} \tag{6.2-16}$$

ここで，Δ_p はロール角加速度成分，Δ_r はヨー角加速度成分である．このとき機体には次のような運動が生じる．

$$\dot{y} = CAx + CBu + \Delta = CAx + CB(CB)^{-1}(\dot{y}_m + Ke - CAx) + \Delta = \dot{y}_m + Ke + \Delta \tag{6.2-17}$$

成分で書くと次のように表される．

$$\dot{p} = \dot{p}_m + K_p(p_m - p) + \Delta_p, \quad \dot{r} = \dot{r}_m + K_r(r_m - r) + \Delta_r \tag{6.2-18}$$

この式を変形すると

$$(p - p_m)(s + K_p) = \Delta_p, \quad (r - r_m)(s + K_r) = \Delta_r \tag{6.2-19}$$

となるが，さらに変形すると次式が得られる．

$$\dot{p} = \dot{p}_m + \Delta_p \frac{s/K_p}{1 + s/K_p}, \quad \dot{r} = \dot{r}_m + \Delta_r \frac{s/K_r}{1 + s/K_r} \tag{6.2-20}$$

この式の右辺第2項はハイパスフィルタの形になっている．したがって，変化分 Δ_p および Δ_r があっても定常値は0となり，応答モデル $\dot{p}_m$ および $\dot{r}_m$ と同じ運動のみが残るように制御される．

いま，次のような補助変数 v

$$v = -\dot{e} = \dot{y} - \dot{y}_m = CAx + CBu - \dot{y}_m, \quad \therefore CBu = \dot{y}_m + v - CAx \tag{6.2-21}$$

を導入し，これから u を求めて (6.2-14) 式と等しくおくと

$$\boxed{u = (CB)^{-1}(\dot{y}_m + v - CAx) = (CB)^{-1}(\dot{y}_m + Ke - CAx)} \tag{6.2-22}$$

となる．これから

$$v = Ke, \quad \dot{e} = -Ke \tag{6.2-23}$$

の関係式が得られる．このとき，ダイナミックインバージョン制御則をブロック図で表すと図 6.11 のようになる．この図で，アウターループを除いた状態における v に対する y の応答，すなわちインナーループのみの場合について考える．(6.2-6) 式および (6.2-22) 式から

$$\dot{y} = CAx + CBu = CAx + CB(CB)^{-1}(\dot{y}_m + v - CAx) = \dot{y}_m + v \tag{6.2-24}$$

$$\therefore y = y_m + \frac{1}{s}v \tag{6.2-25}$$

となる．すなわち，$v(=\dot{y} - \dot{y}_m)$ に対する y の応答は原点に1つの極のみ (v の次元は2だから極は合計2つ) という非常に簡単な線形システムとなっていることがわかる．

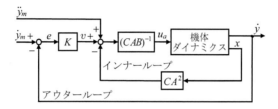

図**6.11** ダイナミックインバージョン制御則

次に，ダイナミックインバージョン制御則の理解を容易にするため，ベクトルの各成分で表してみる．(6.2-22) 式から制御則は

$$u = (CB)^{-1}\{\dot{y}_m + K(y_m - Cx) - CAx\}$$
$$= -(CB)^{-1}(CA + KC)x + (CB)^{-1}(\dot{y}_m + Ky_m) \tag{6.2-26}$$

である．この右辺を各成分で書くと

$$-(CB)^{-1}(CA+KC)x$$
$$= \frac{-1}{L'_{\delta a} N'_{\delta r} - N'_{\delta a} L'_{\delta r}} \begin{bmatrix} N'_{\delta r} & -L'_{\delta r} \\ -N'_{\delta a} & L'_{\delta a} \end{bmatrix} \left\{ \begin{bmatrix} L'_\beta \beta + L'_p p + L'_r r \\ N'_\beta \beta + N'_p p + N'_r r \end{bmatrix} + \begin{bmatrix} K_p p \\ K_r r \end{bmatrix} \right\}$$
$$= \frac{-1}{L'_{\delta a} N'_{\delta r} - N'_{\delta a} L'_{\delta r}} \begin{bmatrix} N'_{\delta r}\{L'_\beta \beta + (L'_p + K_p)p + L'_r r\} - L'_{\delta r}\{N'_\beta \beta + N'_p p + (N'_r + K_r)r\} \\ L'_{\delta a}\{N'_\beta \beta + N'_p p + (N'_r + K_r)r\} - N'_{\delta a}\{L'_\beta \beta + (L'_p + K_p)p + L'_r r\} \end{bmatrix}$$
$$\tag{6.2-27}$$

$$(CB)^{-1}(\dot{y}_m + Ky_m) = \frac{1}{L'_{\delta a} N'_{\delta r} - N'_{\delta a} L'_{\delta r}} \begin{bmatrix} N'_{\delta r} & -L'_{\delta r} \\ -N'_{\delta a} & L'_{\delta a} \end{bmatrix} \begin{bmatrix} \dot{p}_m + K_p p_m \\ \dot{r}_m + K_r r_m \end{bmatrix}$$
$$= \frac{1}{L'_{\delta a} N'_{\delta r} - N'_{\delta a} L'_{\delta r}} \begin{bmatrix} N'_{\delta r}(\dot{p}_m + K_p p_m) - L'_{\delta r}(\dot{r}_m + K_r r_m) \\ L'_{\delta a}(\dot{r}_m + K_r r_m) - N'_{\delta a}(\dot{p}_m + K_p p_m) \end{bmatrix} \tag{6.2-28}$$

となるので，次式

$$\begin{cases} G_{1\beta} = -\dfrac{N'_{\delta r} L'_\beta - L'_{\delta r} N'_\beta}{L'_{\delta a} N'_{\delta r} - N'_{\delta a} L'_{\delta r}}, & G_{1p} = -\dfrac{N'_{\delta r} L'_p - L'_{\delta r} N'_p}{L'_{\delta a} N'_{\delta r} - N'_{\delta a} L'_{\delta r}}, & G_{1r} = -\dfrac{N'_{\delta r} L'_r - L'_{\delta r} N'_r}{L'_{\delta a} N'_{\delta r} - N'_{\delta a} L'_{\delta r}}, \\ G_{1Kp} = -\dfrac{N'_{\delta r}}{L'_{\delta a} N'_{\delta r} - N'_{\delta a} L'_{\delta r}}, & G_{1Kr} = \dfrac{L'_{\delta r}}{L'_{\delta a} N'_{\delta r} - N'_{\delta a} L'_{\delta r}} \end{cases}$$
$$\tag{6.2-29}$$

$$\begin{cases} G_{2\beta} = -\dfrac{L'_{\delta a} N'_\beta - N'_{\delta a} L'_\beta}{L'_{\delta a} N'_{\delta r} - N'_{\delta a} L'_{\delta r}}, & G_{2p} = -\dfrac{L'_{\delta a} N'_p - N'_{\delta a} L'_p}{L'_{\delta a} N'_{\delta r} - N'_{\delta a} L'_{\delta r}}, & G_{2r} = -\dfrac{L'_{\delta a} N'_r - N'_{\delta a} L'_r}{L'_{\delta a} N'_{\delta r} - N'_{\delta a} L'_{\delta r}}, \\ G_{2Kp} = \dfrac{N'_{\delta a}}{L'_{\delta a} N'_{\delta r} - N'_{\delta a} L'_{\delta r}}, & G_{2Kr} = -\dfrac{L'_{\delta a}}{L'_{\delta a} N'_{\delta r} - N'_{\delta a} L'_{\delta r}} \end{cases}$$
$$\tag{6.2-30}$$

とおくと，(6.2-26) 式のフィードバックは次のように表すことができる．

6.2 ■ 横・方向系のダイナミックインバージョン制御則　　195

$$
\begin{cases}
\delta a = G_{1\beta}\beta + (G_{1p} + G_{1Kp}K_p)p + (G_{1r} + G_{1Kr}K_r)r - G_{1Kp}(s + K_p)p_m - G_{1Kr}(s + K_r)r_m \\
\delta r = G_{2\beta}\beta + (G_{2p} + G_{2Kp}K_p)p + (G_{2r} + G_{2Kr}K_r)r - G_{2Kp}(s + K_p)p_m - G_{2Kr}(s + K_r)r_m
\end{cases}
$$

(6.2-31)

いま，応答モデルを

$$
p_m = \frac{1}{1 + T_p s}p_{com}, \quad r_m = \frac{1}{1 + T_r s}r_{com}
$$

(6.2-32)

とおくと，(6.2-31) 式のフィードバックは次のように表される．

$$
\begin{cases}
\begin{aligned}
\delta a = {} & G_{1\beta}\beta + (G_{1p} + G_{1Kp}K_p)p + (G_{1r} + G_{1Kr}K_r)r \\
& - G_{1Kp}K_p\frac{1 + (1/K_p)s}{1 + T_p s}p_{com} - G_{1Kr}K_r\frac{1 + (1/K_r)s}{1 + T_r s}r_{com} \\
\delta r = {} & G_{2\beta}\beta + (G_{2p} + G_{2Kp}K_p)p + (G_{2r} + G_{2Kr}K_r)r \\
& - G_{2Kp}K_p\frac{1 + (1/K_p)s}{1 + T_p s}p_{com} - G_{2Kr}K_r\frac{1 + (1/K_r)s}{1 + T_r s}r_{com}
\end{aligned}
\end{cases}
$$

(6.2-33)

[例題 6.2-1]　(6.2-33) 式で表される横・方向系 DI 制御則を舵面アクチュエータも含めてブロック図を描け．

■解答■　(6.2-33) 式の制御則に舵面アクチュエータも含めて描くと図 6.12 を得る．

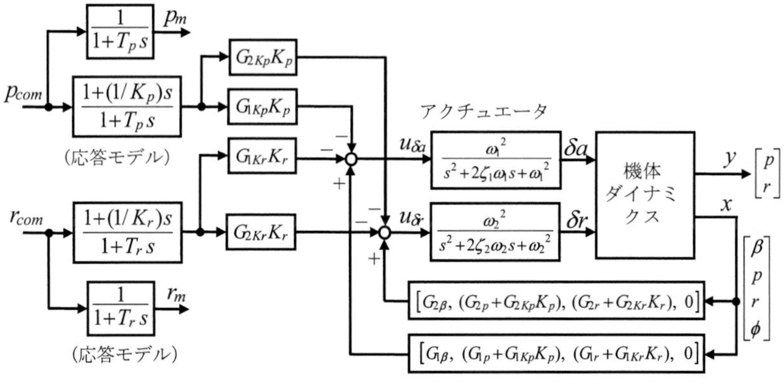

図 6.12　横・方向系の DI 制御則の詳細ブロック図

[例題 6.2-2]　例題 3.3-1 の大型民間旅客機のデータを用いて，例題 6.2-1 のダイナミックインバージョン制御則の各ゲインを求めよ．ただし，ゲインは $K_p = 1.5$，$K_r = 0.75$ とする．

■解答■　各ゲインは (6.2-29) 式および (6.2-30) 式で与えられるから次のように得られる．
＜エルロンへのゲイン＞

$$G_{1\beta} = -\frac{N'_{\delta r}L'_\beta - L'_{\delta r}N'_\beta}{L'_{\delta a}N'_{\delta r} - N'_{\delta a}L'_{\delta r}} = -\frac{-0.250 \times (-1.580) - 0.0347 \times 0.315}{(-0.333) \times (-0.250) - (-0.0209) \times 0.0347}$$

$$= -\frac{0.3950 - 0.01093}{0.08325 + 0.00073} = -\frac{0.3841}{0.08398} = -4.57$$

$$G_{1p} = -\frac{N'_{\delta r}L'_p - L'_{\delta r}N'_p}{L'_{\delta a}N'_{\delta r} - N'_{\delta a}L'_{\delta r}} = -\frac{-0.250 \times (-1.124) - 0.0347 \times (-0.1172)}{0.08398}$$

$$= -\frac{0.2810 + 0.00407}{0.08398} = -3.39$$

$$G_{1r} = -\frac{N'_{\delta r}L'_r - L'_{\delta r}N'_r}{L'_{\delta a}N'_{\delta r} - N'_{\delta a}L'_{\delta r}} = -\frac{-0.250 \times 0.237 - 0.0347 \times (-0.233)}{0.08398}$$

$$= -\frac{-0.05925 + 0.00809}{0.08398} = 0.609$$

$$G_{1Kp} = -\frac{N'_{\delta r}}{L'_{\delta a}N'_{\delta r} - N'_{\delta a}L'_{\delta r}} = -\frac{-0.250}{0.08398} = 2.98$$

$$G_{1Kr} = \frac{L'_{\delta r}}{L'_{\delta a}N'_{\delta r} - N'_{\delta a}L'_{\delta r}} = \frac{0.0347}{0.08398} = 0.413$$

いま，$K_p = 1.5$，$K_r = 0.75$ とすると

$$G_{1Kp}K_p = 4.47, \quad G_{1p} + G_{1Kp}K_p = -3.39 + 4.47 = 1.08$$

$$G_{1Kr}K_r = 0.310, \quad G_{1r} + G_{1Kr}K_r = 0.609 + 0.310 = 0.919$$

＜ラダーへのゲイン＞

$$G_{2\beta} = -\frac{L'_{\delta a}N'_\beta - N'_{\delta a}L'_\beta}{L'_{\delta a}N'_{\delta r} - N'_{\delta a}L'_{\delta r}} = -\frac{-0.333 \times 0.315 - (-0.0209) \times (-1.580)}{0.08398}$$

$$= -\frac{-0.10490 - 0.03302}{0.08398} = 1.642$$

$$G_{2p} = -\frac{L'_{\delta a}N'_p - N'_{\delta a}L'_p}{L'_{\delta a}N'_{\delta r} - N'_{\delta a}L'_{\delta r}} - \frac{-0.333 \times (-0.1172) - (-0.0209) \times (-1.124)}{0.08398}$$

$$= -\frac{0.03903 - 0.02349}{0.08398} = -0.1850$$

$$G_{2r} = -\frac{L'_{\delta a}N'_r - N'_{\delta a}L'_r}{L'_{\delta a}N'_{\delta r} - N'_{\delta a}L'_{\delta r}} - \frac{-0.333 \times (-0.233) - (-0.0209) \times 0.237}{0.08398}$$

$$= -\frac{0.07759 + 0.00495}{0.08398} = -0.983$$

$$G_{2Kp} = \frac{N'_{\delta a}}{L'_{\delta a}N'_{\delta r} - N'_{\delta a}L'_{\delta r}} = \frac{-0.0209}{0.08398} = -0.249$$

$$G_{2Kr} = -\frac{L'_{\delta a}}{L'_{\delta a}N'_{\delta r} - N'_{\delta a}L'_{\delta r}} = \frac{-0.333}{0.08398} = 3.97$$

いま，$K_p = 1.5$，$K_r = 0.75$ とすると

$$G_{2Kp}K_p = -0.374, \quad G_{2p} + G_{2Kp}K_p = -0.1850 - 0.374 = -0.559$$

$$G_{2Kr}K_r = 2.975, \quad G_{2r} + G_{2Kr}K_r = -0.983 + 2.975 = 1.995$$

6.2 ■ 横・方向系のダイナミックインバージョン制御則

[**例題 6.2-3**] 例題 6.2-2 で求めた DI 制御則の各ゲイン (165 kt) を用いて，図 6.12 の
ブロック図の p_m 操舵応答をシミュレーションにより求めよ．また，根軌跡により制
御系の構造を考察せよ．

■**解答**■ 例題 6.2-2 で求めたゲインを用いて，図 6.12 の DI 制御則の p_m 操舵応答を求めた
ものを図 6.13(a) および (b) に示す．ただし，応答モデルの時定数は 0.5 秒とした．図 6.13(a)
は操舵量が $p_m = 2$ [deg/s] の場合であるが，ロール角速度 p が応答モデル p_m によく追従し
ている．

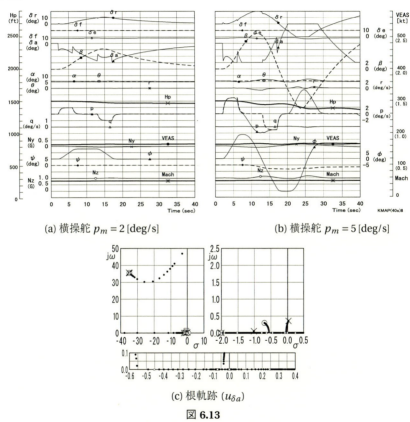

(a) 横操舵 $p_m = 2$ [deg/s]   (b) 横操舵 $p_m = 5$ [deg/s]

(c) 根軌跡 $(u_{\delta a})$

図 6.13

ここで特徴的なのは，横滑り角 β が発生しているのにラダーはむしろ横滑り角が減らない
ように働いている．通常機体に横滑りが発生した場合，機体固有の方向安定性により横滑り角
は小さくなるが，DI 制御則は方向安定性の性質をフィードバックにより抑えていることがわ
かる．$u_{\delta a}$ ラインでゲインを変化させた場合の根軌跡を図 6.13(c) に示す．一巡伝達関数の極
は，アクチュエータ極を含めて 6 個，零点は複素零点と $s = 0.6$ の実根の計 3 個で，極・零点
の次数差は 3 である．図中の小さな ○ 印がノミナルゲインを表すが，$s = 0$ に極が移動してい

るものの舵角が制限内にある限り安定であることがわかる．

なお，応答モデル p_m に対するロール角速度 p の閉ループの特性は，アクチュエータの極と $s = -2$ の極以外の極は零点でキャンセルされて，図 6.13(a) に示したようにモデルと同じ応答特性が実現される．

次に，操舵量を $p_m = 5\,[\text{deg/s}]$ に増やした場合を例題図 6.13(b) に示す．途中でエルロン舵角が制限一杯となり，モデル応答に追従できなくなっている．この後は横滑り角が発散傾向となり，上反角効果をエルロンでキャンセルできなくなる．

その結果，ロール角速度が大きく発生し機体は操縦不能に陥っている．すなわち，舵角に余裕がある範囲においては良好な特性を示す DI 制御則は，舵角の範囲を超えた場合には特性が急激に悪化することがわかる．

[例題 6.2-4] 例題 6.2-2 で求めた DI 制御則の各ゲインを用いて，図 6.12 のブロック図の r_m 操舵応答をシミュレーションにより求めよ．

■解答■ 例題 6.2-2 で求めたゲインを用いて，図 6.12 の DI 制御則の r_m 操舵応答を求めたものを図 6.14 に示す．ただし，応答モデルの時定数は 0.5 秒とした．

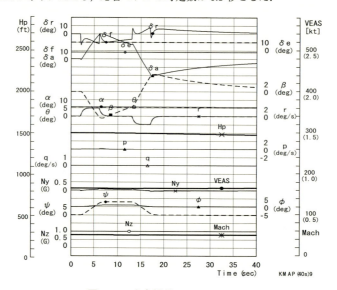

図 6.14 方向操舵 ($r_m = 2\,[\text{deg/s}]$)

モデル r_m にヨー角速度 r がよく追従していることがわかる．また，横滑り角 β が発生しているが，エルロンで上反角効果がキャンセルされてバンク角 ϕ の発生が抑えられ，いわゆる平面旋回運動が実現されている．ただし，後述する横滑り角を抑える回路によりこの応答性は影響を受ける．

(3) 横・方向系 DI 制御則の特徴

さて，図 6.12 の DI 制御則は，例題 6.2-3 でみたようにそのままでは大きな操舵に対して特性が急激に悪化するため，何らかの工夫が必要である．DI 制御則は横滑り発生に伴う機体の上反角効果によるロール力をフィードバックでキャンセルするため，DI 制御則を大きな操舵にも対応できるようにするには，横滑り角が大きくならないような機能を追加する必要がある．

この DI 制御則は，もともとロール角速度とヨー角速度をモデル応答に追従するように設計された制御系であり，横滑り角の発生を積極的に抑える機能は有していない．

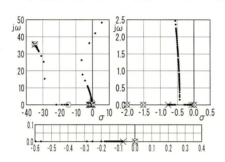

図 6.15　$\delta r = -4\beta$ 追加 (β ライン根軌跡)

そこで，この欠点を改善するために，横滑り角を積極的に抑える機能を追加する．ここでは，まず横滑り角 β の値にゲインを掛けてラダー δr にフィードバックして，直接的に横滑り角を減らすことを考える．図 6.15 は β 追加ラインでゲインを変化させた場合の根軌跡である．$s = 0$ の極が若干右に移動するが，β をラダーにフィードバックする機能を追加しても制御系の安定性は良好であることがわかる．ここで，図中の小さな○印がノミナルゲインを表す．図 6.15 に対応する応答シミュレーション結果を図 6.16 に示す．図 6.13(b) と比較して，横滑り角 β が小さく抑えられており，またロール角速度 p の応答も良好である．

次に，これまで機体軸まわりのロール特性を検討してきたが，迎角 α がある場合に機体軸でロールすると横滑り角が生じる．なるべく横滑り角を小さくするするため，ロール角速度コマンド p_m と同時にヨー角速度コマンド $r_m = p_m \alpha / 57.3$ を与えた場合のロール応答，いわゆる安定軸ロールの応答を図 6.17 に示す．ロール角速度が小さいので影響は小さい．

このように，DI 制御則に β フィードバックと安定軸ロールの機能を追加すると，横滑りの発生を小さく抑えられ，しかもロール応答特性も良好である．なお，図 6.17 で得

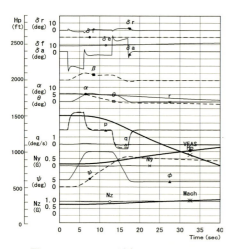
図 6.16　$\delta r = -4\beta$ 追加 ($p_m = 5$ [deg/s])

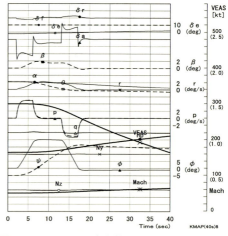
図 6.17　$\delta r = -4\beta$, 安定軸ロール ($p_m = 5$ [deg/s])

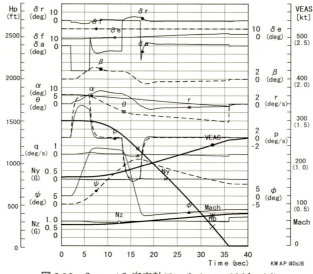
図 6.18　$\delta r = -4\beta$, 安定軸ロール ($p_m = 10$ [deg/s])

られた良好な特性は，エルロン舵角が制限内で作動しているためという可能性もある．そこで，さらに大きな操舵 ($p_m = 10$ deg/s) を行った場合を図 6.18 に示す．エルロンが制限にかかっていても，横滑り角はラダーにより小さく抑えられており，またロール運動もパイロットの意図する方向に実現されていることが確認できる．

　図 6.19 は，機体のみの場合に横ガスト 20 kt を 2 秒間を与えたときの応答である．機体固有の上反角効果によってロール運動が生じている．これに対して，DI 制御則の場合

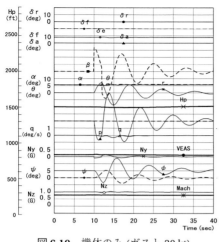
図 6.19　機体のみ (ガスト 20 kt)

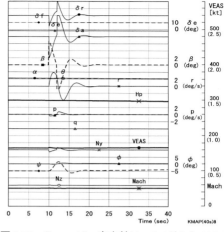
図 6.20　$\delta r = -4\beta$，安定軸ロール (ガスト 20 kt)

は図 6.20 に示すように，ロール運動はわずかしか発生しない．なお，ヨー運動は DI 制御則に横滑り角を抑える機能をラダー系に追加したことによりヨー運動が発生している．

　DI 制御則を用いる場合，縦系と同様に，横・方向系においても系の安定性に注意する必要がある．図 6.13(c) に示した $u_{\delta a}$ ラインの根軌跡では，ノミナルゲインにおいて $s=0$ に生じた極は，ゲインを上げていくと実軸右側に移動して不安定となる．したがって，ここで述べた DI 制御則については，系の安定性改善対策が必要であるが，ここでは省略する．

6.3　非線形運動式に対するダイナミックインバージョン

　ダイナミックインバージョン法は，非線形の運動式を状態量のフィードバックにより線形化できることが利点の 1 つであるといわれている．ここでは，縦系の運動を例としてその方法を述べる．いま，非線形運動式として次の形を仮定する．

$$\dot{x} = f(x) + g(x)u_a \quad \text{[非線形運動式]} \tag{6.3-1}$$

ここで，コントロール u_a はアクチュエータコマンドである．縦系の具体例として 1.4 節および 1.8 節から次式を考える．

202　第6章 ■ ダイナミックインバージョン法

$$
\begin{cases}
\dot{V} = -V\dfrac{q}{57.3}\cdot\dfrac{\alpha}{57.3} - g\sin\theta + \dfrac{T}{m} + \dfrac{\rho V^2 S}{2m}C_x \\[2mm]
\dot{\alpha} = q + \dfrac{57.3g\cos\theta}{V} + \dfrac{57.3\rho V S}{2m}C_z \\[2mm]
\dot{q} = \dfrac{57.3\rho V^2 S\overline{c}}{2I_y}C_m, \quad \dot{\theta} = q
\end{cases}
\tag{6.3-2}
$$

$$
\begin{cases}
C_x = C_L(\alpha)\sin\alpha - C_D(\alpha)\cos\alpha + C_{L\delta e}\delta e\sin\alpha \\[2mm]
C_z = -C_L(\alpha)\cos\alpha - C_D(\alpha)\sin\alpha - C_{L\delta e}\delta e\cos\alpha \\[2mm]
C_m = C_m(\alpha) + \dfrac{\overline{c}}{2V}\left(C_{m_q}\dfrac{q}{57.3} + C_{m_{\dot{\alpha}}}\dfrac{\dot{\alpha}}{57.3}\right) + C_{m_{\delta e}}\delta e
\end{cases}
\tag{6.3-3}
$$

$$
\alpha = 57.3\tan^{-1}\dfrac{w}{u}, \quad \dot{\alpha} = 57.3\dfrac{\dot{w}u - w\dot{u}}{u^2 + w^2}, \quad V = \sqrt{u^2 + w^2}
\tag{6.3-4}
$$

$$
x^T = \begin{bmatrix} V & \alpha & q & \theta \end{bmatrix}, \quad u_a = \delta e
\tag{6.3-5}
$$

このとき，ベクトル $f(x)$ および $g(x)$ は次式で表される．

$$
f(x) = \begin{bmatrix}
-V\dfrac{q}{57.3}\cdot\dfrac{\alpha}{57.3} - g\sin\theta + \dfrac{T}{m} + \dfrac{\rho V^2 S}{2m}\{C_L(\alpha)\sin\alpha - C_D(\alpha)\cos\alpha\} \\[3mm]
q + \dfrac{57.3g\cos\theta}{V} - \dfrac{57.3\rho V S}{2m}\{C_L(\alpha)\cos\alpha + C_D(\alpha)\sin\alpha\} \\[3mm]
\dfrac{57.3\rho V^2 S\overline{c}}{2I_y}\left\{C_m(\alpha) + \dfrac{\overline{c}}{2V}\left(C_{m_q}\dfrac{q}{57.3} + C_{m_{\dot{\alpha}}}\dfrac{\dot{\alpha}}{57.3}\right)\right\} \\[3mm]
q
\end{bmatrix}
\tag{6.3-6}
$$

$$
g(x) = \begin{bmatrix}
\dfrac{\rho V^2 S}{2m}C_{L\delta e}\sin\alpha \\[3mm]
-\dfrac{57.3\rho V S}{2m}C_{L\delta e}\cos\alpha \\[3mm]
\dfrac{57.3\rho V^2 S\overline{c}}{2I_y}C_{m_{\delta e}} \\[3mm]
0
\end{bmatrix}
\tag{6.3-7}
$$

ここでは，次の応答 y をその応答モデル y_m に一致させることを考える．

$$
y = \theta, \quad y_m = \theta_m
\tag{6.3-8}
$$

さて，y を実現するためのコントロール u_a を求めるため，y を微分していき u_a を含む関係式を求める．y を微分すると

$$
\dot{y} = \dot{\theta} = q
\tag{6.3-9}
$$

であるから，次式を定義し，さらに微分する．

$$
\dot{y} = h(x) = q
\tag{6.3-10}
$$

$$
\ddot{y} = \dot{q} = \dfrac{\partial h}{\partial V}\dot{V} + \dfrac{\partial h}{\partial\alpha}\dot{\alpha} + \dfrac{\partial h}{\partial q}\dot{q} + \dfrac{\partial h}{\partial\theta}\dot{\theta} + \dfrac{\partial h}{\partial\delta e}\dot{\delta e} = \dfrac{\partial h}{\partial x}\dot{x}
$$

6.3 ■ 非線形運動式に対するダイナミックインバージョン　203

$$= \frac{\partial h}{\partial x} f(x) + \frac{\partial h}{\partial x} g(x) u_a \equiv F(x) + G(x) u_a \tag{6.3-11}$$

ここで,

$$\frac{\partial h}{\partial x} = \left(\frac{\partial h}{\partial V} \ \frac{\partial h}{\partial \alpha} \ \frac{\partial h}{\partial q} \ \frac{\partial h}{\partial \theta} \right) = (0 \ 0 \ 1 \ 0) \tag{6.3-12}$$

であるから, (6.3-6) 式, (6.3-7) 式を用いると, (6.3-11) 式から

$$F(x) = \frac{\partial h}{\partial x} f(x) = \frac{57.3 \rho V^2 S \bar{c}}{2 I_y} \left\{ C_m(\alpha) + \frac{\bar{c}}{2V} \left(C_{m_q} \frac{q}{57.3} + C_{m_{\dot{\alpha}}} \frac{\dot{\alpha}}{57.3} \right) \right\} \tag{6.3-13}$$

$$G(x) = \frac{\partial h}{\partial x} g(x) = \frac{57.3 \rho V^2 S \bar{c}}{2 I_y} C_{m_{\delta e}} \tag{6.3-14}$$

となるので, (6.3-11) 式からコントロール u_a が次のように与えられる.

$$u_a = G^{-1}(x) \left\{ \dot{q} - F(x) \right\} \tag{6.3-15}$$

いま, (6.3-15) 式の制御を行った場合, (6.3-11) 式から機体は次のような運動をする.

$$\dot{q} = F(x) + G(x) u_a = F(x) + G(x) G^{-1}(x) \left\{ \dot{q} - F(x) \right\} = \dot{q} \tag{6.3-16}$$

この式は, (6.3-15) 式の制御により, 機体の $\dot{q}$ 応答が (6.3-15) 式のフィードバック変数の中の $\dot{q}$ 変数に等しくなることを示している. そこで, (6.3-15) 式のフィードバック変数の中の $\dot{q}$ を $\dot{q}_m$ に置き換えた次式のフィードバックを考える.

$$u_a = G^{-1}(x) \left\{ \dot{q}_m - F(x) \right\} \tag{6.3-17}$$

このとき, (6.3-16) 式と同様に計算すると, 機体は次のような運動をする.

$$\dot{q} = \dot{q}_m \tag{6.3-18}$$

このフィードバック制御則は線形の場合のダイナミックインバージョンの節で述べたと同様に, 次のような特性を有している制御系である. 例えば迎角が増加した場合, 通常であれば機体に静安定があるため機体には頭下げモーメントが生じて迎角を減ずる運動を生じるが, この制御系ではその静安定効果をなくすようにフィードバックが舵角を動かし, 結果として機体は迎角が増加したままで頭下げ運動が生じない. この制御系は, (6.3-18) 式からわかるように, 応答モデル $\dot{q}_m$ と同じ運動が生じるように制御されることがわかる.

　(6.3-18) 式の結果は, 機体のダイナミクスが正確に得られたと仮定した場合である. そこで実際にはモデル $\dot{y}_m = q_m$ と機体応答 $\dot{y} = q$ に差 e が生じるため, その差にゲイン K を掛けた補正項を (6.3-17) 式に加えた次のフィードバックを考える.

$$u_a = G^{-1}(x) \{ \dot{q}_m + K e - F(x) \} = G^{-1}(x) \{ \dot{q}_m + K(q_m - q) - F(x) \} \tag{6.3-19}$$

$$e = \dot{y}_m - \dot{y} = q_m - q \tag{6.1-20}$$

いま，実際とは異なる成分を Δ とすると，このフィードバックにより機体は次のような運動をする．

$$\dot{q} = F(x) + G(x)u_a + \Delta = F(x) + G(x)G^{-1}(x)\{\dot{q}_m + K(q_m - q) - F(x)\} + \Delta$$
$$= \dot{q}_m + K(q_m - q) + \Delta \qquad (6.3\text{-}21)$$

この式を変形すると次式が得られる．

$$(q - q_m)(s + K) = \Delta, \quad \therefore \dot{q} = \dot{q}_m + \Delta \frac{s/K}{1 + s/K} \qquad (6.3\text{-}22)$$

この式の右辺第 2 項はハイパスフィルタの形になっている．したがって，変化分 Δ があっても定常値は 0 となり，制御系からコマンドされた応答モデル $\dot{q}_m$ と同じ運動のみが残るように制御されることがわかる．

さて，次のような補助変数 v を導入する．

$$v = -\dot{e} = \dot{q} - \dot{q}_m = F(x) + G(x)u_a - \dot{q}_m \qquad (6.3\text{-}23)$$

$$\therefore u_a = G^{-1}(x)\{\dot{q}_m + v - F(x)\} \qquad (6.3\text{-}24)$$

この式と (6.3-19) 式と等しくおくと次のようになる．

$$u_a = G^{-1}(x)\{\dot{q}_m + v - F(x)\} = G^{-1}(x)\{\dot{q}_m + Ke - F(x)\} \qquad (6.3\text{-}25)$$

これから

$$v = Ke, \quad \therefore \dot{e} = -Ke \qquad (6.3\text{-}26)$$

の関係式が得られる．このとき，ダイナミックインバージョン制御則をブロック図で表すと図 6.21 のようになる．この図の制御則で，アウターループを除いた状態における v に対する q の応答，すなわちインナーループのみの場合について考えると，(6.3-11) 式および (6.3-24) 式から

$$\dot{q} = F(x) + G(x)G^{-1}(x)\{\dot{q}_m + v - F(x)\} = \dot{q}_m + v \qquad (6.3\text{-}27)$$

$$\therefore q = q_m + \frac{1}{s}v \qquad (6.3\text{-}28)$$

となる．すなわち，v に対する q の応答は原点に 1 つの極のみという非常に簡単な線形システムに変換されたことがわかる．ただし，これを実現するためには，(6.3-13) 式および (6.3-14) 式の $F(x)$ および $G(x)$ の非線形関数を正確に得ることが必要である．

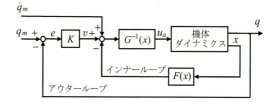

図 **6.21** 非線形 DI 制御則

6.4 ■ 本章のまとめ ✈

　本章では，飛行制御則の設計方法として注目されている DI 法について，実際に縦系および横・方向系の制御則を設計して，その制御構造と特徴について述べた．ここで設計した制御則は，目的の制御変数をモデル応答に追従させるものである．DI 法の特徴は，状態フィードバック (全ての状態変数をフィードバックする方式) により，入力に対する制御変数の応答が $s = 0$ に極を持つ，簡単な伝達関数になることである．したがって，応答モデル部に，$s = 0$ の零点と望ましい応答特性の極を作ることによって，制御変数を完全にモデル応答に一致させることができる．

　しかし，ここで求めた DI 制御則は，目的の制御変数の応答特性のみに注目しているため，制御系全体としての安定性や目的制御変数以外の状態変数についても，各種の飛行条件で問題が生じないように詳細な検討が必要である．

＞＞演習問題 6 ＜＜

6.1　ダイナミックインバージョン法とはどのような手法であるかを簡単に説明せよ．

6.2　ピッチ角速度 q に関する次の運動方程式

$$\dot{q} = M'_u u + M'_\alpha \alpha + M'_q q + M'_\theta \theta + M'_{\delta e} \delta e$$

　で飛行している機体に，次式

$$u_a = \frac{1}{M'_{\delta e}} (\ddot{\theta}_m - M'_u u - M'_\alpha \alpha - M'_q q - M'_\theta \theta + \Delta)$$

　で表される制御則によりエレベータ δe にフィードバックすると，機体はどのような運動をするか説明せよ．ここで，Δ はこの制御則が機体の空力係数を正確に見積もれなかった場合の誤差である．なお，アクチュエータのダイナミクスは無視して良い．

6.3　問 6.2 のフィードバックを行った機体に，さらに $u_a = v/M'_{\delta e}$ なる入力を加えた場合，v に対する機体状態量 θ の応答式を導け．

6.4　問 6.3 で検討した入力 v に対する機体状態量 θ の応答式において，入力を $v = K_q(\dot{\theta}_m - q)$ とした場合，$\dot{\theta}_m$ に対する機体状態量 q の応答式を導け．

6.5　ダイナミックインバージョン制御則において注意しなければならない事項を述べよ．

第7章

縦と横・方向の連成運動

　航空機の通常の運動を考える場合，縦系と横・方向系で分離して考えても良い近似を与える．ところが特に迎角が大きいときにロール運動を行うと，縦と横・方向の運動が連成して大きな影響を受けることが知られている．本章ではこの連成運動について線形化して安定性解析する方法を述べた後，6自由度の非線形運動シミュレーションを実施して連成運動の特徴について述べる．

7.1 ■ 連成運動の安定解析

　(1.4-1)式の6自由度運動方程式において，$V \fallingdotseq u$, $\cos\theta \fallingdotseq 1$, $i_T \fallingdotseq 0$ とし，また重力項も省略すると次式が得られる．

$$\frac{\dot{v}}{V} = -\frac{r}{57.3} + \frac{p}{57.3}\cdot\frac{w}{V} + \frac{\rho V S}{2m}C_y, \qquad \frac{\dot{w}}{V} = \frac{q}{57.3} - \frac{p}{57.3}\cdot\frac{v}{V} + \frac{\rho V S}{2m}C_z \tag{7.1-1}$$

ここで，

$$\alpha \fallingdotseq 57.3\frac{w}{V}, \quad \beta \fallingdotseq 57.3\frac{v}{V} \tag{7.1-2}$$

とおき，2.2節および3.2節の有次元空力安定微係数を用いると，y軸およびz軸方向の力の運動方程式が次のように得られる．

$$\dot{\beta} = -r + \frac{p\alpha}{57.3} + \overline{Y}_\beta\beta + \overline{Y}_{\delta r}\delta r, \qquad \dot{\alpha} = q - \frac{p\beta}{57.3} + \overline{Z}_\alpha\alpha + \overline{Z}_{\delta e}\delta e \tag{7.1-3}$$

　次に，モーメントの運動方程式について考える．1.4節のx軸，y軸，z軸まわりのモーメントL, M, Nにおいて，慣性連成項(qr, pq等)の中で影響の小さい次の慣性乗積I_{xz}の項とqrの項

$$I_{xz}\frac{pq}{57.3}, \quad I_{xz}\frac{r^2-p^2}{57.3}, \quad I_{xz}\frac{qr}{57.3}, \quad (I_y-I_z)\cdot\frac{qr}{57.3} \tag{7.1-4}$$

を省略し，またエンジンの慣性モーメント項も省略する．空力係数項を有次元空力安定

7.1 ■ 連成運動の安定解析　　207

微係数を用いて表すと，モーメントの運動方程式が次のように得られる．

$$\begin{cases} \dot{p} = \qquad\qquad L'_\beta \beta + L'_p p + L'_r r + L'_{\delta a}\delta a + L'_{\delta r}\delta r \\[2mm] \dot{q} = \dfrac{I_z - I_x}{I_y}\cdot\dfrac{pr}{57.3} \quad + M'_\alpha \alpha + M'_q q + M'_{\delta e}\delta e \\[2mm] \dot{r} = -\dfrac{I_y - I_x}{I_z}\cdot\dfrac{pq}{57.3} \quad + N'_\beta \beta + N'_p p + N'_r r + N'_{\delta a}\delta a + N'_{\delta r}\delta r \end{cases}$$

(7.1-5)

これらの縦と横・方向の連成運動式をまとめると次のようになる．

[縦の運動方程式]

$$\begin{cases} \dot{\alpha} = q - \dfrac{p\beta}{57.3} \qquad + \overline{Z}_\alpha \alpha + \overline{Z}_{\delta e}\delta e \\[2mm] \dot{q} = \dfrac{I_z - I_x}{I_y}\cdot\dfrac{pr}{57.3} + M'_\alpha \alpha + M'_q q + M'_{\delta e}\delta e \end{cases}$$

(7.1-6)

[横・方向の運動方程式]

$$\begin{cases} \dot{\beta} = -r + \dfrac{p\alpha}{57.3} + \overline{Y}_\beta \beta + \overline{Y}_{\delta r}\delta r \\[2mm] \dot{p} = \qquad\qquad L'_\beta \beta + L'_p p + L'_r r + L'_{\delta a}\delta a + L'_{\delta r}\delta r \\[2mm] \dot{r} = -\dfrac{I_y - I_x}{I_z}\cdot\dfrac{pq}{57.3} \quad + N'_\beta \beta + N'_p p + N'_r r + N'_{\delta a}\delta a + N'_{\delta r}\delta r \end{cases}$$

(7.1-7)

　(7.1-6) 式および (7.1-7) 式から，縦と横・方向の連成運動は，ロール角速度 p により生じることがわかる．いま，(7.1-7) 式のロール角速度を $p = p_0$ 一定と仮定すると，次の線形微分方程式が得られる．

$$\begin{bmatrix} \dot{\alpha} \\ \dot{\beta} \\ \dot{q} \\ \dot{r} \end{bmatrix} = \begin{bmatrix} \overline{Z}_\alpha & -\dfrac{p_0}{57.3} & 1 & 0 \\[2mm] \dfrac{p_0}{57.3} & \overline{Y}_\beta & 0 & -1 \\[2mm] M'_\alpha & 0 & M'_q & \dfrac{J_1 p_0}{57.3} \\[2mm] 0 & N'_\beta & -\dfrac{J_2 p_0}{57.3} & N'_r \end{bmatrix} \begin{bmatrix} \alpha \\ \beta \\ q \\ r \end{bmatrix} + \begin{bmatrix} \overline{Z}_{\delta e} & 0 & 0 \\ 0 & 0 & \overline{Y}_{\delta r} \\ M'_{\delta e} & 0 & 0 \\ 0 & N'_{\delta a} & N'_{\delta r} \end{bmatrix} \begin{bmatrix} \delta e \\ \delta a \\ \delta r \end{bmatrix}$$

(7.1-8)

ただし，

$$J_1 = \frac{I_z - I_x}{I_y}, \quad J_2 = \frac{I_y - I_x}{I_z}$$

(7.1-9)

である．(7.1-8) 式をラプラス変換すると次の連立 1 次方程式が得られる．

$$\begin{bmatrix} s-\overline{Z}_\alpha & \dfrac{p_0}{57.3} & -1 & 0 \\ -\dfrac{p_0}{57.3} & s-\overline{Y}_\beta & 0 & 1 \\ -M'_\alpha & 0 & s-M'_q & -\dfrac{J_1 p_0}{57.3} \\ 0 & -N'_\beta & \dfrac{J_2 p_0}{57.3} & s-N'_r \end{bmatrix} \begin{bmatrix} \alpha \\ \beta \\ q \\ r \end{bmatrix} = \begin{bmatrix} \overline{Z}_{\delta e} & 0 & 0 \\ 0 & 0 & \overline{Y}_{\delta r} \\ M'_{\delta e} & 0 & 0 \\ 0 & N'_{\delta a} & N'_{\delta r} \end{bmatrix} \begin{bmatrix} \delta e \\ \delta a \\ \delta r \end{bmatrix} \quad (7.1\text{-}10)$$

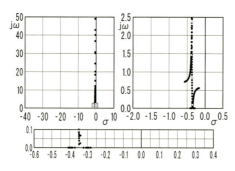

図 7.1　連成運動の根軌跡

　この式の特性方程式から，ロール角速度 $p = p_0$ 一定の場合に，縦と横・方向の連成運動が安定であるかどうかを解析することができる．図 7.1 は，例題 2.3-1 および例題 3.3-1 のデータを用いて，p_0 の値を変化させて (7.1-10) 式の特性方程式の根軌跡をプロットしたものである．特性方程式は 4 次であり，$p_0 = 0$ で 2 つの振動根となる．p_0 を増していくと 1 つの振動根は上方へ，もう 1 つは下側に移動する．下側の根は実軸に入り込むが，再び振動根となり上方に移動していく．このケースでは連成運動は安定であることがわかる．

7.2 ■ 連成運動のシミュレーション例

　縦と横・方向の連成運動の例を図 7.2 に示す．これは，6 自由度非線形運動方程式によるシミュレーション結果である．連成運動は次のような現象である．

1. ある正の迎角 α において，右まわりのロール角速度 p を生じると，$p\alpha$ の項により横滑り角の変化率 $\dot{\beta}$ が正となり，正の横滑り角 β が生じる．
2. 正の横滑り角 β が生じると，$-p\beta$ の項により迎角変化率 $\dot{\alpha}$ が負となり，迎角 α が減少する．一方，$L'_\beta \beta$ の項が負のロール角速度の変化率 $\dot{p}$ を与えるため，当

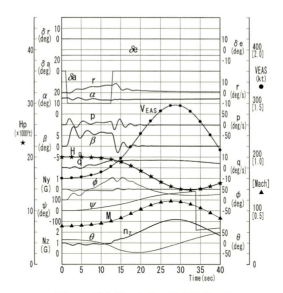

図7.2 縦と横・方向の連成運動の例

初右まわりのロール角速度 p が戻されることになる (スムーズなロールが実現されなくなる).

3. 迎角 α が減少すると, $M'_\alpha \alpha$ の項によりピッチ角速度の変化率 $\dot{q}$ が正 (ただし縦安定のある機体の場合) となり, ピッチ角速度 q が正となる. これにより減少した迎角 α は回復する. 迎角 α が回復すると, これによるピッチ角速度 q の変化はなくなる.

4. ピッチ角速度 q が正となっている時は, $-pq$ の項によりヨー角速度の変化率 $\dot{r}$ が負となり, 負のヨー角速度 r が生じるが, 一方, 正の横滑り角 β が生じているため, $N'_\beta \beta$ の項が正のヨー角速度の変化率 $\dot{r}$ を与える. 結局, 横滑り角 β がなくなるまではヨー角速度 r は正の値となる.

5. ヨー角速度 r は正の値となると, pr の項によりピッチ角速度の変化率 $\dot{q}$ が正となり, ピッチ角速度 q が正となる.

この例のように, 迎角が大きい状態でロールすると横滑り角を生じて, 縦系と横・方向系の連成運動が誘起され, スムーズなロール運動を阻害する. したがって, ロールする際にはラダーを適切に使って横滑りしないようにする必要がある.

7.3 ■ 本章のまとめ

前章までは，縦系のみの運動と横・方向系のみの運動に分離して，それぞれ設計解析用の微小擾乱運動方程式を導き，縦系の飛行制御則および横・方向系の飛行制御則を設計して考察した．それぞれ独立して設計された飛行制御則であるが，実際の飛行においては，縦の運動と横・方向の運動は同時に生じる．同時に運動が生じても，通常は特に問題とはならないが，迎角が大きい状態でロール運動を行うと，縦と横・方向の運動が連成して互いに影響を受ける．

本章では，この連成運動がロール角速度によって生じることを示し，ロール角速度一定という仮定で縦系と横・方向系の運動方程式を線形化して，安定解析を行う方法について述べた．また，実際に6自由度の非線形運動シミュレーションを実施して，縦と横・方向の運動が連成する様子について述べた．

>>演習問題7<<

7.1 迎角 α が大きい場合には y 軸方向の運動方程式は 3.1 節から

$$\dot{\beta} = -r\cos\alpha + p\sin\alpha + \frac{57.3g}{V}\cos\theta\sin\phi + \overline{Y}_\beta\beta + \overline{Y}_{\delta r}\delta r$$

と表される．この式から，迎角が大きい場合には機体軸まわりの角速度 p および r により，横滑りを発生することがわかる．ロール時の横滑りの発生を抑えるには，図 7.3 に示すように速度 V ベクトルのまわりにロールするのが良い．その理由を説明せよ．なお，速度ベクトルまわりの角速度を**安定軸ロール角速度** p_s (stabilty axis roll rate) という．

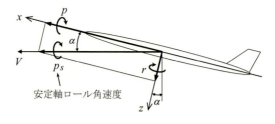

図 **7.3**

7.2 速度ベクトルのまわりに安定軸ロール角速度 p_s でロールしている場合，縦と横・方向との連成運動によって発生する機首上げピッチ角加速度が次式で表されることを証明せよ．

$$\dot{q} = \frac{I_z - I_x}{2I_y} \cdot \frac{p_s^2 \sin 2\alpha}{57.3}$$

付録　制御系解析の方法

付録では，航空機の飛行制御系の解析に必要な基礎知識についてまとめる．

A.1　ラプラス変換と伝達関数

航空機の飛行制御系を解析する場合，次のような時間領域における連立微分方程式を解く必要がある．(状態変数 2 個として説明する)

$$\begin{cases} \dot{x}_1(t) = a_{11}x_1(t) + a_{12}x_2(t) + b_1 u(t) \\ \dot{x}_2(t) = a_{21}x_1(t) + a_{22}x_2(t) + b_2 u(t) \end{cases} \quad \text{(A.1-1)}$$

ここで，簡単のため $\dot{x} = dx/dt$ と略記している．(A.1-1) 式は線形の微分方程式であるので解析的に解を得ることは可能であるが，時間領域での解を求めることは複雑である．そこで，**ラプラス変換**という手法を用いて現実の時間空間から仮想の世界 (複素数空間) であるラプラス空間に持ち込むと，連立微分方程式が単なる連立 1 次方程式に変換でき，その取り扱いが格段に容易になる (図 A.1)．時間関数 $x(t)$ のラプラス変換 $X(s)$ は次のように与えられる．

$$X(s) = \int_0^\infty x(t) e^{-st} dt \quad \text{(A.1-2)}$$

ここで，s は複素数である．(A.1-2) 式は，時間領域の関数を $t = 0 \sim \infty$ まで時間積分す

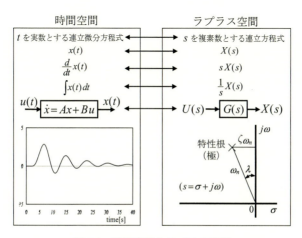

図 **A.1**　時間空間とラプラス空間

ることで時間領域での情報を凝縮し，複素数 s で表されるラプラス空間に持ち込む一種の変換演算子である．いま $x(t)$ のラプラス変換を $X(s)$ とし，$x(t)$ の初期条件を 0 と仮定すると，時間領域での微分および積分が次のように表される．

微分 $\dot{x}(t)$ のラプラス変換　　　　　$\Rightarrow$　　$sX(s)$ (A.1-3)

積分 $\int x(t)dt$ のラプラス変換　　　$\Rightarrow$　　$\dfrac{1}{s}X(s)$ (A.1-4)

すなわち，時間領域における微分はラプラス空間では単に複素数 s を掛ける，また積分の場合は s で割る，という非常に簡単な結果が得られる．したがって，(A.1-3) 式の結果を用いて (A.1-1) 式の連立微分方程式をラプラス変換すると，次のような単純な連立 1 次方程式が得られる．

$$\begin{cases} sX_1(s) = a_{11}X_1(s) + a_{12}X_2(s) + b_1U(s) \\ sX_2(s) = a_{21}X_1(s) + a_{22}X_2(s) + b_2U(s) \end{cases}$$ (A.1-5)

ただし，$U(s)$ は $u(t)$ のラプラス変換である．この式を変形して行列で表すと

$$\begin{bmatrix} s - a_{11} & -a_{12} \\ -a_{21} & s - a_{22} \end{bmatrix} \begin{bmatrix} X_1(s) \\ X_2(s) \end{bmatrix} = \begin{bmatrix} b_1 \\ b_2 \end{bmatrix} U(s)$$ (A.1-6)

となる．この式は連立 1 次方程式であるから，$X_1/U(s)$ および $X_2/U(s)$ が簡単に次のように得られる．

$$\frac{X_1(s)}{U(s)} = G_1(s) = \frac{\begin{vmatrix} b_1 & -a_{12} \\ b_2 & s - a_{22} \end{vmatrix}}{\begin{vmatrix} s - a_{11} & -a_{12} \\ -a_{21} & s - a_{22} \end{vmatrix}}, \quad \frac{X_2(s)}{U(s)} = G_2(s) = \frac{\begin{vmatrix} s - a_{11} & b_1 \\ -a_{21} & b_2 \end{vmatrix}}{\begin{vmatrix} s - a_{11} & -a_{12} \\ -a_{21} & s - a_{22} \end{vmatrix}}$$ (A.1-7)

この式の $G_1(s)$ および $G_2(s)$ は，入力に対する出力のラプラス変換の比であり**伝達関数**といわれる．この例でわかるように，ラプラス変換を用いると (A.1-1) 式の連立微分方程式が，(A.1-7) に示すように状態変数が複素数 s の関数である伝達関数という形で解けたことになる．

　時間領域での入力 $u(t)$ を決めるとラプラス変換した $U(s)$ が決まり，このときの状態変数 X_1 および X_2 は伝達関数に入力 U を掛けることで次のように得られる．

$$X_1(s) = G_1(s) \cdot U(s), \quad X_2(s) = G_2(s) \cdot U(s)$$ (A.1-8)

こうして求められた s の関数の状態変数 X_1 および X_2 がどのような特性であるかを知る方法としては，時間空間に逆変換して $x_1(t)$ および $x_2(t)$ を求める方法と，s の関数のまま解析する方法とがある．

　逆変換して時間応答を求める方法は，複雑な作業であり，単に時間応答のみを求めるならば連立微分方程式から直接シミュレーションを実施した方が良い．また時間応答を

眺めていてもなぜそのような特性になっているのかを理解するのは難しい.

これに対して, s の関数のまま解析する方法は, 飛行制御則の設計結果を s の関数として得ることで制御則が構成できること, また設計基準が s の関数として与えられていることから, (A.1-8) 式の s の関数のまま直接的に特性を把握するのが一般的である. 以下では, s の関数である状態変数の特性を直接解析する方法について述べる.

A.2 極と零点

s の関数として得られた関数 $F(s)$ が次式で与えられた場合を考える.

$$F(s) = \frac{Q(s)}{P(s)} = K\frac{s^m + a_1 s^{m-1} + \cdots + a_m}{s^n + b_1 s^{n-1} + \cdots + b_n} \tag{A.2-1}$$

ここで, 分母を 0 とおいた式

$$P(s) = s^n + b_1 s^{n-1} + \cdots + b_m = 0 \tag{A.2-2}$$

は**特性方程式**と呼ばれる. この特性方程式は s に関する n 次の高次方程式であるから解が n 個の s の値として得られる. この s を**特性根**または**極(ploe)** という. この極を $s = p_1, p_2, \cdots, p_n$ と書くと (A.2-2) 式は

$$P(s) = (s - p_1)(s - p_2)\cdots(s - p_n) \tag{A.2-3}$$

と表される. 一方, (A.2-1) 式の分子を 0 とおいた式

$$Q(s) = s^m + a_1 s^{m-1} + \cdots + a_m = 0 \tag{A.2-4}$$

の解は**零点 (Zero)** という. この零点を $s = q_1, q_2, \cdots, q_m$ と書くと (A.2-4) 式は

$$Q(s) = (s - q_1)(s - q_2)\cdots(s - q_m) \tag{A.2-5}$$

と表される. したがって, (A.2-3) 式および (A.2-5) 式を用いると (A.2-1) 式は次のように書くことができる.

$$F(s) = \frac{Q(s)}{P(s)} = K\frac{(s - q_1)(s - q_2)\cdots(s - q_m)}{(s - p_1)(s - p_2)\cdots(s - p_n)} \tag{A.2-6}$$

次に, 図 A.2 に示すラプラス平面を考える. これは複素数 $s = \sigma + j\omega$ を横軸 (実軸) に実数部 σ, 縦軸 (虚軸) に虚数部 $j\omega$ とした平面であり, 1 つの複素数が 1 つの点としてプロットされる. (A.2-6) 式の極および零点をラプラス平面上にプロットする場合, 図 A.2 のように極を × 印, 零点を ○ 印で表す. なお, 極および零点は一般的に複素数であるが, 虚数部が 0 であれば実数となり, ラプラス平面上の実軸上にプロットされる. また, 極および零点が複素数の場合には, 必ず $s_{k1} = \sigma_k + j\omega_k$ と $s_{k2} = \sigma_k - j\omega_k$ の一対の組み合わせとなり, 図 A.2 のラプラス平面上において実軸に関して上下対称な配置と

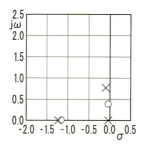

図 A.2 極・零点配置図

なる．したがって，極・零点の配置を知るためには実軸の上側のみのプロットで十分である．

A.3 極・零点と応答特性との関係

(A.2-6) 式で表された次の関数 $F(s)$ の応答特性を考える．

$$F(s) = \frac{Q(s)}{P(s)} = K\frac{(s-q_1)(s-q_2)\cdots(s-q_m)}{(s-p_1)(s-p_2)\cdots(s-p_n)} \tag{A.3-1}$$

この式を部分分数に展開すると次式のようになる．

$$F(s) = \frac{k_1}{s-p_1} + \frac{k_2}{s-p_2} + \cdots + \frac{k_n}{s-p_n} \tag{A.3-2}$$

これをラプラス逆変換すると，時間空間での $f(t)$ が次のように表される．

$$f(t) = k_1 e^{p_1 t} + k_2 e^{p_2 t} + \cdots + k_n e^{p_n t} \tag{A.3-3}$$

すなわち，応答 $f(t)$ は極 $s = p_1, p_2, \cdots, p_n$ による指数関数応答の線形和で表される．ここで，例えば p_1 と p_2 が一対の複素数

$$p_1 = \sigma_1 + j\omega_1, \quad p_2 = \sigma_1 - j\omega_1 \tag{A.3-4}$$

で，その他の極は実数と仮定する．このとき，(A.3-3) 式の係数 k_1 および k_2 は複素数で，次式で表される．

$$k_1 = re^{j\phi}, \quad k_2 = re^{-j\phi} \tag{A.3-5}$$

(A.3-4) 式および (A.3-5) 式を用いると，(A.3-3) 式右辺の第 1 項と第 2 項は次のように表される．

$$\begin{aligned}k_1 e^{p_1 t} + k_2 e^{p_2 t} &= re^{j\phi}\cdot e^{(\sigma_1+j\omega_1)t} + re^{-j\phi}\cdot e^{(\sigma_1-j\omega_1)t} \\ &= re^{\sigma_1 t}\cdot\{e^{j(\omega_1 t+\phi)} + e^{-j(\omega_1 t+\phi)}\} = 2re^{\sigma_1 t}\cdot\cos(\omega_1 t+\phi)\end{aligned} \tag{A.3-6}$$

この式を (A.3-3) 式に代入すると，$f(t)$ が次のように得られる．

$$\boxed{f(t) = 2re^{\sigma_1 t}\cdot\cos(\omega_1 t+\phi) + k_3 e^{p_3 t} + \cdots + k_n e^{p_n t}} \tag{A.3-7}$$

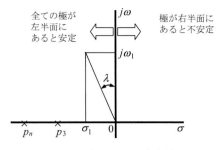

図 A.3 極の配置と安定性

ここで，$F(s)$ の極は一対の複素数 $s = \sigma_1 \pm j\omega_1$，その他は実数 $s = p_3, \cdots, p_n$ である．したがって，$f(t)$ の応答が安定であるためには，$\sigma_1, p_3, \cdots, p_n$ が全て負でなければならない．それは，σ_1 が正であると振動の振幅が増大してしまい，また，$p_3, \cdots, p_n$ が1つでも正であると指数関数的に発散してしまうからである．すわなち，(A.3-7) 式の $f(t)$ の応答が安定であるためには，(A.3-1) 式の $F(s)$ の全ての極が図 A.3 のラプラス平面の左半面内にあることが必要である．

このように，$f(t)$ の応答が安定であるかどうかは，逆変換でわざわざ $f(t)$ を求めなくても $F(s)$ の極を求めれば判断可能である．また，一対の複素数の極は1つの振動モードとなるが，その振動の振動数，減衰率，周期は複素極の配置から次のように簡単に得られる．

$$\begin{aligned}
&s = \sigma_1 \pm j\omega_1 &&:\text{複素極} \\
&\omega_n = \sqrt{\sigma_1^2 + \omega_1^2} &&:\text{固有角振動数 [rad/s]} \\
&\omega_1 = \omega_n\sqrt{1-\zeta^2} &&:\text{減衰固有角振動数 [rad/s]} \\
&\zeta = \sin\lambda = \frac{-\sigma_1/\omega_1}{\sqrt{1+(\sigma_1/\omega_1)^2}} &&:\text{減衰比} \\
&P = \frac{2\pi}{\omega_1} &&:\text{周期 [s]}
\end{aligned} \tag{A.3-8}$$

A.4 周波数特性

ラプラス変換された状態変数を $X(s)$，入力を $U(s)$，その伝達関数を $G(s)$ とすると，(A.1-8) 式から

$$X(s) = G(s) \cdot U(s) \tag{A.4-1}$$

と表される．すなわち，伝達関数に入力を掛けて状態変数を得ることができる．一方，次の関数

216 付録 制御系解析の方法

$$h(t) = \int_0^t g(t-\tau) \cdot u(\tau) d\tau \tag{A.4-2}$$

を $g(t)$ と $u(t)$ の合成積 (convolution) といい，それぞれのラプラス変換 $G(s)$ および $U(s)$ と次の関係がある．

$$L[h(t)] = L\left[\int_0^t g(t-\tau) \cdot u(\tau) d\tau\right] = G(s) \cdot U(s) \tag{A.4-3}$$

ただし，$L[\,]$ は $[\,]$ 内の関数のラプラス変換を示す．逆ラプラス変換を $L^{-1}[\,]$ で表すと

$$h(t) = L^{-1}[G(s) \cdot U(s)] = L^{-1}[X(s)] = x(t) \tag{A.4-4}$$

となる．したがって，(A.4-2) 式から $x(t)$ は次式で与えられる．

$$x(t) = \int_0^t g(t-\tau) \cdot u(\tau) d\tau \tag{A.4-5}$$

いま入力 $u(t)$ を次式

$$u(t) = Ae^{j\omega t} = A(\cos\omega t + j\sin\omega t) \tag{A.4-6}$$

とすると，十分時間が経過して定常状態のときの応答 $x(t)$ は (A.4-5) 式で入力が加わる時間を移動させて次のように表せる．

$$x(t) = \int_{-\infty}^t g(t-\tau) \cdot Ae^{j\omega\tau} d\tau \tag{A.4-7}$$

ここで，$t-\tau = v$ と変数変換すると次式のようになる．

$$x(t) = \int_0^\infty g(v) \cdot Ae^{j\omega(t-v)} dv = Ae^{j\omega t} \int_0^\infty g(v)e^{-j\omega v} dv \tag{A.4-8}$$

一方，伝達関数 $G(s)$ について $s = j\omega$ とおくと

$$G(j\omega) = \int_0^\infty g(v)e^{-j\omega v} dv \tag{A.4-9}$$

この式を (A.4-8) 式に代入すると，応答 $x(t)$ は次式で与えられる．

$$x(t) = G(j\omega) \cdot Ae^{j\omega t} \tag{A.4-10}$$

すなわち，周期関数入力 $Ae^{j\omega t}$ を与えたとき，(A.4-1) 式で表される応答 $X(s)$ の時間応答 $x(t)$ は，伝達関数 $G(s)$ において $s = j\omega$ とおいた $G(j\omega)$ に入力 $Ae^{j\omega t}$ を掛けたものとなる．この $G(j\omega)$ は周波数伝達関数 (frequency transfer function) または周波数応答関数と呼ばれる．入力の振幅 $A = 1$ とし，周波数伝達関数 $G(j\omega)$ を

$$G(j\omega) = re^{j\phi} \tag{A.4-11}$$

とおくと，$r\,(=|G(j\omega)|)$ はゲイン (応答の大きさ)，ϕ は位相である．実際の応答は (A.4-10) 式から

$$x(t) = G(j\omega) \cdot (\cos\omega t + j\sin\omega t) = re^{j\phi} \cdot e^{j\omega t} = re^{j(\omega t + \phi)}$$

$$= r\cos(\omega t + \phi) + jr\sin(\omega t + \phi) \tag{A.4-12}$$

と表される．この式から次のようなことが言える．入力 $u(t)$ に対して $x(t)$ を出力するシステムにおいて，それらをラプラス変換した $U(s)$ および $X(s)$ から得られた伝達関数を $G(s) = X(s)/U(s)$ とすると，入力 $u(t)$ が複素数周期関数 $e^{j\omega t}$ のとき出力は $re^{j(\omega t+\phi)}$ となる．ただし，$G(j\omega) = re^{j\phi}$ である．また，入力が $\cos\omega t$ のときは出力は $r\cos(\omega t+\phi)$ となる．入力が $\sin\omega t$ のときも同様である．

すなわち，入力が $\sin\omega t$ または $\cos\omega t$ のときは，出力は振幅が r 倍で，同じ角振動数 ω の sin または cos 関数となり，位相が ϕ だけ遅れた応答となる．この r と ϕ の値は，伝達関数 $G(s)$ において $s=j\omega$ とおいた得られる周波数伝達関数 $G(j\omega)$ のゲインと位相である．これらの関係式を図 A.4 に示す．

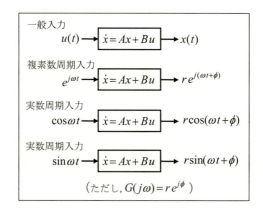

図 A.4 周波数応答の関係式

このように，システムの応答特性を把握するためには，周波数伝達関数 $G(j\omega)$ のゲイン r と位相 ϕ を知る必要がある．そこで，各周波数 ω に対してゲインと位相をプロットした図を描いておくと便利である．この図はボード線図 (bode diagram) と呼ばれる．図 A.2 に示した極・零点配置のボード線図を図 A.5 に示す．

ボード線図のゲインの単位は dB(デシベル) であるが，これはゲイン r に対して，$20\log r$ で表したものである．dB 単位は $r=1$ のとき 0 dB で，r が 10 倍毎に 20 dB 増え，r が 1/10 倍毎に 20 dB 減るので，非常に大きなゲイン変化まで表すことができる便利な単位である．また，横軸は周波数 ω[rad/s] の対数目盛となっており，これも非常に大きな周波数範囲まで表すことが可能である．

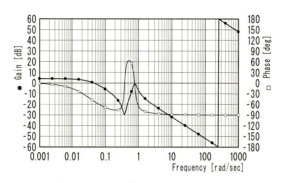

図 A.5　ボード線図 (図 A.4 のケース)

A.5　フィードバック制御

航空機の機体固有の運動特性は，必ずしも安定性が十分とはいえず，多くの機体でフィードバック制御によって良好な運動特性を確保している．例えば，図 A.2 に示した $r/\delta r$ の極・零点配置の場合，複素極は安定であるものの減衰比は非常に小さい．実際に δr 操舵応答を計算してみると図 A.6 のように振動の減衰が弱いことがわかる．

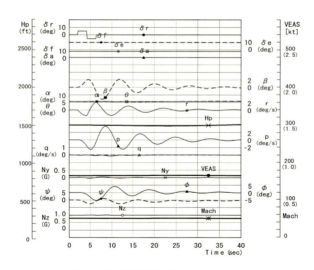

図 A.6　δr 操舵応答 (図 A.2 のケース)

さて，機体固有の安定が弱いときには，フィードバック制御を行うと有効である．図 A.7 は，機体の運動の状態変数の 1 つであるヨー角速度 r にゲイン K_r をかけて，ラダー δr にフィードバック制御を行った場合である．フィードバック (feedback) とは，機体の運動状態などの情報をセンサーで観測し，その情報を操作量 (図 A.7 ではラダー) に戻

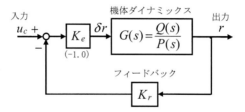

図 **A.7** フィードバック制御の例

すことをいう．図 A.7 から次の関係式が得られる．

$$\delta r = K_e(u_c - K_r r), \quad r = G(s)\delta r \tag{A.5-1}$$

これから，入力 u_c に対する r の応答が次のように得られる．

$$r = G(s)\delta r = G(s)K_e(u_c - K_r r) = G(s)K_e u_c - G(s)K_e K_r r$$

$$\therefore r\{1 + K_e G(s) K_r\} = K_e G(s) u_c$$

$$\boxed{\therefore \frac{r}{u_c} = \frac{K_e G(s)}{1 + K_r K_e G(s)}} \tag{A.5-2}$$

この式から，フィードバック制御系 (閉ループ制御系という) の入力 u_c に対する出力 r の伝達関数は次のように表される．

$$\boxed{\begin{array}{l}\text{閉ループ制御系の伝達関数：}\\\quad\text{分子＝フィードバックを切った場合の伝達関数 } K_e G(s)\\\quad\text{分母＝} 1 + [\text{一巡伝達関数 } K_r K_e G(s)]\end{array}} \tag{A.5-3}$$

ここで，一巡伝達関数とはフィードバックを含んだループを一巡したときに関連する関数を全て掛けたものである．

次に，(A.5-2) 式の閉ループ制御系の極 (特性根) を求めよう．伝達関数の特性方程式は，分母を 0 とおいて

$$1 + K_r K_e G(s) = 1 + K_r K_e \frac{Q(s)}{P(s)} = 0, \quad \therefore \boxed{P(s) + K_r K_e Q(s) = 0} \tag{A.5-4}$$

である．この式を s に関して解くと，閉ループ制御系の極が得られる．なお，フィードバック前の機体固有の極は，(A.5-4) 式で $K_r = 0$ とした場合，すなわち $P(s) = 0$ の根である．

航空機のフィードバック制御系を考える場合，フィードバックゲイン (K_r 等) の正負の定義に注意が必要である．この符号を間違えると機体は不安定化し，飛行不能に陥ってしまう．例えば，ヨー角速度 r をラダー δr にフィードバックする場合は $\delta r = K_r r$ である．いま $K_r = +2.0$ (ゲイン正) とすると，ヨー角速度 $r = +1$ [deg/s] (これは機首を右に回転に対応する) の場合には，ラダーは $\delta r = +2.0°$ (ラダー後縁左 2°) 作動して機首の

右回転を止めるように作用する．したがって，図 A.7 のブロック図ではフィードバックによるラダーは

$$\delta r = -K_e K_r r = K_r r \tag{A.5-5}$$

であるから，実際の設計においては $K_e = -1$ とする必要がある．図 A.7 にゲイン K_e を導入した理由は，通常の制御の教科書では，フィードバックループは入力端にマイナスで接続されるように説明されるため，図 A.7 においても同様にマイナスで接続するように記述するためである．実際の設計においては，予めフィードバックゲインをプラスで接続するのでゲイン K_e は不要である．実際の設計においてはゲインの正は次のように定義することに注意する必要がある．

$$\boxed{\begin{array}{ll} \text{エレベータ} & :\delta e = K_u u + K_\alpha \alpha + K_q q + K_\theta \theta \\ \text{エルロン} & :\delta a = K_\beta \beta + K_p p + K_r r + K_\phi \phi \\ \text{ラダー} & :\delta r = K_\beta \beta + K_p p + K_r r + K_\phi \phi \end{array}} \quad [\text{ゲインの正}] \tag{A.5-6}$$

なお，エルロンの効きを表す空力微係数 $C_{l_{\delta a}}$ の正負にも注意が必要である．舵角の正の定義が逆の文献もある．本書では，舵角 $\delta e, \delta a$ および δr の正の方向は，それぞれ y 軸，x 軸および z 軸まわりに負のモーメントを生じるようにとるのが一貫性があり間違いが少ないのでこれを採用している．この場合は $C_{l_{\delta a}} < 0$ となる (1.9 節参照)．

さて，実際に $K_r = +2.0$ とした場合に極がこのフィードバックによってどこに移動するかを計算したのが図 A.8 である．機体固有の極は図 A.2 に示したように複素極 (振動

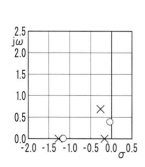

図 **A.8** $r/\delta r$ の極・零点

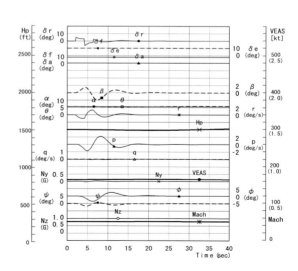

図 **A.9** δr 操舵応答 (フィードバック $\delta r = 2.0 r$)

根) の減衰比が小さかったが，フィードバックによって回復していることが確認できる．実際にシミュレーションした結果を図 A.9 に示すが，応答の減衰が良くなっていることがわかる．

A.6 根軌跡

図 A.10 のフィードバック制御系を考える．閉ループ制御系の伝達関数は (A.5-3) 式に注意すると次のように得られる．

$$\frac{x}{u_c} = \frac{Q_1/P_1}{1 + K\frac{Q_1}{P_1} \cdot \frac{Q_2}{P_2}} = \frac{Q_1 P_2}{P_1 P_2 + K Q_1 Q_2} \tag{A.6-1}$$

したがって，閉ループ制御系の極 (特性根) は

$$P_1 P_2 + K Q_1 Q_2 = 0 \tag{A.6-2}$$

を s について解くことによって得られる．また，零点は

$$Q_1 P_2 = 0 \tag{A.6-3}$$

から直ちに得られる．零点は，フィードバック前の零点 ($Q_1 = 0$) と，フィードバックループの極 ($P_2 = 0$) で構成されることがわかる．

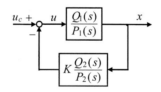

図 A.10 フィードバック制御系

さて，閉ループの極は，(A.6-2) 式で表される s に関する高次方程式を解くことによって得られるが，フィードバックゲインを高めていくと極がどの方向 (安定方向か不安定方向か) に移動していくかを知ることは設計上有用である．(A.6-2) 式において，フィードバックゲイン K が 0 のときの極は

$$P_1 P_2 = 0 \quad (\text{一巡伝達関数の極}) \tag{A.6-4}$$

すなわち，極はフィードバック前の極 ($P_1 = 0$) と，フィードバックループの極 ($P_2 = 0$) である．ただし，$P_2 = 0$ の根は零点にもなっているので，ゲイン K が 0 のときには極と零点でキャンセルしている．次に，フィードバックゲイン K を上げていき，ゲインが無限大になると，(A.6-2) 式から

$$Q_1 Q_2 = 0 \quad (\text{一巡伝達関数の零点}) \tag{A.6-5}$$

すなわち，極はフィードバック前の零点 ($Q_1 = 0$) と，フィードバックループの零点 ($Q_2 = 0$) となることがわかる．このように，フィードバックゲイン K を 0 から無限大まで変化させると，閉ループの極は一巡伝達関数の極から出発し，一巡伝達関数の零点に到達することがわかる．このときの極の位置の軌跡を**根軌跡** (root locus) という．根軌跡が描けると，ゲインを増やした場合に閉ループ制御系がどのように不安定になっていくのか等，その特性が変化する様子を知ることができる．

根軌跡は計算機の力を借りることで容易に得ることができるが，詳細に計算で求める前に，フィードバック前の極・零点とフィードバックループの極・零点の配置から，根軌跡の概略を知ることが可能である．フィードバック前の極・零点配置から根軌跡の概略を知ることは，実際の設計にあたって制御系の善し悪しを判断でき，また設計改善のヒントを得るための貴重なデータとなる．根軌跡の性質を利用して根軌跡の概略を描く方法を以下に示す．

根軌跡は (A.6-1) 式から特性方程式

$$1 + K\frac{Q_1}{P_1}\cdot\frac{Q_2}{P_2} = 0 \tag{A.6-6}$$

を s について解いた特性根の軌跡である．いま，一巡伝達関数を

$$W(s) = K\frac{Q_1}{P_1}\cdot\frac{Q_2}{P_2} \tag{A.6-7}$$

とおくと，閉ループの極は (A.6-6) 式から

$$W(s) = -1 \tag{A.6-8}$$

を満足する s で与えられる．すなわち，

$$\angle W(s) = \pm k\pi \, (k = 1, 3, 5, \cdots) \quad \text{（角条件; angle condition）} \tag{A.6-9}$$

$$|W(s)| = 1 \qquad \text{（絶対値条件; magnitude condition）} \tag{A.6-10}$$

を満足する s が閉ループの極である．ここで，$\angle$ は複素数の偏角を表す記号，また $|\,|$ は複素数の絶対値を表す記号である．(A.6-9) 式および (A.6-10) 式が閉ループ極の条件式であることは次のようにしてわかる．(A.6-9) 式の角条件は，一巡伝達関数 $W(s)$ が

$$W(s) = |W(s)|\cdot e^{\pm jk\pi} = -|W(s)| \quad (k = 1, 3, 5, \cdots) \tag{A.6-11}$$

となる条件である．これを閉ループの極の条件式 (A.6-8) 式に代入すると

$$W(s) = -|W(s)| = -1, \quad \therefore |W(s)| = 1 \tag{A.6-12}$$

となり，これは (A.6-10) 式の絶対値条件である．すなわち，(A.6-9) 式および (A.6-10) 式を満足する s が閉ループの極である．なお，(A.6-10) 式の絶対値条件は，(A.6-7) 式から

$$|W(s)| = K \left| \frac{Q_1}{P_1} \cdot \frac{Q_2}{P_2} \right| = 1 \tag{A.6-13}$$

であるが，この条件式はゲイン $K = 0 \sim \infty$ によって必ず満足する点があるので，結局 (A.6-9) 式の 角条件のみを満足する s の軌跡が根軌跡 である．実際に根軌跡を描いた結果を図 A.11 に示す．これは図 A.2 に示した機体固有の極・零点の配置の機体を，図 A.7 に示したブロック図のフィードバック制御を行ったときの根軌跡である．図 A.11 の例では，一巡伝達関数の極 (× 印) が実軸の下側も数えて 4 個 ($p_1, p_2, \cdots, p_4$ とおく)，また一巡伝達関数の零点 (○ 印) は実軸の下側も数えて 3 個 (q_1, q_2, q_3 とおく) である．ラプラス平面上の s の点が閉ループの極となる条件は，(A.6-9) 式の角条件であった．この条件は図 A.12 の例では，図 A.13 に示すように全ての極・零点から点 s に引いた角度によって次のように与えられる．

$$\angle W(s) = \angle(s-q_1) + \angle(s-q_2) + \angle(s-q_3) - \angle(s-p_1) - \angle(s-p_2) - \angle(s-p_3) - \angle(s-p_4)$$
$$= \psi_{q1} + \psi_{q2} + \psi_{q3} - \psi_{p1} - \psi_{p2} - \psi_{p3} - \psi_{p4} = \pm k\pi \ (k = 1, 3, 5, \cdots) \tag{A.6-14}$$

図 A.11 の根軌跡上の各点は，(A.6-14) 式の角条件を満足する点である．

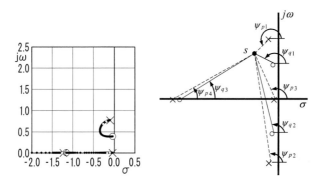

図 **A.11** $\delta r = K_r r$ の根軌跡　　図 **A.12** 根軌跡の角条件

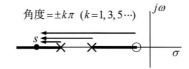

図 **A.13** 実軸上の角条件

さて，図 A.11 および図 A.12 を例を参考にして，根軌跡の描き方を以下に述べる．

1. 根軌跡は実軸に関して対称である．

224　付録　制御系解析の方法

一巡伝達関数の極・零点配置は，実軸に対して対称であるから根軌跡も実軸に対して対称となる．なお，図 A.11 では下側の根軌跡は省略しているが，上側だけで描けば十分である．

2. 根軌跡は，一巡伝達関数の極 (図 A.11 の × 印) に始まり，ゲインの増大とともに一巡伝達関数の零点 (○ 印) または無限遠点に終わる．

(A.6-4) 式および (A.6-5) 式で述べたとおりである．

なお，図 A.11 の根軌跡において，小さい ○ 印はゲイン $K_r = 1.0$，小さい □ 印は $K_r = 2.0$ の場合を表す．

3. 一巡伝達関数の複素数の極または零点は，実軸上の根軌跡には影響を与えない．

図 A.12 からわかるように，s の点が実軸上にある場合，実軸の上側の複素極から s に引いた角度と，実軸の下側の複素極から s に引いた角度とは同じ角度で符号が反対であるから，加えると 0 になり角条件に影響を与えない．零点についても同じである．

4. 根軌跡の枝の数は，一巡伝達関数の極の数に等しい．

根軌跡は一巡伝達関数の極から出発することから明らかである．

5. 実軸上の根軌跡上の点から見て，実軸上右側の極および零点の数の合計は奇数である．

図 A.13 からわかるように，実軸上の極 s への角度の合計は 180°の奇数倍のときに角条件を満足する．

6. 複素極 p_i からの出発角 θ は，その他の極 p_k および全ての零点 q_k から p_i の近傍の点 s への角度から，次式で得られる．

$$\sum_{k=1}^{m} \angle(p_i - q_k) - \sum_{k=1(\neq i)}^{n} \angle(p_i - p_k) - \theta = \pm k\pi \quad (k = 1, 3, 5, \cdots) \tag{A.6-15}$$

図 A.14 に示す複素極 p_i の近傍の点 s に各点から引いたベクトルの角度を用いると，角条件式から上式が求まる．

7. 複素零点 q_i への到着角 θ は，6. と同様にして次式が得られる．

$$\sum_{k=1(\neq i)}^{m} \angle(q_i - q_k) + \theta - \sum_{k=1}^{n} \angle(q_i - p_k) = \pm k\pi \quad (k = 1, 3, 5, \cdots) \tag{A.6-16}$$

出発角の考え方と同様にして角条件式から上式が得られる．

8. 根軌跡の漸近線の方向 ϕ (図 A.15) は次式で与えられる．

$$\phi = \pm \frac{k\pi}{n - m} \quad (k = 1, 3, 5, \cdots) \tag{A.6-17}$$

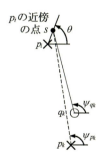
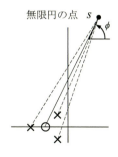
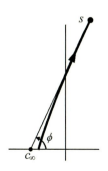

図 A.14 出発角　　図 A.15 漸近線 ϕ　　図 A.16 漸近線交点

極・零点から無限遠の点 s に引いたベクトルの角度は全て ϕ であるから，極の数を n，零点の数を m とすると，角条件式は

$$m\phi - n\phi = \pm k\pi \quad (k = 1, 3, 5, \cdots)$$

となるから，上式が得られる．

9. 根軌跡の漸近線の交点 (図 A.16) は実軸上の点で，次式を満足する．ただし，$n > m$ とする．

$$c_\infty = -\frac{b_1 - a_1}{n - m}, \quad \text{ここで，} a_1 = -\sum_{k=1}^{m} q_k, \quad b_1 = -\sum_{k=1}^{n} p_k \quad \text{(A.6-18)}$$

いま，一巡伝達関数 $W(s)$ を

$$W(s) = K \frac{s^m + a_1 s^{m-1} + \cdots + a_m}{s^n + b_1 s^{n-1} + \cdots + b_n} \quad \text{(A.6-19)}$$

とすると，

$$s^n + b_1 s^{n-1} + \cdots + b_n = (s^m + a_1 s^{m-1} + \cdots + a_m)\{s^{n-m} + (b_1 - a_1)s^{n-m-1} + \cdots + b_n\}$$
(A.6-20)

の関係式から，$n > m$ として (A.6-19) 式は次のように変形できる．

$$W(s) = \frac{K}{s^{n-m} + (b_1 - a_1)s^{n-m-1} + \cdots + b_n} = \frac{K}{s^{n-m} \cdot \left(1 + \frac{b_1 - a_1}{s}\right) + \cdots} \quad \text{(A.6-21)}$$

$|s|$ は大きいと仮定すると

$$1 + \frac{b_1 - a_1}{s} \fallingdotseq \left(1 + \frac{b_1 - a_1}{n - m} \cdot \frac{1}{s}\right)^{n-m} \quad \text{(A.6-22)}$$

この式を (A.6-21) 式に代入すると次式を得る．

$$W(s) \fallingdotseq \frac{K}{\left(s + \frac{b_1 - a_1}{n - m}\right)^{n-m}} = K(s - c_\infty)^{-(n-m)} = K r^{-(n-m)} \cdot e^{-j(n-m)\phi} \quad \text{(A.6-23)}$$

ただし，

$$s - c_\infty = re^{j\phi}, \quad c_\infty = -\frac{b_1 - a_1}{n - m} \tag{A.6-24}$$

漸近線上の点 s は，$|s|$ が非常に大きい場合は根軌跡と一致するから，点 s が根軌跡となるための一巡伝達関数の角条件を (A.6-23) 式に適用すると次式が得られる．

$$\angle W(s) \fallingdotseq -(n-m)\phi = \pm k\pi \ (k = 1, 3, 5, \cdots) \tag{A.6-25}$$

これから，ϕ は (A.6-17) 式に示した根軌跡の漸近線の方向 ϕ に一致する．a_1 および b_1 を一巡伝達関数の極・零点で表してみる．いま，

$$W(s) = K\frac{s^m + a_1 s^{m-1} + \cdots}{s^n + b_1 s^{n-1} + \cdots} = K\frac{(s-q_1)(s-q_2)\cdots(s-q_m)}{(s-p_1)(s-p_2)\cdots(s-p_n)} \tag{A.6-26}$$

とおくと，a_1 および b_1 は次のように表される．

$$a_1 = -\sum_{k=1}^{m} q_k, \quad b_1 = -\sum_{k=1}^{n} p_k \tag{A.6-27}$$

10. 実軸上の根軌跡が複素根軌跡に分離する点 s は，$W(s)$ を一巡伝達関数から複素数の極・零点を除いた関数とすると
$$\frac{dW(s)}{ds} = 0 \tag{A.6-28}$$
の解のうち角条件を満足するものとして得られる．

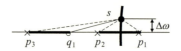

図 **A.17** 根軌跡の分離点

分離した直後の点 s に向かって極・零点からの角条件は，$\Delta\omega$ を微小とすると次式で与えられる．

$$\left\{\sum_{k(s より右の零点)}\left(\pi - \frac{\Delta\omega}{q_k - s}\right) + \sum_{k(s より左の零点)}\frac{\Delta\omega}{s - q_k}\right\}$$
$$-\left\{\sum_{k(s より右の極)}\left(\pi - \frac{\Delta\omega}{p_k - s}\right) + \sum_{k(s より左の極)}\frac{\Delta\omega}{s - p_k}\right\} = \pm k\pi \quad (k = 1, 3, 5, \cdots) \tag{A.6-29}$$

ただし，極 p_k，零点 q_k は実軸上の点であり，また s は実数と仮定している．(A.6-29) 式の左辺の π の数は，s が根軌跡上の点であるから極・零点合わせて奇数個であり，結局左辺には奇数個の π が残る．右辺の π も奇数個であるから，(A.6-29) 式から次のような関係式が得られる．

$$\sum_{k=1}^{m}\frac{\Delta\omega}{s-q_k}-\sum_{k=1}^{n}\frac{\Delta\omega}{s-p_k}=0, \quad \therefore \sum_{k=1}^{m}\frac{1}{s-q_k}-\sum_{k=1}^{n}\frac{1}{s-p_k}=0 \tag{A.6-30}$$

一方,一巡伝達関数を

$$W(s)=K\frac{(s-q_1)(s-q_2)\cdots(s-q_m)}{(s-p_1)(s-p_2)\cdots(s-p_n)}=re^{j\theta} \tag{A.6-31}$$

とおき,この式の両辺の対数をとると

$$\ln W(s) = \ln K + \ln(s-q_1) + \ln(s-q_2) + \cdots + \ln(s-q_m)$$
$$-\ln(s-p_1)-\ln(s-p_2)-\cdots-\ln(s-p_n) = \ln r + j\theta \tag{A.6-32}$$

と表される.ここでは s を実軸上の根軌跡の点と考えているから,(A.6-31) 式の中に複素数の極・零点がある場合には,(A.6-32) 式においては複素数の極・零点は共役複素数でキャンセルされる.よって,(A.6-32) 式の形式を考える場合には,(A.6-31) 式の一巡伝達関数から複素数の極・零点は予め除いておいて良い.
(A.6-32) 式を実数 s で微分すると

$$\frac{1}{W(s)}\cdot\frac{dW(s)}{ds}=\frac{1}{s-q_1}+\frac{1}{s-q_2}+\cdots+\frac{1}{s-q_m}-\frac{1}{s-p_1}-\frac{1}{s-p_2}-\cdots-\frac{1}{s-p_n} \tag{A.6-33}$$

となる.この式の右辺は (A.6-30) 式の左辺に等しいから,実軸上の根軌跡が複素根軌跡に分離する点 s は

$$\frac{dW(s)}{ds}=0 \tag{A.6-34}$$

の解のうち角条件を満足するものとして得られる.なお,$W(s)$ は一巡伝達関数から複素数の極・零点を除いた関数である.

A.7 ゲインが負の場合の根軌跡

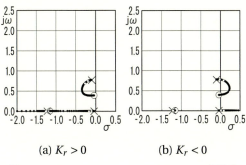

(a) $K_r > 0$ (b) $K_r < 0$

図 **A.18** フィードバック $\delta r = K_r r$ による根軌跡

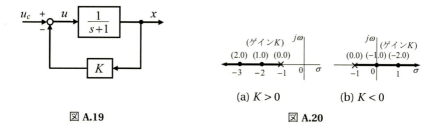

図 A.19　　　　　　　　　　　図 A.20

　ヨー角速度 r にゲイン K_r を掛けて，ラダー δr にフィードバック ($\delta r = K_r r$) 制御を行った場合の $K_r = 0 \sim \infty$ (正の値) の根軌跡を図 A.11 に示した．これを再び図 A.18(a) に示す．これに対して $K_r = 0 \sim -\infty$ (負の値) の根軌跡を図 A.18(b) に示す．これらを比較すると互いに逆の向きに根軌跡が移動していることがわかる．図 (b) では，A.6 節で考えた根軌跡の性質が成り立っていない．なぜ根軌跡が 2 種類存在するのかを図 A.19 に示す簡単な例で考えてみよう．この閉ループの応答は次式で与えられる．

$$\frac{x}{u_c} = \frac{\frac{1}{s+1}}{1 + K\frac{1}{s+1}} = \frac{1}{s + (1+K)} \tag{A.7-1}$$

閉ループの極は次の特性方程式を解いて得られる．

$$s + (1+K) = 0, \quad \therefore s = -(1+K) \tag{A.7-2}$$

　このとき，フィードバックゲイン K を変化させた根軌跡を図 A.20 に示す．$K > 0$ の場合は図 (a) のように根軌跡は左側に移動し，また $K < 0$ の場合は図 (b) のように根軌跡は右側に移動することがわかる．この 2 種類の根軌跡について詳しく見てみよう．図 A.19 のブロック図から

$$\text{一巡伝達関数 } W(s) : W(s) = K\frac{1}{s+1} \tag{A.7-3}$$

$$\text{閉ループの極} \quad : W(s) = K\frac{1}{s+1} = -1, \quad \therefore \frac{1}{s+1} = -\frac{1}{K} \tag{A.7-4}$$

これから，根軌跡となる角条件がゲイン K の符号で異なることがわかる．

　以下，ゲインが正負で根軌跡の性質が変わるものをまとめておく．

(a) 一巡伝達関数を $W(s)$，その極および零点を $p_k (k = 1, 2, \cdots, n)$ および $q_k (k = 1, 2, \cdots, m)$ としたとき，特性方程式 $1 + W(s) = 0$ を変形して

$$\frac{(s - q_1)(s - q_2)\cdots(s - q_m)}{(s - p_1)(s - p_2)\cdots(s - p_n)} = -\frac{1}{K} \tag{A.7-5}$$

と表した場合，根軌跡となる角条件は次のように与えられる．

$$\sum_{k=1}^{m} \angle(s - q_k) - \sum_{k=1}^{n} \angle(s - p_k) = \pm k\pi, \quad \begin{cases} K > 0 \text{ の場合} & k = 1, 3, 5, \cdots \\ K < 0 \text{ の場合} & k = 0, 2, 4, \cdots \end{cases} \tag{A.7-6}$$

(b) 実軸上の根軌跡上の点から見て，実軸上右側の極および零点の数の合計は

$$\begin{cases} K>0 \text{ の場合：奇数} \\ K<0 \text{ の場合：偶数} \end{cases} \tag{A.7-7}$$

(c) 複素極 p_i からの出発角 θ は，次式で与えられる．

$$\sum_{k=1}^{m} \angle(p_i-q_k)-\sum_{k=1(\neq i)}^{n} \angle(p_i-p_k)-\theta = \pm k\pi, \begin{cases} K>0 \text{ の場合 } k=1,3,5,\cdots \\ K<0 \text{ の場合 } k=0,2,4,\cdots \end{cases} \tag{A.7-8}$$

(d) 複素零点 q_i への到着角 θ は，次式で与えられる．

$$\sum_{k=1(\neq i)}^{m} \angle(q_i-q_k)+\theta-\sum_{k=1}^{n} \angle(q_i-p_k) = \pm k\pi, \begin{cases} K>0 \text{ の場合 } k=1,3,5,\cdots \\ K<0 \text{ の場合 } k=0,2,4,\cdots \end{cases} \tag{A.7-9}$$

(e) 根軌跡の漸近線の方向 ϕ は次式で与えられる．

$$\phi = \pm\frac{k\pi}{n-m}, \quad \begin{cases} K>0 \text{ の場合 } k=1,3,5,\cdots \\ K<0 \text{ の場合 } k=0,2,4,\cdots \end{cases} \tag{A.7-10}$$

A.8 ナイキストの安定判別法

フィードバック制御系の一巡伝達関数 $W(s)$ を次式とする．

$$W(s) = K\frac{Q(s)}{P(s)} = K\frac{(s-q_1)(s-q_2)\cdots(s-q_m)}{(s-p_1)(s-p_2)\cdots(s-p_n)} \tag{A.8-1}$$

閉ループ制御系の特性方程式は

$$1+W(s) = 1+K\frac{Q(s)}{P(s)} = \frac{P(s)+KQ(s)}{P(s)} = 0 \tag{A.8-2}$$

で与えられるから，閉ループの極は次式を解くことにより得られる．

$$P(s)+KQ(s) = (s-p_1)(s-p_2)\cdots(s-p_n)+K(s-q_1)(s-q_2)\cdots(s-q_m) = 0 \tag{A.8-3}$$

これによって得られる閉ループ極を $p'_k(k=1,\cdots,n)$ とすると (A.8-2) 式は次のように表される．

$$1+W(s) = \frac{P(s)+KQ(s)}{P(s)} = \frac{(s-p'_1)(s-p'_2)\cdots(s-p'_n)}{(s-p_1)(s-p_2)\cdots(s-p_n)} \tag{A.8-3}$$

さて，制御系の全ての極が s 平面の左半面にあるとき，その制御系は安定である．**ナイキスト (Nyquist) の安定判別法**は，(A.8-3) 式の閉ループの極 $p'_k(k=1,\cdots,n)$ が s 平面の右半面にあるかないかによって安定判別する方法である．いま，図 A.21 のように，s 平面上において右半面全体を囲む閉曲線を考える．半円の半径は無限大である．s 平面上には，一巡伝達関数の極 $p_k(k=1,\cdots,n)$ を × 印で，また閉ループの極 $p'_k(k=1,\cdots,n)$

を●印で示してある．虚軸上に極がある場合には，図に示したように半円には含めないこととする．図 A.21 の半円を時計回りに一周するとき，各極 (p_k および p'_k) から半円上の点 s に向かって引いたベクトルがどのように回転するのかを考える．図 A.21 から，点 s が半円上を時計回りに一周するとき，回転数は次のようになる．

> ・半円内の極 ⇒ 回転数 1
> ・半円外の極 ⇒ 回転数 0

(A.8-4)

次に，(A.8-3) 式から $\{1+W(s)\}$ の位相は次式で表される．

$$\angle\{1+W(s)\} = \{\angle(s-p'_1) + \angle(s-p'_2) + \cdots + \angle(s-p'_n)\} \\ - \{\angle(s-p_1) + \angle(s-p_2) + \cdots + \angle(s-p_n)\}$$

(A.8-5)

したがって，$\{1+W(s)\}$ を複素平面上の 1 つのベクトルと考えると，ベクトル $\{1+W(s)\}$ は，極 p'_k の回転数 P' の合計から極 p_k の回転数 P の合計を引いた回転数 R(時計回りが正) だけ原点まわりに回転することがわかる．すなわち

$$R = P' - P$$

(A.8-6)

例えば，一巡伝達関数の極が全て安定 (左半面) で，$\{1+W(s)\}$ が s を半円上を移動したときに原点まわりに 2 回転したとすると，閉ループ極が 2 個不安定側 (右半面) にあるとわかる．ナイキストの判別法によれば，不安定極の数までわかるわけである．ナイキストの判別法による閉ループ制御系の安定条件は次のようにまとめられる．

> **ナイキストの安定判別法**
> 一巡伝達関数 $W(s)$ の極のうち右半面にある個数を P とする．s を $-j\infty \to 0 \to \infty \to -j\infty$ と右半円を時計回りに移動させたときのベクトル $\{1+W(s)\}$ の回転数を R としたとき，
>
> $$R = -P \quad (時計回りが正)$$
>
> (A.8-7)
>
> ならば閉ループ制御系は安定である．

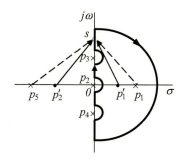

図 A.21 s 平面上の閉曲線

ただし，$s=0$ に一巡伝達関数の極がある場合には1つ注意しておく必要がある．このときはベクトル $\{1+W(s)\}$ の大きさが無限大になるので，無限大においてベクトル $\{1+W(s)\}$ が時計回りにまわるのか，あるいは反時計回りにまわるのかを明確にしておかないと，原点まわりの回転数が変わってくる．具体的には次のようにする．

すなわち，図 A.21 の s 平面プロットで s が原点付近を移動するときには，$s=0$ の点から引いたベクトルは位相が反時計回りに $180°$ 変化する．したがって，$\{1+W(s)\}$ における $s=0$ の極によって，ベクトル $\{1+W(s)\}$ はその逆数である時計回りに $180°$ 回転することになる．結局，無限遠においてベクトル $\{1+W(s)\}$ は時計回りに回転させて全体の回転数を計算する．(なお，図 A.21 の s 平面プロットでは実軸上の極を半円から除いたが，半円に含めると定義しても同様に論理展開できる．)

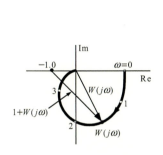

図 A.22　ナイキスト線図

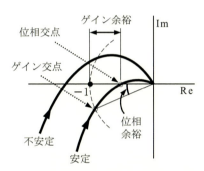

図 A.23　簡略化安定判別法

ナイキストの安定判別法は，s 平面プロットで s が移動するときにベクトル $\{1+W(j\omega)\}$ が回転するかを知る必要があるが，これを別の見方をすると，図 A.22 に示すように $W(j\omega)$ のベクトルを描いておいて，そのベクトル軌跡を -1.0 の点から見ればベクトル $\{1+W(j\omega)\}$ となる．したがって，このベクトルが -1.0 の点の回りをまわるかどうかをみれば同じ結果が得られる．当然，$\{1+W(j\omega)\}$ よりも一巡伝達関数 $W(j\omega)$ のベクトル軌跡を描く方が便利であるので，安定判別には $W(j\omega)$ のベクトル軌跡を描けば良い．この一巡伝達関数 $W(j\omega)$ のベクトル軌跡は**ナイキスト線図** (Nyquist diagram) と呼ばれる．

さて，実際の制御系においては，一巡伝達関数の極が不安定となる場合は少ない．この場合，右半面には極 p_k はないから $P=0$ となる．したがって，閉ループが安定となるには $R=0$，すなわちナイキスト線図 $W(j\omega)$ が -1.0 の点のまわりを1回転しないことが条件となる．また，s を $-j\infty \to 0$ と移動したナイキスト線図と，s を $0 \to j\infty$ と移動したナイキスト線図とは実軸に対して対称形であるから，ナイキスト線図が -1.0 の

232 付録 制御系解析の方法

点のまわりを1回転しないことの確認であれば，$s = j\omega$ で $\omega = 0 \sim \infty$ と移動するのみで十分である．このとき図 A.23 に示すようにナイキスト線図が常に -1.0 の点を常に左に見れば安定，右に見れば不安定となる．このように，実際の制御系では次のような簡略化されたナイキストの安定判別法が利用される．

簡略化されたナイキストの安定判別法

一巡伝達関数 $W(s)$ の極は右半面にはないとする．

$s = j\omega$ $(\omega = 0 \sim \infty)$ と移動させたときにナイキスト線図 $W(j\omega)$ が -1.0 の点を常に左に見れば安定，右に見れば不安定である．

安定の場合には簡略化されたナイキスト線図において図 A.23 のように次の2つの安定指標が定義できる．

ゲイン余裕 (gain margin)

ナイキスト線図の位相が $-180°$ のとき，大きさが1になるまでの余裕量 [dB]

位相余裕 (phase margin)

ナイキスト線図の大きさが1のとき，位相が $-180°$ になるまでの余裕量 [deg]

具体的にナイキスト線図を計算した例を示す．一巡伝達関数は

$$W(s) = \frac{8}{s^2 + 2s + 4}, \quad (\text{この式の極は } s = -1 \pm j\sqrt{3}) \tag{A.8-8}$$

とした場合であるが，このナイキスト線図は既に図 A.22 に示したものである．この例では，ナイキスト線図は -1.0 の点を常に左にみるので閉ループ制御系は安定である．

A.9 ボード線図による安定判別

図 A.23 に示したナイキスト線図による安定判別の考え方を，一巡伝達関数 $W(j\omega)$ のベクトル軌跡の替わりに，ボード線図に適用して安定判別を行うことができる．具体的な計算例でボード線図による安定判別を説明する．一巡伝達関数は

$$W(s) = \frac{160}{s^3 + 22s^2 + 44s + 80} \tag{A.9-1}$$

とする．この一巡伝達関数の極は $s = -1 \pm j\sqrt{3}$ および -20 で安定である．この一巡伝達関数のボード線図を図 A.24 に示す．ゲイン交点 (ゲインが 0 dB の点) において位相余裕を持ち，また位相交点 (位相が $-180°$ の点) においてゲイン余裕を持つことから，この閉ループ制御系は安定である．

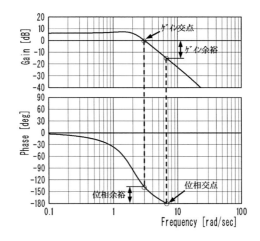

図 A.24　ボード線図による安定判別

A.10　ステップ応答の初期値と最終値

入力 $u(t)$ に対する出力 $x(t)$ のラプラス変換を $U(s)$ および $X(s)$，その伝達関数を $G(s)$ とすると次式で表される．

$$X(s) = G(s) \cdot U(s) \tag{A.10-1}$$

$u(t)$ はステップ入力 ($t = 0$ で 0 から 1 に変化) とするとそのラプラス変換は

$$U(s) = \frac{1}{s} \tag{A.10-2}$$

である．一方，ラプラス変換の公式によれば，時間空間における $x(t)$ の値とラプラス空間における $X(s)$ の値の間に次のような関係式がある．

$$\begin{cases} \lim_{s \to \infty} sX(s) = \lim_{t \to 0} x(t) : & \text{初期値の定理} \\ \lim_{s \to 0} sX(s) = \lim_{t \to \infty} x(t) : & \text{最終値の定理} \end{cases} \tag{A.10-3}$$

したがって，この定理を用いると，ステップ応答の場合，(A.10-1) 式および (A.10-2) 式から次のように表される．

$$\begin{cases} x(0) = \lim_{s \to \infty} G(s) : & \text{ステップ応答の初期値} \\ x(\infty) = \lim_{s \to 0} G(s) : & \text{ステップ応答の最終値} \end{cases} \tag{A.10-4}$$

(A.10-3) 式は，ラプラス空間において伝達関数が得られた場合には，時間空間に逆変換を行わなくても，時間応答の初期値および最終値は直接伝達関数から得られる便利な公式である．特に，最も良く使われるステップ応答の場合は，(A.10-4) 式に示すように簡単な公式となる．

参考文献

1) Perkins,C.D. and Hage,R.E.: Airplane Performance Stability and Control, John Wiley & Sons, 1949.

2) Military Specification, Flying Qualities of Piloted Airplanes, MIL-F-8785, 1954.

3) Blakelock,J.H.: Automatic Control of Aircraft and Missiles, John Wiley & Sons, 1965.

4) 山名正夫，中口 博：飛行機設計論，養賢堂，1968.

5) Military Specification, Flying Qualities of Piloted Airplanes, MIL-F-8785B(ASG), 1969.

6) Cooper,G.E. and Harper,R.P.: The Use of Pilot Rating in the Evaluation of Aircraft Handling Qualities, NASA TN D-5153, 1969.

7) Chalk,C.R., Neal,T.P., HarrisT.M. et al.: Background Information and User Guide for MIL-F-8785B(ASG), Military Specification － Flying Qualities of Piloted Airplanes, AFFDL TR-69-72, 1969.

8) Etkin,B.: Dynamics of Atmospheric Flight, John Wiley & Sons, 1972.

9) Federal Aviation Administration: Federal Aviation Regulations, Part23,25,etc.(Rules Service Co.).

10) Civil Aviation Authority: British Civil Airworthiness Requirements.

11) Heffley,R.K. and Jewell,W.F.: Aircraft Handling Qualities Data, NASA CR-2144, 1972.

12) 荒木 浩：飛行性基準の変遷，日本航空宇宙学会誌，1973 年 7 月号，8 月号.

13) McRuer,D, Ashkenas,I., Graham,D.: Aircraft Dynamics and Automatic Control, Princeton Univ.Press, 1973.

14) Smith,R.H.: A Theory for Longitudinal Short-period Pilot Induced Oscillations, AFFDL-TR-77-57, 1977.

15) Hodgkinson,J. and LaManna,W.J.: Equivalent System Approach to Handling Qualities Analysis and Design Problems of Augmented Aircraft, AIAA 77-1122, 1977, pp.20-29.

16) Military Specification, Flying Qualities of Piloted Airplanes, MIL-F-8785C, 1980.

17) Torenbeek,E.: Synthesis of Subsonic Airplane Design, Kluwer Academic Publishers, 1982.

18) 加藤寛一郎，大屋昭男，柄沢研治：航空機力学入門，東京大学出版会，1982.

19) Moorhous,D.J. and Woodcock,R.J.: Background Information and User Guide for MIL-F-8785C(ASG), Military Specification– Flying Qualities of Piloted Airplanes, AFFDL TR-81-3109, 1982.

20) Hoh,R.H., Michell,D.G., Ashkenas,I.L., Klein, R.H., Heffly,R.K. and Hodgkinson, J.: Proposed MIL Standard and Handbook, Flying Qualities of Air Vehicles, Vol.1: Proposed MIL Standard. Vol.2: Proposed MIL Handbook, AFWALTR-82-3081, 1982.

21) 片柳亮二，久野哲郎：ディジタルＦＢＷ機のパイロット評価基準について，計測自動制御学会第 1 回宇宙航空の誘導制御シンポジウム，1984, pp.61-68.

22) JIS W 0402：飛行機の飛行性 (MIL-F-8785C), 1985.

23) Harper,R.P. and G.E.Cooper,G.E.: Handling Qualities and Pilot Evaluation, J.Guidance Control, Dyn., **9**(1986),pp.515-529.

24) Military Standard, Flying Qualities of Piloted Vehicles, MIL-STD-1797, 1987.

25) Department of Defense Interface Standard, Flying Qualities of Piloted Aircraft, MIL-STD-1797A, 1990.

26) Blakelock,J.H.:Automatic Control of Aircraft and Missiles, Second Edition, John Wiley & Sons, 1991.

27) Department of Defense Interface Standard, Flying Qualities of Piloted Aircraft, MIL STD-1797A Update, 1995.

28) Edited by Tischler.M.B.: Advances in Aircraft Flight Control, Taylor & Francis, 1996.

29) Department of Defense Handbook, Flying Qualities of Piloted Aircraft, MIL-HDBK-1797, 1997.

30) Abzug,M.J.: Computational Flight Dynamics, AIAA Education Series, 1998.

31) Hodgkinson,J.: Aircraft Handling Qualities, Blackwell Science Ltd, 1999.

32) Department of Defence, Joint Service Specification Guides, "Air Vehicle",JSSG-2001A, 2002.

33) Abzug,M.J.and Larrabee,E.E.: Airplane Stability and Control, Second Edition, Cmbridge University Press, 2002.

34) Roskam,J.: Airplane Design Part VII, Determination of Stability, Control and Performance Characteristics, FAR and Military Requirements, DAR Corporation, 2002.

35) 運輸省航空局: 耐空性審査要領，鳳文書林，2003.

36) Stevens,B.L. and Lewis,F.L.: Aircraft Control and Simulation, 2nd Edition, John Wiley & Sons, 2003.

37) Kimberlin,R.D.: Flight Testing of Fixed-Wing Aircraft, AIAA Education Series, AIAA Inc., 2003.

38) Pamadi,B.N.: Performance, Stability, Dynamics, and Control of Airplanes, Second Edition, AIAA Education Series, 2004.

39) Stengel,R.F.: Flight Dynamics, Princeton Univ.Press, 2004.

40) Phillips,W.F.: Mechanics of Flight, John Wiley & Sons, 2004.

41) 片柳亮二: 航空機の運動解析プログラム KMAP，産業図書，2007.

演習問題解答

[第1章]

1.1 α および β を v, w および V により近似する．
$$\dot{\beta} = -r + \frac{p\alpha}{57.3} + \frac{F_y}{mV}, \quad \dot{\alpha} = q - \frac{p\beta}{57.3} + \frac{F_z}{mV}$$

1.2 図参照．ピッチ角 θ の範囲は $-90 \sim 90°$ である．

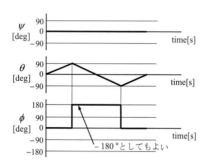

1.3 水平旋回時のオイラー角の状態を考える．
$$p = 0, \quad q = \dot{\psi}\sin\phi, \quad r = \dot{\psi}\cos\phi$$
水平面および垂直面内の釣り合いを考える．
$$R = \frac{57.3V}{\dot{\psi}} = \frac{V^2}{g\tan\phi}$$

[第2章]

2.1 C_{m_α} に関する重心換算式を用いる．$C_{m_\alpha} = -0.01202 \ [1/\text{s}^2]$

重心移動による M_α の変化分を求め，重心移動前の M'_α にその変化分を加える．$M'_\alpha = -0.270 \ [1/\text{s}^2]$

2.2 ω_p に関する近似式を用いる．$\omega_p = 0.0995 \ [\text{rad}/\text{s}]$

2.3 ω_p に関する近似式を用いる．$M'_\alpha = 0.0422 \ [1/\text{s}^2]$

M_α の変化分を求め，対応する C_{m_α} の関係を求める．

$CG = 47.0 \ (\%\text{MAC})$

2.4 ω_{sp} の近似式から求める．$\omega_{sp} = 0.766 \ [\text{rad}/\text{s}]$

演習問題解答　　237

2.5 近似式において $\omega_{sp}^2 = 0$ とする．$M_\alpha' = 0.316\,[1/s^2]$
M_α の変化分を求め，対応する C_{m_α} の関係を求める．　$CG = 57.6\,(\%\text{MAC})$

2.6 初期値の定理および最終値の定理を用いる．　$(u)_{t=0} = 0$, $(u)_{t=\infty} = 4.81\,[\text{m/s}]$
エレベータ押し舵に対して速度が増加する．

2.7 $(\alpha)_{t=0} = 0$, $(\alpha)_{t=\infty} = -1.77\,[\text{deg}]$
エレベータ押し舵に対して迎角は減少する．

2.8 $(\theta)_{t=0} = 0$, $(\theta)_{t=\infty} = -1.46\,[\text{deg}]$
エレベータ押し舵に対して，ピッチ角は減少する．

2.9 $(\gamma)_{t=0} = 0$, $(\gamma)_{t=\infty} = -0.207\,[\text{deg}]$
エレベータ押し舵に対して，飛行経路角は減少する．

2.10 省略．

2.11 運動方程式 $\ddot{u} - X_u \dot{u} - \dfrac{g}{57.3}\overline{Z}_u u = 0$ の u の各項の係数を考察する．

2.12 $\omega_{sp} = 0.920\,[\text{rad/s}]$, $\zeta_{sp} = 0.572$, $1/T_{\theta_2} = 0.575\,[1/\text{s}]$, $n/\alpha = 5.09\,[\text{G/rad}]$,
$CAP = 0.166\quad[(\text{rad/s})^2/(\text{G/rad})]$

2.13 クラス III，カテゴリ C の基準において，ω_{sp}, ζ_{sp}, n/α, CAP および $\omega_{sp}T_{\theta_2}$ に関する
設計基準のレベル 1 の規定を全て満たす．(規定値を満たすことを数値で示すこと．)

[第 3 章]

3.1 いずれも最終値の定理より
(1)$(\beta)_{t=\infty} = -0.289\,[\text{deg}]$　(2)$(p)_{t=\infty} = 0.0458\,[\text{deg/s}]$
(3)$(r)_{t=\infty} = -0.471\,[\text{deg/s}]$　(4)$(\phi)_{t=\infty} = -4.16\,[\text{deg}]$

3.2 いずれも最終値の定理より
(1)$(\beta)_{t=\infty} = -0.300\,[\text{deg}]$　(2)$(p)_{t=\infty} = 0.130\,[\text{deg/s}]$
(3)$(r)_{t=\infty} = -1.35\,[\text{deg/s}]$　(4)$(\phi)_{t=\infty} = -12.2\,[\text{deg}]$

3.3 クラス III，カテゴリ C の基準において，ω_{nd}, ζ_d および $\zeta_d\omega_{nd}$ の値が設計基準のレベル 1 の規定を全て満たす．なお，$\omega_{nd}^2\left|\phi/\beta\right|_d$ の値もチェックすること．(各規定値を満たすことを数値で示すこと．)

3.4 エルロン操舵によるロール角応答 $\phi/\delta a$ の分子の零点からダッチロール極へのベクトルの偏角 ψ_1 が，例題 3.3-4 の極・零点配置図から $\psi_1 \approx 45°$ である．したがって，$\psi_\beta \approx -225°$ が得られる．p_{osc}/p_{av} 振動限界の設計基準は，飛行状態カテゴリ C では 0.25 以下がレベル 1 の規定であるため，この機体はレベル 1 の規定を満たしていない．何らかの安定増加装置を装備する必要がある．

3.5 クラス III，カテゴリ C の基準において，T_R および T_s の値が設計基準のレベル 1 の規定を満たす．(各規定値を満たすことを数値で示すこと)

［第 4 章］

4.1 フィードバックにより $\theta = -\dfrac{G(s)K_\theta}{1 - G(s)K_\theta}\,\theta_c$.

極は特性方程式 $1 - G(s)K_\theta = 0$ を解いて得られる．この式に具体的にフィードバック前の極と零点をいれて示し，ゲイン K_θ を 0 から ∞ まで変化させると，フィードバック前の極から始まり，零点までフィードバック後の極が移動することを説明する．(実際に極を数値計算する必要はない．)

4.2 図 A.14(p.225) のように，短周期極 p_i からの出発角 θ は，その他の極 p_k および全ての零点 q_k から p_i の近傍の点 s への角度の関係式から，出発角 $\theta = 45°$ が得られる．その結果，極は右上方に進み減衰比が悪くなる．

4.3 $\dfrac{q}{\delta e} = s\dfrac{\theta}{\delta e}$ と表されるから，$s = 0$ に零点が 1 つ追加される．したがって，短周期極 p_i からの出発角 θ の式に $+130°$ が加わり $\theta = 185°$ が得られる．その結果，極は左側の減衰比が良くなる方向に進む．

4.4 制御則は，$u_{\delta e} = K_q\left(s + K_\theta/K_q\right)\theta - K_\theta\theta_c$ と表される．したがって，一巡伝達関数に $s = -K_\theta/K_q$ の零点が追加され，根軌跡が安定になることを説明する．

［第 5 章］

5.1 制御則は，$u_{\delta a} = K_p\,p - K_\phi(\phi_c - \phi) = K_p\left(s + K_\phi/K_p\right)\phi - K_\phi\phi_c$ と表される．

したがって，一巡伝達関数に $s = -K_\phi/K_p$ の零点が追加されるが，これにより根軌跡が安定になることを説明する．

5.2 制御則は次のように表される．

$$u_{\delta a} = K_p\,p - K_\phi(\phi_c - \phi)\left(1 + \frac{K_I}{s}\right) = \frac{K_p}{s}\left(s^2 + \frac{K_\phi}{K_p}s + \frac{K_\phi K_I}{K_p}\right)\phi - K_\phi\frac{s + K_I}{s}\phi_c$$

したがって，一巡伝達関数に $s = 0$ の極と次式の複素零点

$$s^2 + \frac{K_\phi}{K_p}s + \frac{K_\phi K_I}{K_p} = s^2 + s + 2 = 0, \quad \therefore\ s = -0.5 \pm j\,1.31$$

が追加されるが，これにより根軌跡が安定が悪い方向に移動することを説明する．

5.3 制御則は次のように表される．

$$u_{\delta a} = K_p\,p - K_\phi\left\{K_\psi(\psi_c - \psi) - \phi\right\} = \frac{K_p}{s}\left(s^2 + \frac{K_\phi}{K_p}s + \frac{gK_\phi K_\psi}{K_p V}\right)\phi - K_\phi K_\psi\,\psi_c$$

したがって，一巡伝達関数に $s = 0$ の極と次の零点 2 個

$$s^2 + \frac{K_\phi}{K_p}s + \frac{gK_\phi K_\psi}{K_p V} = s^2 + s + 0.226 = 0, \quad \therefore\ s = -0.345,\ -0.655$$

が追加されるが，これにより根軌跡が安定が良い方向に移動することを説明する．

［第 6 章］

6.1 省略．

6.2 $\delta e = u_a$ として機体運動方程式に代入することにより，ダイナミックインバージョン制御則の特徴を説明する．

演習問題解答　　239

6.3 問 6.2 のフィードバック式に $v/M'_{\delta e}$ を加えた場合の運動方程式を求め，入力 v 入力に対する機体状態量 θ のダイナミクスについて説明する．

6.4 $q = \dot{\theta}_m + \dfrac{\Delta}{s + K_q}$

6.5 ダイナミックインバージョン (DI) 法は，目的とする制御変数については機体固有の特性をフィードバックにより排除できることが特徴であるが，この観点から注意事項について説明する．

［第 7 章］

7.1 $\dot{\beta}$ の式の右辺で p および r による項を 0 にすると

$$-r\cos\alpha + p\sin\alpha = 0 , \quad \therefore \ r = p\tan\alpha$$

の関係式から，速度ベクトルのまわりにロールするのが良いことを説明する．

7.2 速度ベクトルのまわりにロールしている場合，問 7.1 から $p = p_s\cos\alpha$, $r = p\tan\alpha = p_s\sin\alpha$ の関係がある．これを (7.1-7) 式の連成運動を伴う $\dot{q}$ の式に代入することにより得られる．

索　引

あ 行

アスペクト比 60
安定軸ロール角速度 210
位相交点 233
位相余裕 232
一巡伝達関数 185, 219
位置ベクトル 6
ウォッシュアウト (washout) フィルタ 173
エルロン舵角 25
エルロンの効き 99
エレベータ操舵応答 44
エレベータ舵角 25
オイラー角 14, 17
応答モデル 184
音速 35

か 行

回転運動 1
回転運動方程式 10, 17
回転座標系 4
回転ベクトル 6
角運動量 15
角条件 222
荷重倍数 20, 22
加速感度 66
加速度の式 7
慣性系 5
慣性乗積 10
慣性モーメント 10, 37
ギアリング 65
機体軸 18

さ 行

迎角 20
極 213
空気密度 37
空力安定微係数 23
空力中心 78
ゲイン交点 233
ゲイン余裕 232
減衰固有角振動数 41, 215
減衰比 41, 215
降下角 23
航空機の運動 1
剛体 1
高度 53
抗力 23
抗力係数 23
固有角振動数 41, 215
根軌跡 222

さ 行

最終値の定理 233
先細り比 78
時間空間 38
姿勢角速度 20
姿勢制御の感度 65
質量 37
縦横比 60
周期 41, 215
重心 1
重心最後方条件 88
周波数伝達関数 216
周波数特性 47
主翼面積 15
上昇角 23

上反角 79, 98	地球座標上の移動速度 19
上反角効果 98	長周期モード 40, 43, 55
初期値の定理 233	長周期モード近似解 41
真対気速度 37	直線釣り合い飛行 38
振動数 41	テイラー級数 31
垂直加速度 22, 53	テーパー比 78
水平尾翼効率 77	伝達関数 212
水平尾翼容積比 80	動圧 15
ステップ応答 234	動安定微係数 24, 37
スパイラルモード 102	特性根 213
スパン 15	特性方程式 213
スラスト微係数 31	突風 21
静安定微係数 24, 37	トリムをとる 25
静安定余裕 81	
絶対値条件 222	**な 行**
零点 213	ナイキスト線図 232
遷音速 38	ナイキストの安定判別法 230, 232
センサー位置 20	ニュートンの運動方程式 2
操縦中正点 87	
操舵力の勾配 65	**は 行**
速度安定 57	ハイパスフィルタ 173
速度の式 7	バックサイド 58
	バックサイドパラメータ 53, 55
た 行	バンク角 14
ターンコーディネーション 174	飛行機効率 60
ダイナミクス 149	飛行機のクラス 57
ダイナミックインバージョン 180	飛行経路安定 58
ダイナミックインバージョン法 182	飛行経路角 23, 53
舵角の正の定義 25	飛行状態カテゴリ 57
タックアンダー 56	飛行性設計ハンドブック 56
ダッチロールモード 102	飛行性のレベル 57
縦安定中正点 81	微小質量 6
縦系運動の特性方程式 39	微小擾乱運動 30
縦系の運動モード 39	非線形運動式 202
縦と横・方向の連成運動式 207	ピッチ角 14, 17
短周期モード 40, 43, 64	フィードバック 218
短周期モード近似解 41	フィードバックによる根軌跡 168–171
地球座標系 4, 5	吹下ろし角 77
	複素極 215
	複素数空間 38
	フゴイドモード 40

プライムド微係数 96
フラップ舵角 26
フロントサイド 58
平均空力翼弦 15, 37, 79
並進運動 1
並進運動方程式 8, 16
閉ループ制御系 219
方向安定 98
ボード線図 217

ま 行

マッハ数 35
マニューバマージン 87
無次元空力係数 15

や 行

有次元の空力安定微係数 32
揚力 23
揚力傾斜 77
揚力係数 23
ヨー角 14, 17

ヨーダンピング 99
ヨーディパーチャ 149
翼弦長 78
翼幅 15
翼面積 37
横加速度 22
横滑り角 20
横・方向系運動の特性方程式 101

ら 行

ラダー舵角 25
ラダーの効き 100
ラプラス変換 38, 211
リードラグフィルタ 159
連成運動式 207
連立微分方程式 38
ロール角 14, 17
ロールダンピング 98
ロールモード 102
ロールリバーサル 150
6自由度運動方程式 16

著 者 略 歴

片柳　亮二 (かたやなぎ・りょうじ)

1946 年	群馬県生まれ
1970 年	早稲田大学理工学部機械工学科卒業
1972 年	東京大学大学院工学系研究科修士課程 (航空工学) 修了
	同年，三菱重工業株式会社 名古屋航空機製作所に入社.
	T-2CCV 機，QF-104 無人機，F-2 機等の飛行制御系開発に従事.
	同社プロジェクト主幹を経て
2003 年	金沢工業大学教授
	現在に至る. 博士 (工学)

航空機の飛行力学と制御　　　　　　　　　　　　　　© 片柳　亮二　*2007*

2007 年 11 月　6 日　第 1 版第 1 刷発行　　　【本書の無断転載を禁ず】
2011 年 12 月 20 日　第 1 版第 2 刷発行

著　　　者　片柳亮二
発　行　者　森北博巳
発　行　所　**森北出版株式会社**
　　　　　　東京都千代田区富士見 1-4-11(〒 102-0071)
　　　　　　電話 03-3265-8341／FAX 03-3264-8709
　　　　　　日本書籍出版協会・自然科学書協会・工学書協会　会員
　　　　　　http://www.morikita.co.jp/
　　　　　　 JCOPY ＜（社）出版者著作権管理機構 委託出版物＞

落丁・乱丁本はお取替えいたします　　　　印刷/モリモト印刷・製本/協栄製本

Printed in Japan /ISBN978-4-627-69081-3

航空機の飛行力学と制御［POD版］

2017年11月15日	発行

著　者	片柳　亮二
発行者	森北　博巳
発　行	森北出版株式会社
	〒102-0071
	東京都千代田区富士見1-4-11
	TEL　03-3265-8341　　FAX　03-3264-8709
	http://www.morikita.co.jp/
印刷・製本	ココデ印刷株式会社
	〒173-0001
	東京都板橋区本町34-5

ISBN978-4-627-69089-9　　　　　　　　　Printed in Japan

JCOPY ＜（社）出版者著作権管理機構　委託出版物＞